地球物理测井学

第二卷 测井软件【上册】

李 宁 王才志 刘英明 等编著

石油工业出版社

内容提要

本书简要概述了国内外测井处理解释软件的发展历史,以及现代测井软件的发展趋势和方向;从软件系统开发角度,详细介绍了软件框架、测井数据、图件绘制、方法集成、单井处理解释、多井评价、水平井处理解释等方面软件开发技术和所需功能。

本书适合测井软件平台的研发人员、测井工程师、数据处理工程师及大学院校的相关教师和学生参考。

图书在版编目（CIP）数据

地球物理测井学．第二卷．测井软件．上册 / 李宁等编著 . -- 北京：石油工业出版社，2025.1
ISBN 978-7-5183-7289-8

Ⅰ . P631.8；TE151-39

中国国家版本馆 CIP 数据核字第 2024AU6753 号

责任编辑：葛智军
责任校对：郭京平
装帧设计：李　欣　周　彦

出版发行：石油工业出版社
　　　　　（北京安定门外安华里 2 区 1 号　100011）
　　　　　网　址：www.petropub.com
　　　　　编辑部：（010）64523693　图书营销中心：（010）64523633
经　　销：全国新华书店
印　　刷：北京中石油彩色印刷有限责任公司

2025 年 1 月第 1 版　2025 年 1 月第 1 次印刷
787×1092 毫米　开本：1/16　印张：14.5
字数：338 千字

定价：110.00 元

（如出现印装质量问题，我社图书营销中心负责调换）
版权所有，翻印必究

《地球物理测井学》

编委会

主　编：李　宁

副主编：焦方正　何江川　江同文　卢　涛　李国欣　窦立荣
　　　　雷　平　金明权　吴柏志

委　员：（按姓氏笔画排序）

王　兵　王才志　王克文　王泽丹　王贵文　王雪松
石玉江　田中元　刘向君　江如意　汤　彬　苏学斌
李　军　李安宗　李俊军　杨立强　肖立志　肖承文
宋　永　张　锋　陈　宝　陈　锋　武宏亮　范宜仁
尚　捷　周　军　庞奇伟　胡启月　胡英杰　袁　超
高　杰　郭海敏　赫志兵　谭茂金

《测井软件（上册）》

编 写 组

组　长： 李　宁

副组长： 王才志　刘英明

成　员：（按姓氏笔画排序）

王　浩　王克文　由立志　冯　周　刘　鹏　刘忠华

李伟忠　原　野　夏守姬　唐小梅　谌　丽　傅海成

魏兴云

序

经过中国测井界学人的共同努力,总计 14 卷 26 个分册的《地球物理测井学》终于问世了!这不仅是对推动测井学科进步做出的重大贡献,更是对测井先哲未竟事业和治学精神的赓续与弘扬。

地球物理测井是石油工业十大学科之一,被誉为洞察地下油气藏的"眼睛"。地球物理测井诞生于 1927 年。1939 年,翁文波院士在中国大陆首次成功测井,开创了我国的测井事业,成为中国测井第一人。但长期以来,由于地球物理测井一直被称为"测井技术",应有的学术地位没有得到充分体现,因而大大影响了测井学科的高质量发展。令人尊敬的测井前辈谭廷栋先生是喊出"测井学"的第一人。谭先生一生投身测井,60 岁后更是为测井学正名而大声疾呼。这里之所以用"正名"而不用"倡导"或其他,是因为谭先生从来就认为测井是一门"学",而不只是一门"技术"。他多次提到,"Reservoir Geophysics"(矿场地球物理学)一词中有"学",在 20 世纪 50 年代翻译时出了问题,才变成了现在这个"技术"的叫法。谭先生还多次由衷感激地提到中国石油勘探开发研究院秦同洛教授,说他在国家科委确定石油工业十大学科的会议上能仗义执言:"如果集声电核于一身的测井都不是学,石油上还有哪个敢说自己是学?"测井入选石油工业十大学科后,谭先生更是逢人便说、遇会便讲此中原委,且声情并茂、手舞足蹈,令与会者为之动容。于是,在他的亲自带领下,经过测井界同仁一起努力,1998 年第一部《测井学》终于问世了,这是测井发展史上的一个重要里程碑。从 1939 年到 1998 年,历经 60 年姗姗来迟的这部《测井学》了却了谭先生最大的一桩心愿。两年后,他安详地阖上了双眼……当时参加先生追悼会的超过了 300 人,除了在京院所和有关司局的领导外,各大油田测井公司的主要负责同志差不多都到了。大家共同追思这位杰出的地球物理测井学家。我代表谭先生培养的所有硕士、博士毕业生题挽联一副:"测井学先哲英灵永存,悼我师晚辈再写春秋。"

作为翁文波院士和谭廷栋先生的学生,我不仅忠实地继承了导师的遗志,尽全力推动测井学的发展,而且还努力从中国测井行业战略发展的高度出发,大力倡导"学科大发展,方有大作为"的理念。我认为,只有从国家、人民群众和专业人士这三个层面的需求出发撰写出版三类图书,即大百科全书、科普图书和专业著作,才能全方位确立、展现并提升测井学科的学术地位。于是，我从2015年起，用6年时间牵头遴选编撰测井条目，使地球物理测井第一次以一个完整学科定位写入《中国大百科全书》；从2020年起，我用3年时间组织编写出版了大型科普丛书《走进石油（第二版）》之测井分册《洞察地下油气藏：石油地球物理测井》，同时走进中国科技馆大讲堂，以《万米特深地球物理测井：一项极具挑战的"反向探月"工程》为题，向全国观众普及测井知识；从2021年起，我领衔担任主编，带领全国测井界知名专家学者精心编著这部《地球物理测井学》，旨在进一步提升测井学科的影响力。

令人骄傲和兴奋的是，在中国石油、中国石化、中国海油、延长石油、相关高校和科研院所各路专家学者的通力合作下，《地球物理测井学》如期面世了！这套书系统阐述了90多年来测井学科发展的理论技术成果，系统总结了各类测井方法在油气勘探开发实践中的应用效果。正如中国石油勘探开发研究院窦立荣院长所说："此次李宁院士领衔主编的《地球物理测井学》不仅保留和传承了1998年版《测井学》专著的经典内容，更重要的是立足当前非常规油气和深地深海等复杂油气藏测井理论技术挑战，融入了30年来我国测井领域取得的最新理论技术成果和海外推广应用的成功案例，必将为推动我国测井学科发展、技术进步和行业壮大产生重大而深远的影响。"

这套书的第一大特点是论述系统全面、内容丰富详实，涵盖了从测井解释、测井软件、测井装备、电法测井、声波测井、核测井、核磁共振测井、工程测井、油气井射孔、生产测井、测井岩石物理、测井地质应用、测井人工智能到测井简史等测井学科的各个分支。正因如此，我国测井界百余位知名教授、长江学者和现场技术专家都参与其中。著作内容的系统、全面还体现在首次将测井简史作为测井学不可或缺的一部分，分两册单独成卷。我国自主研制的渗透率测井仪原型机于2024年3月3日在华北油田任91井测试成功，即将在深地塔科1井实施世界首次万米特深井渗透率测井作业，一举实现从0到1的重大技术突破，为百年地球物理测井史再添辉煌一笔。

这套书的第二大特点是突出学术性，尤其强调对学科基础理论的阐述，特别是首次引入了中国学者导出的理论公式和提出的方法原理，不但丰富发展了测井基本理论，而且有助于推动建立中国在国际地球物理学界的地位和声望。例如，一直以来石油院校教材中测井饱和度计算的经典内容是美国学者阿奇提出的经验公式，以及翻译照搬苏联教材中的分层各向均匀体积模型，而在这套书中介绍的饱和度一般形式（通解方程），则是由中国学者针对复杂岩性给出的非均质各向异性模型导出，并详细证明了以往教材中的那些公式都是一般形式在给定条件下的特例（均为通解方程的特解）；又如，过去测井数据处理的主要方法和工业软件都是国外引进的，而现在《测井软件》一卷的核心内容则是中国学者提出的广义测井曲线理论和中国科研团队研发的目前装机量最大、年处理井数最多的大型国产测井工业处理软件CIFLog。

这套书的第三大特点是首次把每一测井分支领域的理论方法、技术系列和现场应用以卷为单位有机统一起来。根据统一的顶层设计，每卷的第一分册论述该卷所涉及的测井细分领域的理论基础，用作高校教材，其读者主要是在校大学生和研究生等；第二分册论述该细分领域的技术方法，其读者主要是工程师和做毕业论文的研究生及博士后研究人员等；第三或第四分册提供该细分领域理论技术的典型应用实例，其读者主要是现场工程技术人员和现场实习的高校毕业生等。以第一卷《测井解释》为例，它的第一至第四分册分别为《测井解释：理论方法》《测井解释：储层评价》《测井解释：国内实例》《测井解释：国外实例》。作为一个分支领域的理论基础，每卷的第一分册相对独立和完备，应在较长时间内保持稳定；而它之后的各分册则应经常再版更新，及时补充最新的技术进展和最新的现场应用成果。

这套书的第四大特点是首创用微信扫描书中测井图件的二维码，就能在CIFLog测井软件中立即打开这幅测井图件并对其进行修改和二次处理。通过这一功能，学生可以看到处理相应井的方法、公式和参数，观摩学习并掌握要领；老师可以更方便地备课；现场工程技术人员可以参考所用方法，方便改写添加自己的处理公式和参数，从而大大缩短调整处理方案的时间，节省精力。同时，利用CIFLog智能助手，可以通过输入一段描述文字，快速推荐书中的相关案例图件。

总之，《地球物理测井学》定位明确，编写起点高，是目前国内地球物理测井领域最具理论性、系统性、创新性和权威性的一部著作。即便从国际测井发展史上来看，能集中如此多的行业专家学者精心编著这样大体量的学科专著也是绝无仅有的。2024年，这套书入选国家出版基金资助项目，这在中国测井界也是第一次。衷心希望广大读者能够从中获益。

最后，特别感谢中国石油天然气集团有限公司原副总经理焦方正教授、中国石油科技管理部两任总经理匡立春教授和江同文教授在这套书出版立项过程中给予的鼎力支持。特别感谢中国石油勘探开发研究院各位领导、专家给予的全力协助与配合。

中国工程院院士

2024年12月 于北京海淀

《地球物理测井学》分卷册目录

卷次	分册名	卷次	分册名
第一卷	测井解释：理论方法	第六卷	核测井（上册）
	测井解释：储层评价		核测井（下册）
	测井解释：国内实例	第七卷	核磁共振测井
	测井解释：国外实例	第八卷	工程测井
第二卷	测井软件（上册）	第九卷	油气井射孔（上册）
	测井软件（中册）		油气井射孔（下册）
	测井软件（下册）	第十卷	生产测井（上册）
第三卷	测井装备（上册）		生产测井（下册）
	测井装备（下册）	第十一卷	测井岩石物理
第四卷	电法测井（上册）	第十二卷	测井地质应用
	电法测井（下册）	第十三卷	测井人工智能
第五卷	声波测井（上册）	第十四卷	测井简史：国内油气
	声波测井（下册）		测井简史：固体矿产

前　言

地球物理测井的关键是测井资料的处理解释，这需要依赖测井软件完成。近年来，随着测井高新技术装备的快速发展和非均质储层解释评价复杂性的增加，对更先进、更有效的测井处理解释软件的需求也日益迫切。

国内外已经开发出多个测井处理解释平台，其功能也在不断完善和升级。国外代表性的测井处理解释软件系统包括斯伦贝谢公司的 GeoFrame 和 Techlog、贝克休斯（原阿特拉斯）公司的 eXpress、哈里伯顿公司的 DPP/Petrosite PRO 等。在国内，中国石油勘探开发研究院主导研发的 CIFLog、北京石大油软技术有限公司的 Forward 等软件，都在油田生产和科研领域中得到了广泛应用。

开发测井软件需要研发人员对测井专业特点和计算机软件开发技术有深入的理解，涉及操作系统、软件设计、编程语言、开发工具、功能需求分析、系统架构、算法和界面设计、编码实现、模块集成等多个方面，同时，还需要考虑软件的质量保证、运行环境、可维护性、安全性和可扩展性等因素。目前还没有关于测井软件的相关著作可参考，为此在《地球物理测井学》编撰中，增加了 3 个分册，分别介绍测井处理解释软件、测井数据库和测井处理解释软件平台 CIFLog 的应用等相关内容。

本书主要介绍测井软件开发的功能需求、特点和技术，共 13 章。第一章介绍石油测井软件的发展历程和发展方向；第二、第三章介绍广义测井曲线理论和 CIF 数据格式，以及目前常用的测井数据记录格式；第四章介绍国内外测井处理解释软件平台及其核心关键技术；第五章至第九章介绍测井软件平台中数据管理、曲线计算、预处理、交互图、成果输出等应用模块的开发和功能；第十章介绍测井处理解释软件二次应用开发技术和功能；第十一章至第十三章分别介绍单井、多井和水平井处理解释系统。

李宁院士负责本书的总体规划，并亲自参与部分章节的撰写工作。参与编写的人员包括王才志、刘英明、王浩、魏兴云、夏守姬、原野、李伟忠、冯周、刘鹏、傅海成、王克文、刘忠华、由立志、唐小梅、谌丽等。在本书编写过程中，引用和参考了国内外公开出版或发表的著作、论文等资料，在此向所有相关作者表示感谢！

由于笔者能力有限，且资料收集得不够全面，书中难免存在不足，敬请读者批评指正。

目 录

第一章 绪论 ... 1
第一节 测井软件发展历程 ... 1
第二节 测井软件发展方向和趋势 ... 2

第二章 广义测井曲线理论 ... 4
第一节 测井曲线 ... 4
第二节 广义测井曲线 ... 6
第三节 CIF 数据格式 ... 8

第三章 测井文件数据格式 ... 16
第一节 常用格式介绍 ... 16
第二节 CIFPlus 格式 ... 17
第三节 LAS 格式 ... 19
第四节 LA716 格式 ... 21
第五节 LIS 格式 ... 21
第六节 XTF 格式 ... 22
第七节 DLIS 格式 ... 24
第八节 WIS 格式 ... 24

第四章 测井软件平台 ... 26
第一节 平台框架 ... 26
第二节 平台开发 ... 27
第三节 在用主流测井软件平台简介 ... 29

第五章 测井数据组织与管理 ... 37
第一节 测井数据组织 ... 37
第二节 测井数据接口设计 ... 41
第三节 测井数据管理 ... 47

第六章　测井曲线计算 …… 49

　第一节　曲线四则运算 …… 49
　第二节　曲线进阶运算 …… 55
　第三节　编程计算 …… 60

第七章　测井曲线预处理 …… 64

　第一节　测井曲线深度校正 …… 64
　第二节　测井曲线拼接和编辑 …… 69
　第三节　测井曲线滤波 …… 72
　第四节　测井曲线的环境影响校正 …… 74

第八章　交会图 …… 77

　第一节　测井常用交会图 …… 77
　第二节　交会图模块开发 …… 79
　第三节　交会图辅助分析工具 …… 83

第九章　测井成果图 …… 88

　第一节　绘制内容 …… 88
　第二节　绘图模块开发 …… 91
　第三节　测井绘图对象绘制 …… 93

第十章　测井处理程序开发 …… 110

　第一节　测井处理程序分类 …… 110
　第二节　不同语言混合编程开发方法 …… 112
　第三节　组件式开发方法 …… 118
　第四节　插件式开发方法 …… 120

第十一章　单井测井处理解释 …… 122

　第一节　常规测井处理方法 …… 122
　第二节　最优化处理方法 …… 126
　第三节　微电阻率成像测井处理 …… 131
　第四节　井壁超声井周成像测井处理 …… 136
　第五节　阵列声波测井处理 …… 138
　第六节　远探测声波测井处理 …… 146
　第七节　核磁共振测井处理 …… 152

第八节	地层元素测井处理	158
第九节	岩石力学参数计算	161
第十节	水淹层处理解释	166

第十二章　多井测井处理解释　170

第一节	多井测井处理解释流程	170
第二节	多井测井数据管理与可视化	171
第三节	多井测井资料标准化	178
第四节	地层对比	181
第五节	储层参数分布规律预测	186

第十三章　水平井测井处理解释　191

第一节	水平井测井处理解释流程	191
第二节	水平井井眼轨迹与地层位置关系	192
第三节	水平井测井曲线校正	203
第四节	水平井测井资料解释	207

参考文献　213

二维码目录

二维码使用说明

图 9-1-1	88
图 11-5-7	146
图 11-7-3	155
图 11-8-3	161
图 11-9-3	164
图 11-9-5	166
图 12-2-4	176
图 13-2-2	193

第一章 绪 论

测井是一种应用技术，利用多种专门仪器沿井身测量钻井地质剖面上地层的各种物理参数，以研究地下岩石物理性质与渗流特性，并寻找和评价油气资源。随着物理学和计算机技术的不断发展，测井技术经历了从模拟测井到数字测井再到数控测井和成像测井等多个发展阶段。测井资料以其观测密度大、高分辨率与纵向连续性强的特点，为石油地质和工程技术人员提供了主要的资料和数据来源，成为地层评价的主要手段。

测井软件是随着测井技术的进步而发展起来的一种特殊工具。由于测井行业的独特性，测井软件与其他商业软件存在显著的差异。它的发展不仅依赖于计算机技术的进步，更重要的是依赖于为其提供核心功能的测井技术的发展，测井和相关石油专业技术的进步和发展是其真正的技术支撑和持续发展的推动力。近年来，随着高集成度和高精度成像系列测井装备的发展，测量得到的数据量日益增大。为了对这些测量结果进行解释评价，许多测井资料必须通过测井软件进行处理，才能得到直观、可分析的图件和结果信息。因此，测井软件不仅是测井技术发展的集中体现和有形化载体，其发展的重要性也日益凸显。

随着最新成像系列测井装备的发展，测井资料在油田勘探和开发中的应用范围越来越广泛。由于地质情况越来越复杂，地层各向异性越来越强，测井评价的难度也在提升。这就对测井软件的交互能力、测井资料处理能力和效果，以及基于多图件综合解释能力等方面都提出了更高的要求。测井资料的处理解释必须通过测井平台提供的强大功能来实现，包括：将常规测井与成像测井相结合，以进行复杂储层的精细解释与评价；将测井资料与区域资料相结合，以进行油气层的综合评价与描述；将裸眼井与套管井相结合，以进行剩余油评价和油气藏的动态监测；将油气层识别与地质分析、工程应用相结合，以提供更多的储层勘探和开发决策信息。

第一节 测井软件发展历程

测井软件的发展历程可以追溯到 20 世纪 50 年代，美国的石油公司开发了第一款用于计算和分析测井数据的软件。随着计算机技术的不断进步，测井软件也经历了显著的变革。测井软件已从最初的简单计算机程序逐渐演变成如今的复杂计算机软件系统，具备了对测井数据进行复杂处理和深度分析的能力。

从 20 世纪 70 年代中期一直延续至今，测井软件的发展历程大致划分为 4 个阶段。

在第一阶段，即 20 世纪 70 年代中期到 90 年代初期，美国 Dresser Atlas 公司的处理软件占主导地位，配套的硬件设备为 INTERDATA85 计算机及后续的 PE 系列计算机。这个阶段测井软件的主要特点是单井批处理。在早期，所有的程序及参数均需手动穿卡输入，虽然后来经过改进可以通过键盘输入，但一直没有屏幕图形显示的功能，解释成果主要依靠静电绘图仪出图来完成。

第二阶段从 20 世纪 90 年代初期延续到 90 年代后期。在这个阶段，随着 Unix 工作站技术的发展，尤其是工作站提供的交互式图形环境、稳定可靠的操作系统以及对机房工作条件要求不高的特点，推进了测井处理解释软件向工作站平台的转移，形成了主要以 SUN 图形工作站作为测井数据处理的硬件平台。几家主要的国际测井公司推出了自己的处理解释软件产品，包括斯伦贝谢（Schlumberger）公司的 Geoframe、阿特拉斯（Atlas）公司的 eXpress、哈里伯顿（Halliburton）公司的 DPP 系统以及我国研发的 CIFSUN 多井处理解释系统等，这些软件代表了当时的国际先进水平。

第三阶段从 21 世纪初开始，一直持续到 2019 年。在这个阶段，随着微型计算机性能的不断提升和 Windows 操作系统的日益成熟，Windows 平台在测井处理解释领域的应用越来越广泛，测井数据处理进入工作站和微型计算机并行的阶段。尽管专业的测井处理仍以 Unix 工作站为硬件平台，但油气勘探软件的发展呈现出新的趋势，各大软件公司都开始重视基于 Windows 平台的油气勘探软件，并开始将 Unix 平台上的软件系统向微型计算机转移。勘探软件巨头之一的 Landmark 公司推出了微型计算机版的测井解释软件 Discovery，并宣布将不再在 Unix 工作站上开发新的软件，而是全面转向 Windows 平台。斯伦贝谢公司也开始在 Windows 平台上开发软件，并推出了微型计算机版的测井岩石物理解释软件。其他一些中小型油气勘探软件公司，如 Paradigm 等，也开始将其 Geolog 软件移植到 Windows 平台，并同时推出 Unix 版与 Windows 版。中国也推出了 Forward、LEAD 等测井处理解释软件。基于 Windows 平台的测井处理解释软件系统成为测井处理解释软件的主流。

第四阶段从 2020 年开始，一直持续到现在。在这个阶段，国外的测井处理解释软件以斯伦贝谢公司的 Geoframe 和 Techlog、原阿特拉斯公司的 eXpress、哈里伯顿公司的 DPP/Petrosite PRO 软件为代表。这些软件除了具备优秀的测井处理解释基本功能外，最大的特点是能够对各自公司生产的测井仪器所采集的资料进行最好的信息提取和处理解释。Paradigm 公司的 Geolog 软件，凭借其丰富的测井处理解释功能，也得到了测井业界的认可。在国内，由中国石油勘探开发研究院牵头研发的 CIFLog 软件经过多年的发展，不仅提供了完备的平台基本操作功能，还具有强大的成像测井资料处理解释能力，已经得到了大规模工业化应用。此外，北京石大软件技术有限公司在 Windows 上开发的 Forward 软件，作为一套功能比较齐全的商业化测井处理评价软件产品，也得到了良好的应用反馈。

第二节　测井软件发展方向和趋势

测井装备和技术正朝着高可靠性、高精度、高效率和网络化的方向发展，以满足新的地质和工程环境的需求。测量方法正在向多源、多波、多谱和多接收器方向发展，测量参数也从二维向三维成像转变，大幅提高了井眼覆盖率，以满足对地层非均质测量的需求。随着成像、核磁共振、阵列声波、阵列电阻率等测井技术的发展，一些常规测井无法识别的储层可以通过这些测井资料进行准确评价，孔隙结构、地层岩性、各向异性和流体性质可以快速确定。测井软件还需要继续发展，提供更多直观、可分析和可识别的结果。同时，随着测井仪器装备的快速发展，相应的测井处理软件功能也必须配套研发，以最大限度地发挥仪器装备的作用。测井软件在单井精细处理解释、多井区块评价、复杂油气藏测井解释评价、大斜度井与水平井测井解释以及剩余油饱和度监测及评价等方面，还需要提供更强大的交互性和更精确的储层参数计算能力。非均质、各向异性地层的评价以及测井与其他资料的综合应用（如数据管理、测井—地震、地质建模等）已成为发展的重点。测井软件系统已经不再是单一的测井解释评价，而是向多学科一体化的方向发展，与岩石物理实验分析、测井仪器测量的结合更加紧密，更加重视运用综合井筒数据对储层进行全面评价和整体解释。油气藏综合评价已经成为未来测井处理解释软件发展的主体趋势。

随着人工智能技术的到来，机器学习、数据挖掘和大数据技术在全球范围内爆炸式发展，正在推动各行各业的变革。测井专业需要利用人工智能技术，充分挖掘大数据背后隐藏的价值信息，构建新的适应性更强、精度更高的解释模型和方法，以提升工作效率和非常规复杂油气层的评价能力。当前，油气勘探开发的对象日益复杂，对于非常规复杂油气层，传统的测井评价方法和工作模式难以满足油气田高效增产和老井再评价挖潜的需求。在非常规复杂油气层中，测井响应和储层特征之间非线性关系强，传统的岩石物理解释模型的适应性变差。因此，需要利用人工智能技术，构建新的适应性更强、精度更高的解释模型和方法，以提升评价能力。油田勘探开发的节奏快，解释评价工作强度大，传统的处理解释评价流程复杂，质量依赖于解释人员的地区经验，因此，需要采用先进的大数据处理技术，提高一致性和稳定性，大幅提高解释效率和质量。老井复查对油田稳产增效意义重大，但面临井数众多、测井系列复杂的问题，油气层被淹没在众多的"大数据"中，利用机器学习技术可以加快老井复查速度，提升油田开发效益。以智能化为代表的油气技术革命在全球范围内已经拉开序幕。斯伦贝谢、哈里伯顿等石油巨头公司纷纷与谷歌、微软、惠普等IT公司合作，利用大数据、人工智能等技术对传统油田技术进行升级再造，已经在智能钻井、地震智能解释、测井智能解释等方面取得了进展。研发新一代智能化测井解释评价技术，对于推动测井评价技术的升级换代，加快油气田的勘探、开发、老区稳产增效，具有重大的现实意义。

在未来，测井软件的发展趋势是将继续向数字化、大数据、智能化和云计算方向前进。数字化是当今社会发展的主要趋势，各油田正在进行数字化转型。随着智能传感器技术的广泛应用、物联网和高速通信技术的大规模部署，将为油田提供更加丰富的数据，实现对各井、各层位的永久监测。而测井软件可为数字化技术提供强大支撑，用来分析和处理各种类型的数据，改变传统的业务流程，从而实现数字化转型。通过大数据技术可以快速分布存储并管理大量的测井、地震、地质、采油等数据信息。利用智能化技术进行数据的整合和分析处理，将得到的实际、真实的油田生产数据信息反馈给相关技术人员，保障油田企业更高效、快速地生产，降低油田开采成本，提高企业的经济效益，增加油井产量。强大的测井软件正是为企业提供大数据解决方案的关键，其中包括大数据分析、决策支持和云数据管理等多种软件技术。对于云计算技术，可以提供可行且持续的新技术平台。企业不仅可以从节约成本、改善工作效率和提升服务质量等方面受益，还可以为用户提供更加贴合需求的服务。此外，可以快速改变业务模式，利用虚拟化技术提高云端数据的安全性和效率。测井软件将迁移到云端，为油田提供更加灵活、高效的云计算解决方案。

第二章 广义测井曲线理论

测井曲线的记录和存储是测井处理解释软件平台的基础。鉴于测井曲线种类繁多，为了以简洁统一的方式描述各类复杂测井信息，李宁在20世纪80年代提出了广义测井曲线理论，实现了测井软件数据结构的重要创新。本章主要介绍广义测井曲线的含义和存储方法。

第一节 测井曲线

测井曲线，简单来说，就是通过测井得到的曲线。利用岩层的电化学特性、导电特性、声学特性、放射性等地球物理特性，对地下岩石的物理参数进行测量。由于不同岩性之间存在一定差别，因此在测井曲线上会呈现出不同的变化特征。为了全面了解地下情况并发现和评价油气层，需要综合运用多种测井技术。通常情况下，测井数据的记录采用的是深度和时间连续的方式，一般间距为0.125m（即8点/m），采样间隔为0.1m，见表2-1-1；而对于非连续测井，通常采用离散数据，测点深度根据实际需求确定，深度并不连续，见表2-1-2。

表2-1-1 常规测井曲线数据

深度 （m）	自然伽马 （API）	深电阻率 （Ω·m）	浅电阻率 （Ω·m）	密度 （g/cm^3）
1633	122.259	2.51	2.431	2.398
1633.1	126.4182	2.518	2.4462	2.3924
1633.2	127.8408	2.5188	2.4554	2.3862
1633.3	126.784	2.5196	2.4606	2.381
1633.4	124.0472	2.5252	2.4638	2.377
1633.5	120.972	2.538	2.467	2.373
1633.6	119.1128	2.5564	2.471	2.3682
1633.7	118.0732	2.5718	2.4738	2.3598
1633.8	117.7672	2.5814	2.4742	2.349
1633.9	117.972	2.5826	2.4716	2.3376
…	…	…	…	…

表 2-1-2　非连续测井离散数据

深度（m）	实验 S_1（mg/g）	实验 TOC（%）
2121.3	0.189	0.987
2123.3	0.192	0.781
2125.3	0.212	1.031
2131.3	0.188	1.02
2135.3	0.202	0.785
2137.3	0.18	0.852
2143.3	0.35	0.901
2145.3	0.329	0.877
…	…	…

自1927年法国人斯伦贝谢兄弟首次应用测井技术以来，测井仪器已经经历了5次更新换代，包括半自动测井仪、全自动测井仪、数字测井仪、数控测井仪和成像测井仪。如今，测井种类众多，其中电法、声波、放射性测井是3种基本的测井方法，此外，还有一些特殊的测井方法，如电缆地层测试、地层倾角测井、成像测井和核磁共振测井等；还有其他形式的测井，如随钻测井等。

由于测井方法的多样性，测井数据的类型也非常丰富。通常测井数据可以分为以下几种：常规测井曲线（在某一深度点测量一个数据点）、成像测井曲线（在某一深度点测量多个数据点）、阵列测井曲线（在某一深度点测量一个数据阵列，其中每个阵列包含多个数据），以及通过处理得到的表格数据（如层位数据、试油数据等）。因此，测井曲线这个词汇的含义已经超越了单一曲线的概念，它现在代表了按深度记录的各种数据。从图2-1-1展示的综合测井成果图中可以看出数据类型的多样性。

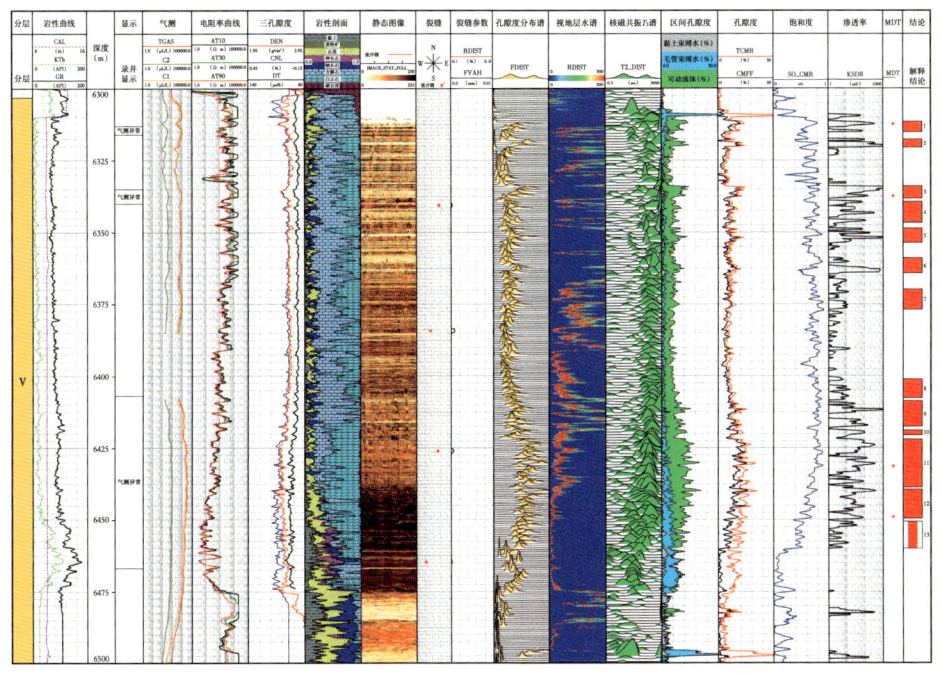

图 2-1-1　综合测井成果图示例

数字连续测井曲线实际上是在某一深度范围内，以固定采样间隔记录的一系列采样点值的集合。采样点的数量越多，采样的精度就越高，这样就能更好地保证回放曲线的真实性。

第二节　广义测井曲线

在测井软件开发中，如何用简单且统一的方法描述各类复杂的测井信息，是需要解决的首要问题。为此，李宁提出了广义测井曲线理论，这是一种以维的方式对所有测井曲线进行统一描述的方法，实现了测井软件数据结构的重要创新。李宁还首次提出了能够统一描述当前和未来所有测井信息的数据格式——CIF。

这里对测井曲线的定义比常规意义上的测井曲线具有更广的含义。常规的测井曲线只是这种定义的一个子集。

一、定义

一个 n 维的 CIF 文件，如果它的第 1 维代表井的深度，第 n 维代表某一与井深有关的任意变量（包括字符或文字变量），而第 2 维到第 $n-1$ 维都是为了解释或说明第 n 维变量与第 1 维井深关系而存在的，则该 CIF 文件就可以被定义为一个测井曲线 CIF 文件，对应的体文件被视为一条广义测井曲线。图 2-2-1 给出了广义测井曲线的示意图，其中纵坐标 X_1 表示深度，X_2 代表测井记录的信息。

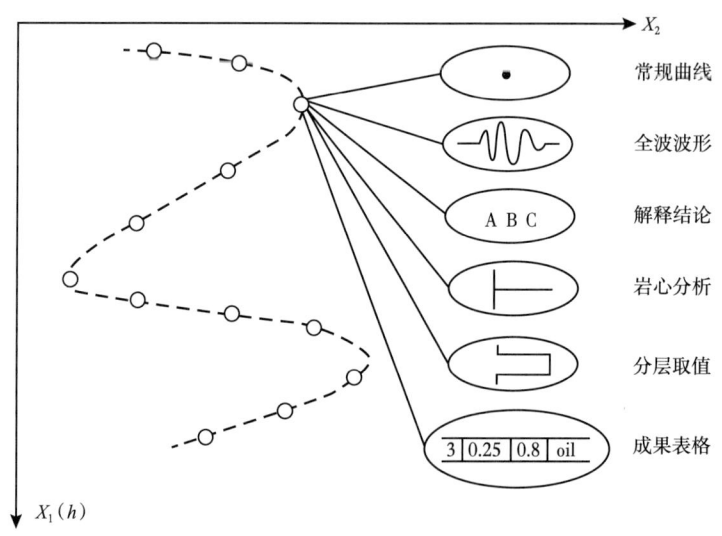

图 2-2-1　广义测井曲线含义

图 2-2-1 有助于人们更好地理解广义测井曲线。在图中，点线"-"和圆圈"o"构成曲线轮廓，指出广义曲线的基本维度是 2。"o"在这里代表了不同状态，如图 2-2-2 所示。当"o"的状态是图 2-2-2a 中所示的"·"时，广义曲线即为常规意义上的二维曲线；当"o"的状态是图 2-2-2b 中所示的波形时，广义曲线可能是三维的（若波形是等距、等长采样的），也可能是四维的（若波形是非等距、等长采样的）；当"o"的状态是图 2-2-2c 中所示的字符串时，广义曲线可能是三维的（若字符串等长），也可能是四维的（若字符

串非等长）。此外，"o"还可以有其他状态，不再一一列举。在实际测井过程中，长源距全波波形的记录如图 2-2-2b 所示；岩心分析、解释结论、试油结果等的记录如图 2-2-2c 所示。

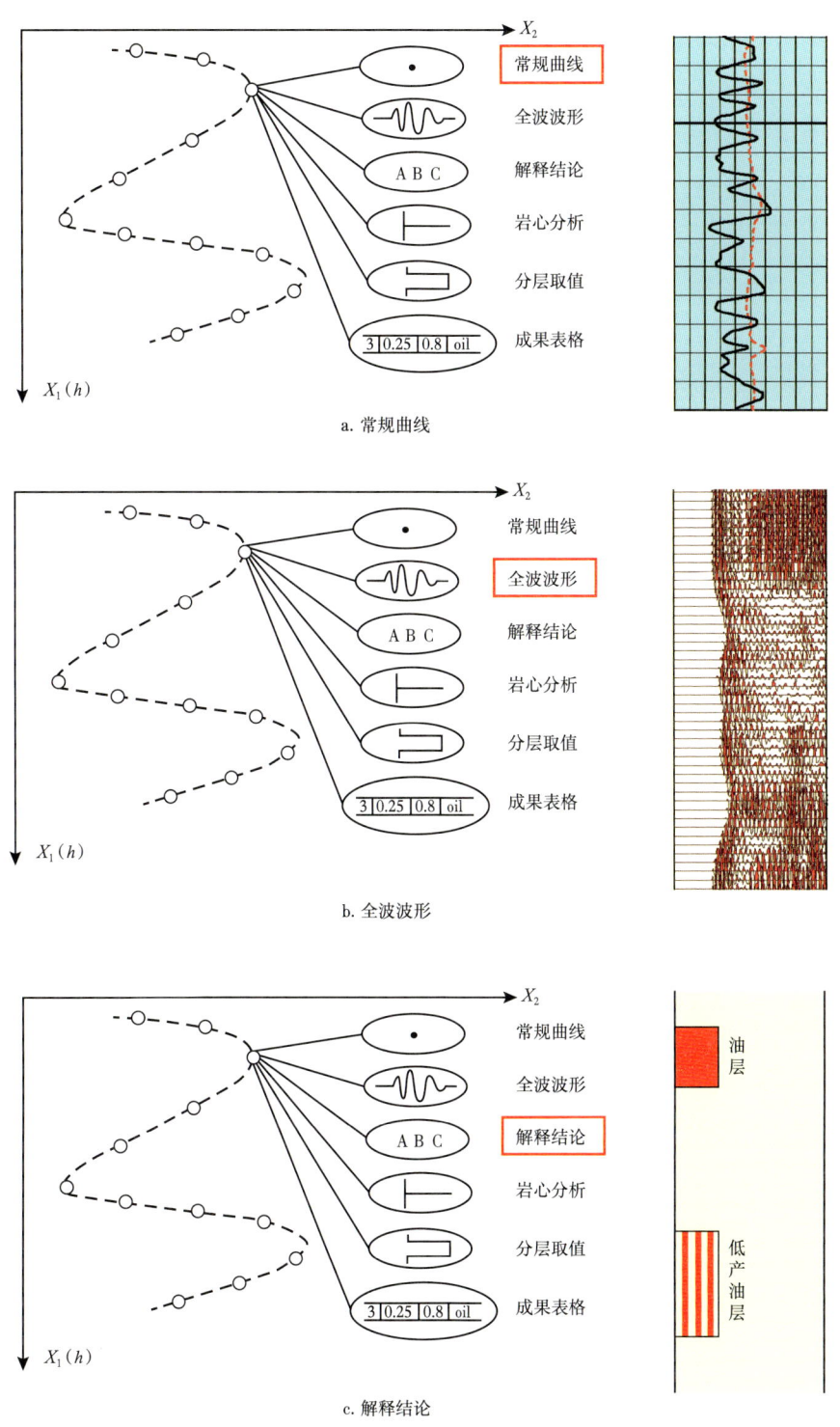

图 2-2-2　广义测井曲线的不同情形

二、说明

根据上述定义，测井曲线 CIF 文件是描述井的最小单元，它具有不可再分性，即去掉该文件中任何一维，都将导致第 1 维井深与第 n 维变量之间的关系出现不确定性。举例来说，可以将 $n-1$ 条常规意义上的等深等距采样的测井曲线并行记录成一个 n 维 CIF 文件，但此文件仅仅是一个普通的 CIF 文件，而并不是一个测井曲线 CIF 文件，因为它与上述定义不符。

根据上述定义，典型的二维广义测井曲线包括井径、自然电位、自然伽马、电阻率等；典型的三维广义测井曲线包括长源距全波波形等；而更复杂的则是四维情形。

在二维或多维广义测井曲线 CIF 文件的头文件中，无论是哪种情况，都将 X1NAM 设为深度，它的取值为 h。如果深度是等距采样的，那么 X1NPW 值应为 0，这意味着在体文件中不记录深度。另外，X1MIN 始终代表起始深度，X1MAX 始终代表终止深度。如果 X1MIN < X1MAX，说明数据是按照从井口到井底的顺序记录的；反之，若 X1MIN > X1MAX，则数据是按照从井底到井口的顺序记录的。

根据上述定义，XIMIN 和 XIMAX（这里 I 大于 1 且小于等于曲线的维度 N）分别表示左刻度和右刻度。例如，在 @w.gr 头文件中，已经定义了自然伽马曲线的左刻度 X2MIN=0 和右刻度 X2MAX=200。

用户对曲线所作的任何附加说明信息，都应在头文件 CIF 附加信息之后书写，书写格式没有特定要求。

除非特别声明，否则后文所有提到的曲线，均按广义测井曲线理解。

第三节　CIF 数据格式

根据广义测井曲线理论，李宁设计了 CIF（Common Interchangeable Format，即通用交换格式），实现了测井数据的规范化存储和访问。

一、文件命名方式

1. 头文件命名方式

@ + 井名 + "." + 曲线名。

2. 体文件命名方式

所有非等深度间隔采样的广义曲线（如井信息、解释结论、岩心分析、试油结果等）均以体文件方式 1 记录，即：

1 + 井名 + "." + 曲线名

所有等深度间隔采样的广义曲线均以体文件方式 2 记录，即：

2 + 井名 + "." + 曲线名

二、井信息文件

有关井的各种文字信息，如油田名称、井位、测井公司、测井日期等，可通过一个二维的 CIF 文件进行描述。其中，第 1 维描述信息的长度（即字符个数）；第 2 维描述信息的内容。每条信息都由 4 部分组成：信息标题（Label）、信息取值（Value）、信息单位（Unit）和信息类型（Type）。例如，"钻井液密度"这条信息的完整表述如下：

<u>MUD DENSITY ：</u>　<u>1.4</u>　　<u>（g/cm^3）</u>　　<u>float</u>
　　Label　　　　　Value　　　　Unit　　　　Type

注意，"："用来分隔 Label 与 Value；Unit 的括号不能缺少，它用来分隔 Unit 和 Type。在无须指定 Unit 和 Type 的场合下，也可简写为：

<u>MUD DENSITY ：</u>　<u>1.4</u>
　　Label　　　　　Value

但 Label 和 Value 不能再省略。如果需要指定 Type 但不指定 Unit，则用下面方法表述：

<u>MUD DENSITY ：</u>　<u>1.4</u>　　<u>（null）</u>　　<u>float</u>
　　Label　　　　　Value　　　　Unit　　　　Type

文件中出现的所有信息（包括数字）均按照字符串处理。这一文件的命名方式为：

头文件：　　　　　　　　@ + 井名 + "." + aiw
体文件：　　　　　　　　1 + 井名 + "." + aiw

在这里，"aiw"的含义是"additional information about the well"，即关于井的附加信息。

使用这种方法，可以描述任何信息。

三、各种二维数据表

常用的测井二维数据表，如解释成果、岩心分析和试油结果等，都属于四维广义曲线的范畴。可以通过定义主对象和子对象的方式来描述这些数据表。在 CIF 文件中，第 1 维和第 2 维分别描述深度 h 和层厚 d，第 3 维描述主对象的长度 n（即字符个数），第 4 维描述主对象，即表的名称。表的每一列被定义为一个子对象及其属性的集合，这些子对象在 DATID□datid□后以下列方式进行描述：

　　nsNAM□nam1　|nam2|……|namn□
　　nsUNI □uni1　|uni2|……|unin□
　　nsTYP □typ1　|typ2|……|typn□
　　nsMIN □min1　|min2|……|minn□
　　nsMAX □max1 |max2|……|maxn

在这里，nsNAM、nsUNI、nsTYP、nsMIN 和 nsMAX 分别代表子对象的名称、单位、类型、最小值和最大值的集合。

四、曲线和井信息描述实例

1. 二维曲线描述实例

上述的 @w.gr 是一个二维测井曲线 CIF 格式头文件的示例。接下来，再提供一个同一口井中地层倾角快道记录的高采样密度电导率相对值曲线的示例。

头文件：@w.fc1

DIMEN□2□X1NAM□h□X1UNI□（m）□X1TYP□float□X1LEN□4□X1NPS□1□X1NPW□0□X1MIN□2270.□X1MAX□2370.□X1LEV□0.003125□X2NAM□fc1□X2UNI□（null）□X2TYP□float□X2LEN□4□X2NPS□1□X2NPW□1□X2MIN□0.□X2MAX□300.□X2LEV□-99999.□#ADI#□DATID□1

将 X1LEV 设置为 0.0025 时，则可以使用相同的方法来描述微电阻扫描（FMS）电导率相对值曲线。

2. 三维曲线描述实例

以 w 井第一条全波波形为例。

头文件：@w.wf1

DIMEN□3□X1NAM□h□X1UNI□（m）□X1TYP□float□X1LEN□4□X1NPS□1□X1NPW□0□X1MIN□2270.□X1MAX□2280.□X1LEV□0.15□X2NAM□t□X2UNI□（us）□X2TYP□float□X2LEN□4□X2NPS□512□X2NPW□0□X2MIN□200.□X2MAX□2200.□X2LEV□4□X3NAM□wf1□X3UNI□（mv）□X3TYP□int□X3LEN□2□X3NPS□512□X3NPW□512□X3MIN□-99999.□X3MAX□-99999.□X3LEV□-99999.□#ADI#□DATID□1

生成的三维体文件，实际上是每个深度位置的波形数据依次相连形成的。

3. 解释成果等四维曲线的描述实例

假设 w 井的解释成果表见表 2-3-1。

表 2-3-1 解释成果表示例

h（m）	d（m）	No.（null）	MEM（null）	POR（null）	SO（null）	PERM（dc）	VSH（null）	CONC（null）	CON（null）
2270.5	0.4	1	SIII	0.075	0.58	5.10	0.06	g	gas-bearing bed
2274.1	1.3	2	SIII	0.027	0.65	0.03	0.10	d	dry bed
2276.1	2.6	3	SIII	0.049	0.71	0.09	0.03	d	dry bed
2279.6	0.7	4	SIII	0.047	0.68	0.10	0.06	d	dry bed
2283.3	3.5	5	SIII	0.056	0.65	9.99	0.04	g	gas-bearing bed
2290.0	3.4	6	SIII	0.0047	0.73	7.05	0.03	g	gas-bearing bed
2295.2	0.5	7	SIII	0.055	0.60	8.10	0.04	g	gas-bearing bed
2332.2	1.4	8	SIV	0.020	0.58	0.02	0.11	d	dry bed
2338.2	0.8	9	SIV	0.013	0.51	0.01	0.14	d	dry bed
2345.6	0.6	10	SIV	0.011	0.48	0.01	0.15	d	dry bed
2384.6	2.9	11	SIV	0.007	0.50	0.01	0.19	d	dry bed

使用 CIF 文件进行描述的方法如下：

头文件：@w.inr

DIMEN□4□X1NAM□h□X1UNI□（m）□X1TYP□float□X1LEN□4□X1NPS□1□X1NPW□1□X1MIN□2270.5□X1MAX□2348.6□X1LEV□-99999.□X2NAM□d X2UNI□（m）□X2TYP□float□X2LEN□4□X2NPS□1□X2NPW□1□X2MIN□0.4□X2MAX□3.5□X2LEV□-99999.□X3NAM□n□X3UNI□（null）□X3TYP□int□X3LEN□4□X3NPS□1□X3NPW□1□X3MIN□36.□X3MAX□46.□X3LEV□-99999.□X4NAM□inr□X4UNI□（null）□X4TYP□char□X4LEN□1□X4NPS□-1□X4NPW□-1□X4MIN□-99999.□X4MAX□-99999.□X4LEV□-99999.□#ADI#□DATID□1□nsNAM□No.|MEM |POR |SO |PERM |VSH|CONC|CON□nsUNI□（null）|（null）|（null）|（null）|（dc）|（null）|（null）|（null）□nsTYP□int|char|float|float|float|float|char|char□nsMIN□-99999.|-99999.|0.|0.|0.01|0.|-99999.|-99999.□nsMAX□-99999.|-99999.|1.|1.|10.0|1.|-99999.|-99999.

在这里，需要注意第4维定义的主对象是inr，它包含的子对象及其属性由nsNAM~nsMAX等参数给出。

体文件：1w.inr

2270.500000□0.400000□45□1□SIII□0.075□0.58□5.10□0.06□g□gas-bearing□bed□2274.100000□1.300000□37□2□SIII□0.027□0.65□0.03□0.10□d□dry□bed□2276.100000□2.600000□37□3□SIII□0.049□0.71□0.09□0.03□d□dry□bed□2279.600000□0.700000□37□4□SIII□0.047□0.68□0.10□0.06□d□dry□bed□2283.300000□3.500000□45□5□SIII□0.056□0.65□9.99□0.04□g□gas-bearing□bed□2290.000000□3.400000□46□6□SIII□0.0047□0.73□7.05□0.03□g□gas-bearing□bed□2295.200000□0.500000□45□7□SIII□0.055□0.60□8.10□0.04□g□gas-bearing□bed□2332.200000□1.400000□36□8□SIV□0.020□0.58□0.02□0.11□d□dry□bed□2338.200000□0.800000□36□9□SIV□0.013□0.51□0.01□0.14□d□dry□bed□2345.600000□0.600000□37□10□SIV□0.011□0.48□0.01□0.15□d□dry□bed□2348.600000□2.900000□37□11□SIV□0.007□0.50□0.01□0.19□d□dry□bed

4. 井信息描述实例

仍以w井为例，假定其井信息为：

NAME：w

CHINESE CODE：0387 3014

OWNER：xxx filed

TYPE OF WELL：exploration

PRODUCT OF WELL：gas

Xtop：20341366.08

Ytop：39362208.60

Xbottom：20341369.01

Ybottom：39362204.20

FIRST LOGGING DATE：93-10-05

LOGGING COMPANY 1：yyy

OPERATOR 1：L.Wang

SERIRS 1：3700

Tbottom 1：240

MUD TYPE 1：water based

MUD VISCOSITY 1：2

MUD DENSITY 1：1.4（g/cm^3）

Rmf 1：0.04（ohmm）

SECOND LOGGING DATE：94-05-03

LOGGING COMPANY 2：zzz

OPERATOR 2：W.K.Li

SERIRS 2：csu

Tbottom 2：240

MUD TYPE 2：water based

MUD VISCOSITY 2：2

MUD DENSITY 2：1.4（g/cm^3）

Rmf 2：0.04（ohmm）

使用CIF文件进行描述的方法如下：

头文件：@w.aiw

DIMEN□2□X1NAM□n□X1UNI□（null）□X1TYP□int□X1LEN□4□X1NPS□1□X1NPW□1□X1MIN□7.□X1MAX□29.□X1LEV□-99999.□X2NAM□aiw□X2UNI□（null）□X2TYP□char□X2LEN□1□X2NPS□-1□X2NPW□-1□X2MIN□-99999.□X2MAX□-99999.□X2LEV□-99999.□#ADI#□DATID□1

体文件：1w.aiw

7□NAME：□w□23□CHINESE□CODE：□0387□3014□16□OWNER：□xxx□filed□25□TYPE□OF□WELL：□exploration□20□PRODUCT□OF□WELL：□gas□17□Xtop：□20341366.08□17□Ytop：□39362208.60□20□Xbottom：□20341369.01□20□Ybottom：□39362204.20□28□FIRST□LOGGING□DATE：□93-10-05□22□LOGGING□COMPANY□1：□yyy□18□OPERATOR□1：□L.Wang□14□SERIRS□1：□3700□14□Tbottom□1：□240□23□MUD□TYPE□1：□water□based□18□MUD□VISCOSITY□1：□2□27□MUD□DENSITY□1：□1.4□（g/cm^3）□18□Rmf□1：□0.04□（ohmm）□29□SECOND□LOGGING□DATE：□94-05-03□22□LOGGING□COMPANY□2：□zzz□18□OPERATOR□2：□W.K.Li□13□SERIRS□2：□csu□14□Tbottom□2：□240□23□MUD□TYPE□2：□water□based□18□MUD□VISCOSITY□2：□2□27□MUD□DENSITY□2：□1.4□（g/cm^3）□18□Rmf□2：□0.04□（ohmm）

五、CIF文件的连接形式

将2个或2个以上CIF文件的头文件和体文件分别首尾相连，形成一个新的头文件和体文件的过程，称为 CIF 文件的连接。连接后形成新的头文件和体文件称为原文件的连接形式文件。连接形式文件的后缀名为 .CIF。

1. 头文件的连接形式

在每个被连接的 CIF 头文件前，分别加入一行说明，格式如下：

□mode□@filename□1seek□1flen□2seek□2flen□

然后，将这些文件首尾相连，形成连接形式的 CIF 头文件。

在这里，"mode" 由 5 个字符构成，代表两重含义。前 2 个字符 "==" 合为一体，用于确认一个被连接 CIF 头文件的开始；后 3 个字符每个各有 "=""r""w""-" 等 4 种状态，分别代表头文件、体文件 1 和体文件 2 的 "可读可写""只读""只写""不可读写" 4 种权限。例如，如果 mode 取 "==r-w"，则表示头文件只允许读，体文件 1 既不允许读也不允许写，而体文件 2 只允许写。

"@filename" 指的是被连接的 CIF 头文件名。

"1seek" 和 "2seek" 分别表示被连接的体文件 1 和 2 在连接形式体文件 1 和 2 中的起始字节位置；"1flen" 和 "2flen" 分别表示被连接的体文件 1 和 2 的各自长度。"seek" 和 "flen" 的单位都是字节。

例如，如果要将 @w.gr 与 @w.den 相连，连接后的头文件为 @w.CIF，其内容为：

=====□@w.gr□0□12166□0□4004□DIMEN□2□X1NAM□h□X1UNI□（m）□X1TYP□float□X1LEN□4□X1NPS□1□X1NPW□0□X1MIN□2270.□X1MAX□2370.□X1LEV□0.1□X2NAM□gr□X2UNI□（api）□X2TYP□float□X2LEN□4□X2NPS□1□X2NPW□1□X2MIN□0.□X2MAX□200.□X2LEV□-99999.□#ADI#□DATID□1□=====□@w.den□12166□11011□4004□4004□DIMEN□2□X1NAM□h□X1UNI□（m）□X1TYP□float□X1LEN□4□X1NPS□1□X1NPW□0□X1MIN□2270.□X1MAX□2370.□X1LEV□0.1□X2NAM□den□X2UNI□（g/cm^3）□X2TYP□float□X2LEN□4□X2NPS□1□X2NPW□1□X2MIN□2.□X2MAX□3.□X2LEV□-99999□#ADI#□DATID□1

2. 体文件 1 的连接形式

将每个被连接的体文件 1 首尾相连，连接处无分隔符。连接形式体文件 1 的长度等于各个被连接体文件 1 的长度之和。实际上，由于每个被连接体文件 1 的最后一个字符都是空格，所以尽管在连接处没有特别增加分隔符，但每个体文件 1 之间仍然以一个空格相互分开。

例如，如果 1w.gr 的长度为 12166 字节，1w.den 的长度为 11011 字节，那么连接后形成的 1w.CIF 的长度为 23177 字节。

3. 体文件 2 的连接形式

将每个被连接的体文件 2 首尾相连，连接处无分隔符。连接形式的体文件 2 的长度等于各个被连接的体文件 2 的长度之和。

例如，如果 2w.gr 的长度为 4004 字节，2w.den 的长度为 4004 字节，那么连接后形成的 2w.CIF 的长度为 8008 字节。

4. 测井 CIF 文件的连接形式

测井 CIF 文件的连接形式与普通 CIF 文件的连接形式相同。

六、CIF 保留字

在 CIF 格式定义过程中，用于代表特殊意义的字符，以及在 CIF 工具软件中使用的程序名、函数名等，统称为 CIF 保留字。

1. 前缀和后缀

由于在 CIF 格式定义中，@、1 和 2 具有特殊含义，因此在同一子目录中，非 CIF 文件最好避免使用这 3 个字符作为文件名的首字符。此外，由于 .CIF 特指连接形式的 CIF 文件，因此非连接形式的 CIF 文件不应以此作为文件名后缀。

2. 程序及函数名

CIF 工具包的每个版本中包含的程序及库函数名均为 CIF 保留字。因此，其他文件或用户程序中的变量应避免与这些保留字同名。

七、通用交换标准

CIF 文件及其连接形式作为通用交换格式被广泛使用，它们之间的转换由 CIF 工具软件完成。这样交换标准的设定，旨在最大限度地满足各种不同用户在不同场合下，对各类不同来源、不同性质和不同用途的数据进行交换和传递的需求。

八、特点

作为一种通用交换格式，CIF 文件具有以下显著特点：

（1）格式名称具有明确的文字意义和技术含义，易于记忆。格式定义简洁明了，操作文件时无须特殊的读写子程序，不论测井专业还是非测井专业的技术人员都能迅速理解和掌握。

（2）采取头文件与体文件分离的方式，便于快速分类和检索。在具有数据库的系统中，其头文件可以直接入库；在没有数据库的系统中，其头文件可直接用于标题检索。特别是当文件名的前缀和后缀赋予特定含义时，可以直接利用系统本身的查询命令进行检索。例如，如果需要查询同一口井的不同曲线，只需检索 CIF 文件名的前缀；如果需要查询不同井的同一类曲线，只需检索文件名的后缀即可。

（3）格式定义与专业无关，可以描述任意专业的任意数据，既可以描述数据体，又可以描述由字符串构成的文字体。此外，还可将这些不同专业、不同性质的数据混合记录在同一文件中。

（4）定义了二进制的体文件记录格式和 ASCII 码的体文件记录格式，既有分解格式，又有连接格式，可以满足用户的各种需求。

（5）通过引入标识符 DATID，可以实现来自不同机器、不同操作系统的二进制数据共享；体文件 1 的 ASCII 码记录方式也可以使其在不同机器上传输时无须进行任何格式转换。

（6）CIF 格式可以非常方便地转换为用户所需的任何其他数据文件格式。

（7）CIF 格式在描述测井曲线时尤为突出一点在于：它不仅可以描述现有任何一种测井仪器测出的任何曲线，而且也必将可以描述未来可能出现的新测井仪器所得测井曲线。因为 CIF 格式核心在于它只描述数据体的数学特征，同时还将可能发生变动的部分与恒定不变的部分区别对待。这一点非常重要，它意味着这种格式定义是永久性的。

CIF 格式在描述测井曲线时的特点，见表 2-3-2。

表 2-3-2　CIF 与原先格式的比较

原先格式	CIF 格式
以单井为出发点，只能描述单井曲线	既能描述单井曲线，又能描述多井曲线。甚至能描述一个构造、一个地区的所有曲线和各种相关信息
描述曲线时要求起始深度、终止深度一致且必须是等距采样	曲线的起始深度、终止深度及采样间距均可任意设置
只允许数据沿一个深度方向记录	允许数据沿正、反两个深度方向记录
常规曲线与特殊曲线（如全波波形等）不能以相同格式记录在一个文件中	能容纳任何类型的曲线，即使是采样间隔和采样点数完全随机的曲线，也可以以相同的格式记录在一个文件中
不能将岩心分析、试油等非曲线数据与曲线数据混合记录	可以将任何非曲线数据，甚至是文字描述的过程，以相同的格式与曲线数据一起混合记录
不能描述一个二维数据表	可以描述包括解释结论、试油结果等在内的二维数据表
曲线记录条数有限，且在一个文件内不允许出现同名曲线	曲线记录条数无限，允许在同一个文件中出现任意多条同名曲线，适合记录时间推移的测井曲线
不能对文件中的曲线进行权限管理	可以对文件中的任意曲线进行可读、可写、只读、只写以及不可读写等 5 种权限管理
合并两个文件或增加某一曲线到文件中会受到多种约束条件的限制（如等长度、等间隔采样、不能重名等）。由于曲线是并行记录的，这使得操作过程比较复杂	任意多个 CIF 文件的合并均无任何限制条件，且操作过程简单
文件以二进制方式记录，且只有集成格式而无相应分解格式	文件既可以以二进制方式记录，也可以以 ASCII 码方式记录，并且既有集成格式，又有相应的分解格式
由于只采用二进制的记录形式，故标题信息的阅读相对困难，非测井数字处理专业的人员不易掌握	标题信息文件始终以 ASCII 码的方式进行记录，阅读理解十分容易，任何人员均可迅速掌握
标题信息中，用户可自行写入文字部分的长度有限	标题信息中，用户可自行写入文字部分的长度无限
来自不同机器、不同操作系统的二进制曲线数据互不兼容，无法记录在同一文件中，导致数据无法在网络上共享	来自不同机器、不同操作系统、符合 IEEE 规范的二进制数据可以混合记录在同一文件中，并通过 DATID 进行识别，因此这些数据可以在网络上进行完全共享
格式定义将来会发生变化	格式定义具有永久性
存在可能引发版权争议的风险	中国版权，不存在争议

第三章 测井文件数据格式

在测井采集和处理过程中产生的数据统称为测井数据。随着测井技术不断进步，测井数据的描述和记录格式也在不断变化。按照产生方式划分，测井数据记录格式可分为现场记录格式和解释格式。现场记录格式是指在测井现场实时记录的数据格式，解释格式是指在测井资料处理解释过程中产生的数据记录格式。在很多情况下，由于产生方式和用途不同，现场记录格式和解释格式也不同。本章对一些常用的数据文件格式进行介绍。

第一节 常用格式介绍

测井数据来源广泛，格式种类众多，甚至同一种格式存在多个版本，内容和结构的差异较大。各种数据格式多达几十种，包括斯伦贝谢公司的 LIS、DLIS，我国广泛使用的 CIF、CIFPlus、WIS 等，加拿大测井协会的 LAS，5700 仪器的 XTF，阿特拉斯公司的 BIT、LA716、3317，哈里伯顿公司的 CLS 等。测井仪器来自不同厂商，其测井数据存储格式多样，再加上不同测井解释平台间数据格式不兼容，限制了测井数据的使用与共享。因此数据格式的多样性大大增加了测井数据解编系统开发的复杂性。

测井数据格式的多样性问题目前尚未得到解决，没有统一的测井数字资料记录格式，基本上每个公司都在使用自己的数据记录格式。常见的测井输入格式有以下几种：

（1）文本格式：直观、易懂且使用方便。只需应用文本查看工具，就可以打开和编辑。但是，这种格式的缺点是所需存储容量较大，且由于用户可以自由定义，导致标准并不统一。

（2）CIF 格式：CIF 是通用交换格式的英文缩写，是中国石油天然气集团有限公司推广的测井数字资料标准格式。

（3）CIFPlus 格式：是 CIF 格式的升级版本，也是 CIFLog 软件的底层文件格式，可以记录各种曲线、表格、文档等信息，具有很强的可扩展性。

（4）LAS 格式：LAS（Log ASCII Standard）格式是由加拿大测井协会指定的一种标准测井数据格式，采用了 ASCII 编码，记录了主要的图头信息和测井数据。

（5）LIS 格式：LIS（Log Information Standard）格式是斯伦贝谢公司开发的测井数据标准格式，也被称为 LIS79。LIS 是一种野外采集数据格式，以深度帧方式记录数据，提供跨平台支持，但读写速度较慢。

（6）XTF 格式：XTF（Well Information Standard）格式是 ECLIPS5700 数控测井系统的文件格式。这种格式包含的信息量很大，并且允许不同特性的曲线并存。

（7）DLIS 格式：DLIS（Digital Log Interchange Standard）格式是 POSC 基于 PR66 标准的一个实现。虽然 LIS 和 DLIS 采用同样的标准，能够进行双向转换，但是由于

DLIS 格式表达的内容更丰富，因此转化为 LIS 可能会导致部分信息丢失。

（8）CLS 格式：CLS 格式是哈利伯顿公司所采用的一种二进制数据存储格式，但具体细节并未公开。

第二节　CIFPlus 格式

CIF，全称为是通用交换格式，是中国石油天然气集团有限公司推广的测井数字资料标准格式。基于 CIF 数据结构，平台扩充并形成了测井数据的本地存储格式 CIFPlus，其含义可以理解为 CIF+，即 CIF 数据格式的功能扩充版本。CIFPlus 在保留原有 CIF 格式结构优点的同时，充分借鉴国内外测井数据格式优点，采用以 4096 字节为存储单元的方式，通过表格信息进行数据检索，实现了对测井数据进行结构化单文件二进制的数据存储和索引功能。

一、整体结构

CIFPlus 文件的物理结构以 4096 字节为一个单位，每个单位被称为一个记录块。因此，CIFPlus 文件的大小必须是 4096B 的整数倍。文件由信息块和数据块组成，其中信息块包含了曲线的描述信息，数据块包含了各种数据记录。如图 3-2-1 所示，CIFPlus 文件的管理方式比较灵活，曲线信息和数据在文件中存储的物理位置不受限制，同时文件中可以存放的曲线数量也没有上限设定。

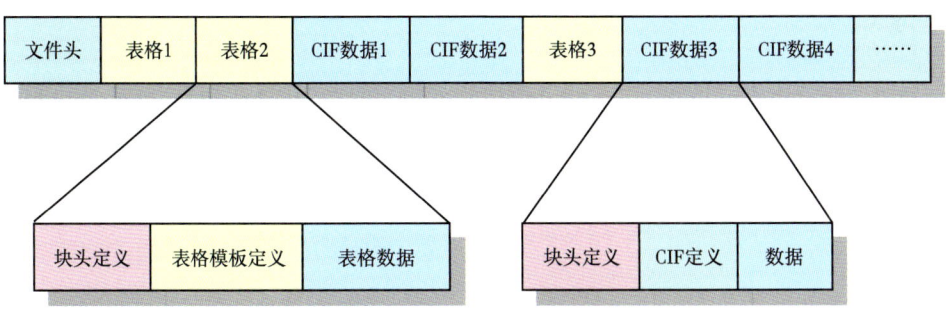

图 3-2-1　CIFPlus 数据文件结构

测井曲线或文档采用表格说明信息加 CIF 数据块的形式进行存放，如图 3-2-2 所示。

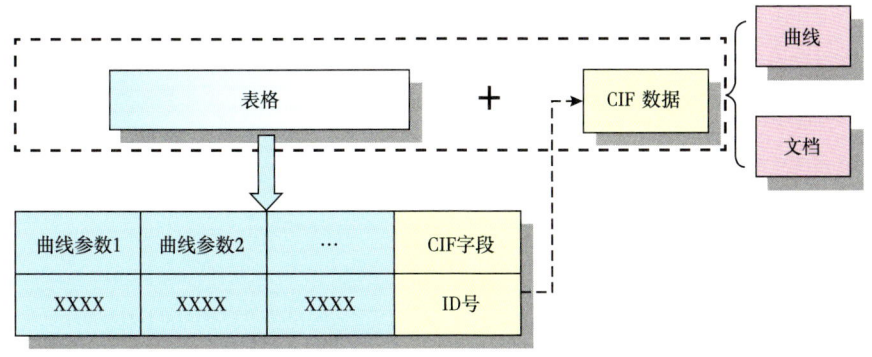

图 3-2-2　曲线、文档存放方式

对于一些复杂的曲线，可以采用将曲线信息（表格形式存储）与多个 CIF 数据进行组合的存储方式。对于未来可能出现的复杂数据，也可以采用这种方式进行存储，如图 3-2-3 所示。

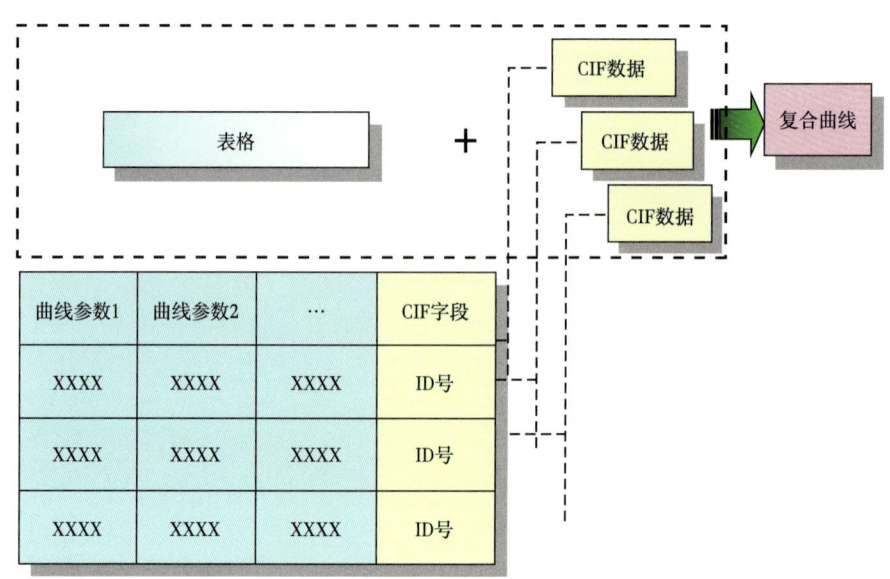

图 3-2-3　复合曲线存放方式示意图

CIFPlus 文件中存储的内容包括 CIFPlus 头记录、曲线信息、CIF 曲线数据、表格数据以及文档数据。存储的这些内容完全可以满足测井处理、解释和评价中对原始数据和生成数据的存储需求。图 3-2-4 对 CIFPlus 文件能够存储的内容进行了更为详细的分类。

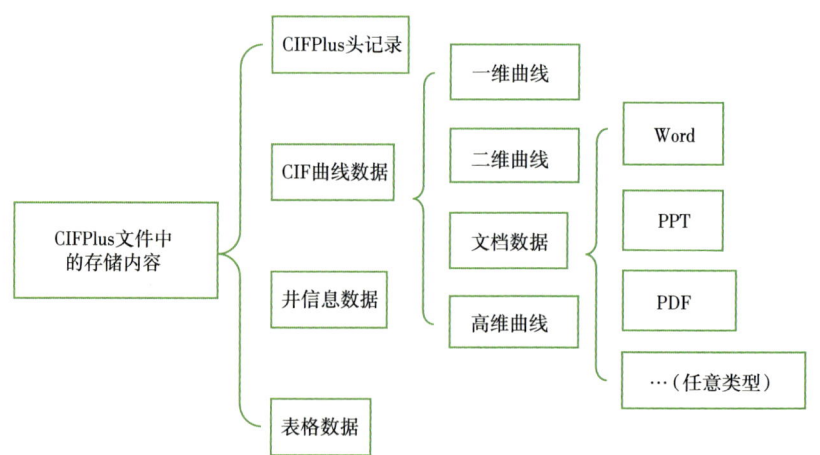

图 3-2-4　CIFPlus 文件存储内容

二、CIFPlus 文件格式的优缺点

CIFPlus 格式在继承了 CIF 格式原有优点的基础上，进行了一些升级和改造。
原有的优点包括：
（1）简单，易于管理；

（2）可以包含任意条曲线的数据；

（3）任意文档（如 Word、PPT、图片等）均可以存放 CIF 曲线。

升级后的优点则包括：

（1）数据存储在一个文件中，便于复制和转存；

（2）增强了表格数据处理功能，具有类似数据库的操作功能；

（3）支持同时进行读写操作。

然而，CIFPlus 格式也存在一些问题，比如可能会浪费存储资源，并且容易产生零散的空记录块。为解决该问题，需要在适当的时候调用数据整理函数，对整个文件进行整理以清除空记录块，确保数据存储的高效和整洁。

第三节　LAS 格式

LAS 格式是由加拿大测井协会制定的一种标准测井数据格式。它采用 ASCII 编码，记录了主要的图头信息和测井数据。优点在于直观易懂、使用方便，且记录的测井数据便于用户阅读与数据交换；缺点是占用的存储空间较大。LAS 格式主要用于测井解释系统数据输出和数据缓存，野外记录测井数据一般不使用该格式。

LAS 格式目前最常用的是 2.0 版本和 3.0 版本。2.0 版本是 1992 年制定的标准，当时计算机的性能有限，存储空间严重受限，因此无法保存磁带上的所有海量数据。尽管如此，LAS 2.0 版本仍然获得了业界的广泛认可，因为它满足了相当一部分用户对于简单易用需求。随着计算机硬件性能的飞速提升和磁盘存储介质存储容量的指数级增长，当年的存储限制已经不再是问题。因此，加拿大测井协会于 2000 年基于原有的格式开发了 LAS 3.0 版本，在保留了 LAS 2.0 优点的基础上，使得 LAS 文件可以存储更多的数据和信息，同时可以处理更多的数据类型。LAS 3.0 依然遵循了 LAS 2.0 中的设计原则，在格式上与 LAS 2.0 有很多相似之处，并且完全兼容 LAS 2.0（郭海敏等，2013；马勇光，2008；强伟帆等，2021）。

一、LAS 文件的组成

LAS 格式对用户来说非常友好，易于理解和使用，同时提供了充足的标志来帮助程序员分析 LAS 文件。

一般来说，LAS 文件的扩展名为".las"或".txt"，方便识别。对于早期的 LAS 2.0 文件，每个文件只能存储在一张磁盘上。如果文件较大，需要进行额外的操作，将文件分割并存储在不同的磁盘上。一个 LAS 文件由多个段（section）组成，每个段包含特定的信息或数据。大多数段的顺序没有特别要求，只有个别段的位置是特定的。如第一个段必须为"version"段，该段包括了 LAS 的版本信息和数据的存储模式。LAS 2.0 中数据段必须作为最后一个段。

二、LAS 文件的标记

LAS 文件中包含了充足的标记来帮助标识格式及辅助程序解析。

LAS 2.0 格式中包含如下标记：

（1）"~"：当这个标志作为一行的第一个字符时，表示这一行的开始。LAS 2.0 中紧跟在该字符后面的第一个字母表示这个段的类型，之后所有字符作为注释；LAS 3.0 中，则是"~"后的第一个单词作为段的类型标记，之后所有字符作为注释。

（2）"#"：当这个标志作为一行的第一个字符时，表示该行为注释行。注释行可以出现在文件中数据段之前的任何位置。

（3）"."和"：":在 Version 段、Well 段、Curve 段和 Parameter 段中使用句点、空格和冒号分隔一行中的信息。在这些段中的每个非注释行必须包括一个句点和一个冒号。

在 LAS 3.0 中又加入了下面几个标记用以分隔更多的信息：

（1）"{}"：用来标识该行的数据格式。包括字符串、整数、浮点数、指数、日期及度。

（2）"|"：用来关联行，可以将一行与该行有关的行关联起来。通过使用这种关联方式，可以实现 LAS 2.0 中所不能表示的更多信息间的关系。

三、LAS 2.0 中的段

LAS 2.0 文件包含段的类型如下：

（1）"~V"段：即 Version 段，包含版本信息和 wrap 模式信息。

（2）"~W"段：即 Well 段，包含井的标识信息。

（3）"~C"段：即 Curve 段，包含曲线的定义信息。

（4）"~P"段：即 Parameter 段，包含参数或常量设置。这段是可选的。

（5）"~O"段：即 Other 段，包含其他的信息，例如注释。这段是可选的。

（6）"~A"段：即 ASCII 段，包含 ASCII 编码的测井数据。

LAS 2.0 文件中的可选段不是必须出现的，也就是说一个 LAS 2.0 文件至多有 6 个段，最少包含 4 个段。

四、LAS 3.0 中的段

在 LAS 3.0 文件中，标识段是通过"~"符号后的一个单词来实现的。例如，"~Version"表示 Version 段，"~Well"表示 Well 段，"~Parameter"表示 Parameter 段或参数段，"~Curve"或"~Log_Definition"表示 Curve 段或列定义段，"~ASCII"或"~Log_Data"表示 ASCII 段或列数据段。"~Curve"和"~ASCII"是 LAS 2.0 中的术语；而"~Log_Definition"和"~Log_Data"是 LAS 3.0 中引入的表示方法。为了与 LAS 2.0 兼容，LAS 3.0 同时支持这两种表示方法。

LAS 3.0 将参数段、列定义段和列数据段这 3 个段组合在一起，表示一种记录类型，共支持 6 种记录类型。如将"~Parameter""~Log_Definition""~Log_Data"这 3 个段放在一起，记录测井信息和数据（这也是 LAS 3.0 中引入"~Log_Definition""~Log_Data"表示方法的原因）；将"~Core_Parameter""~Core_Definition""~Core_Data"组合在一起，记录取心数据等。LAS 3.0 支持的 6 种数据类型包括："Log"代表测井数据，"Core"代表取心数据，"Inclinometry"代表地层倾角数据，"Drilling"代表钻井数据，"Tops"代表地面数据，"Test"代表测试数据。

第四节 LA716 格式

LA716 格式是阿特拉斯（Atlas）公司提出的一种用于保存测井中间数据和成果数据的磁带解释文件格式，是国内各油田广泛使用的数据记录格式之一。由于各种原因，各油田对 LA716 的标题块信息进行了不同程度的修改和增删。PC（个人计算机）与 SUN 工作站对浮点数据在存储体中的存储格式存在差异。因此，应用 LA716 数据，特别是在 PC 与 SUN 工作站之间交换数据时，必须对数据进行格式转换和解编。

LA716 格式的文件由 1 个头记录块和多个数据记录块构成，其中头记录块大小为 512B。这种格式的文件最多可以容纳 40 条曲线的数据，最后多出的空间使用空格（null）进行填充。

LA716 头文件信息见表 3-4-1。

表 3-4-1 LA716 头文件信息表

起始	类型	长度（byte）	含义
0	int	4	文件信息，固定为"716"，未用部分设置为 0
4	char	80	公司名，未用部分置为空格
84	char	80	井号名，未用部分置为 0
164	short	2	曲线条数，未用部分置为 0
166	short	2	保留位，置为 0
168	char	80	曲线名（每条曲线占 4 字节）未用部分置为空格或者 0
248	float	4	起始深度
252	float	4	终止深度
256	float	4	采样间隔
260	int	4	保留位，置为 0
264	float	4	一个数据块中样点数，目前一个数据块中样点数为 64 个
268	char	244	线条数和曲线名（重复数据）

LA716 文件以数据块的形式存储曲线数据。首先，存储第一条曲线的第一块数据，然后依次存储第二条曲线的第一块数据，直到最后一条曲线的第一块数据存储完毕。接下来，存储第一条曲线的第二块数据，依次类推。每条曲线的最后一块测量点数可能不相同，此时以最长的为标准，不足的部分用 0 来补齐。

第五节 LIS 格式

LIS 格式是斯伦贝谢公司在 1979 年开发的测井数据标准格式，称为 LIS79。该格式得到了美国石油协会（API）的推荐，并被应用于斯伦贝谢公司的 CSU 测井系统中。1982 年，该格式得到了进一步的完善和加强。1984 年，斯伦贝谢公司发布了 LIS 的扩展版本 LIS84。LIS 的特点在于，最初为磁带介质设计，是一种野外采集数据格式，以深度帧方式记录数据，并提供跨平台的支持，但其读写速度较慢（张涌清等，2013）。

LIS 格式由逻辑结构和物理结构组成。逻辑结构表述了测井数据的类型和组织形式，物理结构描述了测井数据的物理组织。

LIS 数据的逻辑结构如图 3-5-1 所示。图中 EOF 表示文件尾。

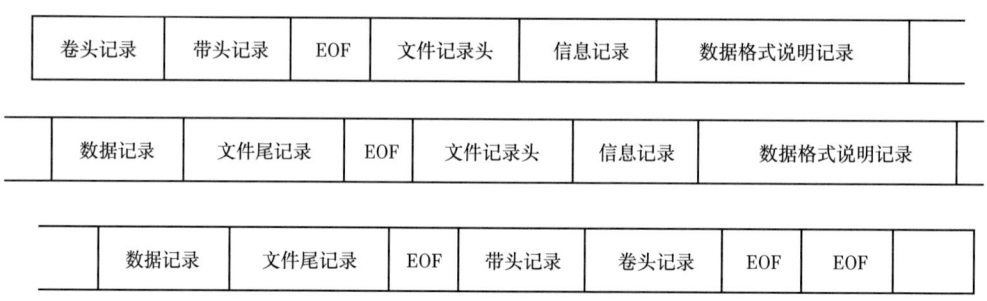

图 3-5-1　LIS 数据的逻辑结构

一个 LIS 数据由若干个卷组成，每个卷由一系列带组成，每个带数据由若干个数据文件组成。文件包含文件头、井场信息、数据格式信息、数据记录、文件尾，以 EOF 为结束标记。带头结束时，以两个 EOF 作为结束标记。图 3-5-2 是 LIS 数据的物理结构图，每个逻辑记录由若干个物理记录组成，一个物理记录由物理记录头、物理记录本身、物理记录尾组成。图中 PRH 为物理记录头，PRT 为物理记录尾，GAP 为记录间隙，最大物理记录的长度为 1024 字节。

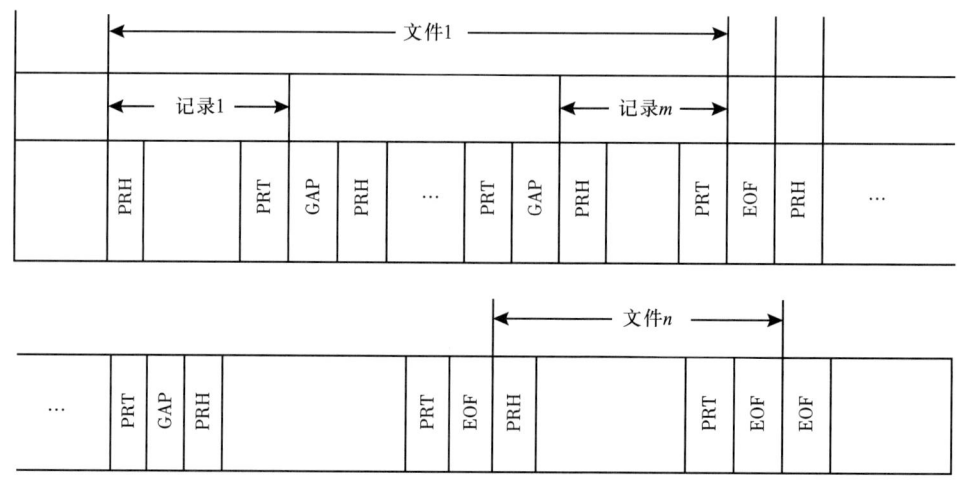

图 3-5-2　LIS 数据的物理结构

第六节　XTF 格式

XTF 格式是贝克休斯公司 ECLIPS5700 数控测井系统采集和 Express 处理解释用的

数据格式，如图 3-6-1 所示。XTF 格式中最小的组成单元是记录。每个记录的长度均为 4096 字节，由标题块和数据块两大部分组成。标题块通常包括 8 个记录，数据块紧跟标题块后，包含的曲线条数记录个数由曲线的深度范围来定（马玲华等，2001；杨建军等，2008）。

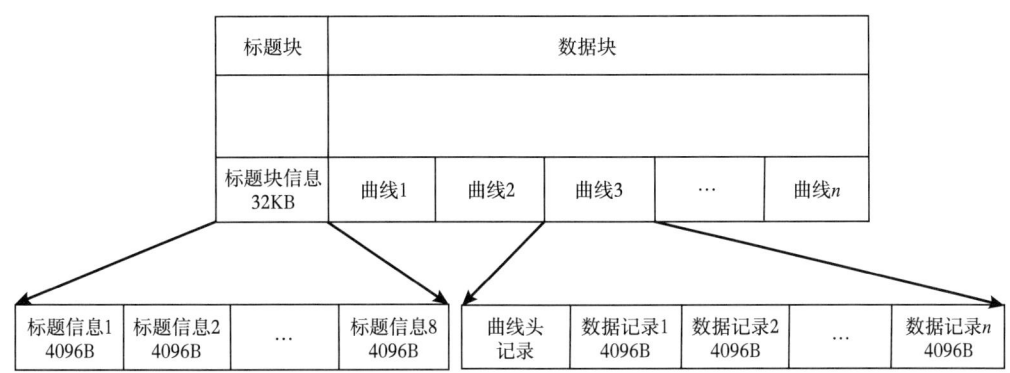

图 3-6-1 XTF 格式示意图

一、XTF 格式的整体结构

XTF 格式包含的信息量非常大，它由标题块和数据块两大部分组成，最小的组成单元是记录，每个记录的长度均为 4096 字节。标题块通常包括 8 个记录，数据块包含的记录个数由曲线的深度范围来确定。XTF 格式允许不同特性的曲线并存，例如曲线的起始深度、结束深度、采样率等。XTF 文件整体结构如图 3-6-2 所示。

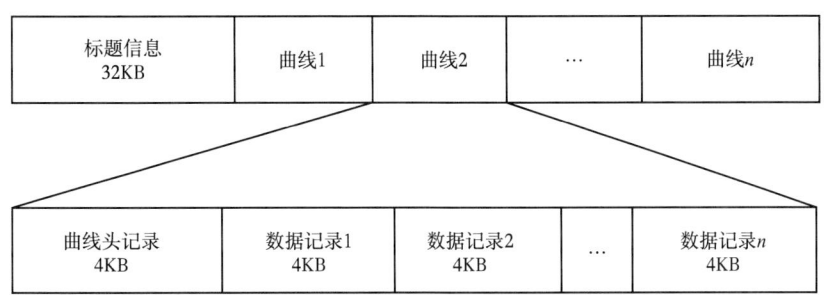

图 3-6-2 XTF 格式结构

二、XTF 格式的标题块

XTF 文件的标题块用于记录文件名、油公司名、井名、井场信息及曲线的特性（如曲线名、曲线条数、曲线的维数、起始深度、结束深度、采样率）等信息。在 XTF 格式结构设计上，标题块包括 8 个记录。

三、XTF 格式的数据块

XTF 文件的标题块后紧跟数据块，数据块用于存放 XTF 文件的数据。每条曲线的数据存储都包括两部分，即曲线头记录（4096 字节）和数据记录。其中，数据记录的长度根据每条曲线的起始深度和结束深度确定。

第七节　DLIS 格式

DLIS 格式是斯伦贝谢公司从 1991 年开始采用的一种测井数据记录格式。该格式得到了美国石油学会（API）的批准和使用推荐。DLIS 格式的特点在于其与机器无关、自描述、语义可扩展性以及面向对象的数据结构，这些特点使得它能够高效处理大量的测井信息以及相关信息。DLIS 格式使用统一的语言描述以及面向对象的数据记录方法，其设计格式与每个字节都有具体含义的 XTF 等格式有很大的区别。DLIS 类型的测井数据包括存储单元标识、磁带标记、磁带起始记录、磁带结束警告、可见记录长度、格式版本、逻辑记录片段号等内容。由图 3-7-1 可见，DLIS 格式包含 3 个部分：逻辑格式（Logical Format）、不可见封装（Invisible Envelope）和可见封装（Visible Envelope）。可见封装又包含 3 个部分：存储单元标签（SUL）、可见记录长度（VRL）和格式版本（FV）。

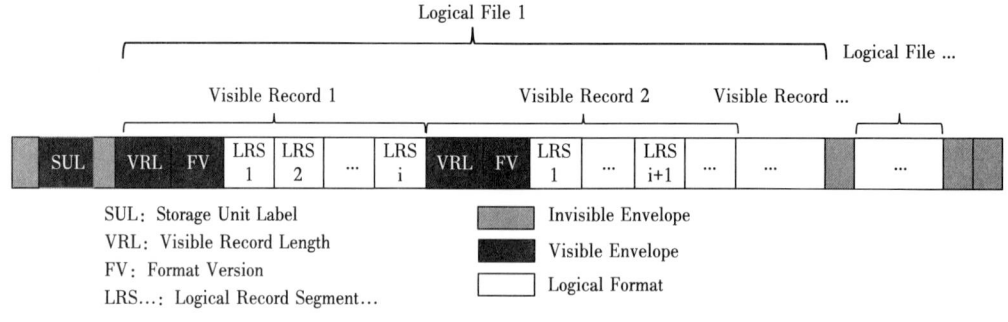

图 3-7-1　DLIS 格式示意图

面向对象的数据结构是 DLIS 格式的一大特色。DLIS 格式采用对象数据结构记录测井信息，包含 30 多种明确的数据对象，例如数据道对象（Channel Object）、帧对象（Frame Object）、参数对象（Parameter Object）、文件头对象（File-Header Object）以及数据源对象（Origin Object）等。这些对象均为字典约束定义对象，具有固定的模板结构属性。这种面向对象的记录机制，使信息记录变得更加紧凑，且具有更好的一致性和关联性。

多帧类型是 DLIS 格式最显著的特征。以往的测井数据格式，无论是 LIS 格式还是 BIT 格式，一个文件只能记录一种采样间隔的数据，而 DLIS 格式可以将不同仪器测得的不同采样间隔数据，通过帧作为索引统一记录到同一个文件中。

DLIS 格式使用 27 种数据代码来定义和说明每一种数值。每种数据代码都有明确的码值、字节名称、字节长度以及详细的定义描述标准，因而可以直接使用数值代码转换程序来解码数据，从而有效地克服了应用平台的限制。

第八节　WIS 格式

WIS 格式是我国自主设计的一种测井数据记录格式，应用于国产软件 Forward 和

WATCH 平台。它采用了独立曲线对象的数据结构（彭博等，2021；张宫等，2011）。

WIS 格式文件包括 3 个部分：文件头、对象入口和数据体。数据以块为单位进行存储。WIS 文件能存放 3 种类型的对象，分别为通道对象、表对象和流对象。

文件头包括文件标识信息和文件头结构体（表 3-8-1）。

表 3-8-1 WIS 格式文件头信息存储方式

数据类型（C#）	所占字节数	字段说明
Short（短整型）	2	机器类型
Short（短整型）	2	最大对象数
Short（短整型）	2	当前对象数
Short（短整型）	2	块长
Int（整型）	4	入口偏移位置
Int（整型）	4	数据偏移位置
Int（整型）	4	文件大小
Int（整型）	4	创建时间
Byte（字节型）	32	保留空间

对象入口用于描述每个对象的公共信息，开始位置由头结构给出，且每个对象的描述信息前后相连（表 3-8-2）。

表 3-8-2 WIS 格式对象入口描述信息存储方式

数据类型（C#）	所占字节数	字段说明
Char（字符型）	16	对象名
Int（整型）	4	对象状态
Short（短整型）	2	属性
Short（短整型）	2	子属性
Int（整型）	4	数据偏移地址
Int（整型）	4	数据块数
Int（整型）	4	创建时间
Int（整型）	4	修改时间
Byte（字节型）	32	保留空间

WIS 格式数据文件共存放 3 种类型的对象，分别为通道对象（Channel Object）、表对象（Table Object）和流对象（Stream Object）。通道对象主要用于存储采集数据和处理结果（如测井曲线）；表对象用来存放二维表格数据（解释结论）；流对象用来存放二进制数据块（如解释参数，用户数据）。流对象的开始部分是一个 4 字节的无符号长整型数，用于记录流数据的长度，紧接着为该流对象的二进制数据，且流对象数据的具体存储格式由对象的子属性决定。解释成果表为流对象数据。

第四章 测井软件平台

测井处理解释软件平台是测井资料处理与解释的重要工具和载体,是运用各种测井技术综合解决地质问题的重要手段,同时也是衡量测井技术水平的重要指标。该平台可以采用不同的编程语言和集成开发工具进行开发,并在不同的操作系统上运行。为了强调其通用性,本章简洁地介绍了测井处理解释软件通常采用的框架结构和在软件开发中涉及的一些关键技术,最后对目前常用的测井处理解释软件平台的功能和特点进行了概述。

第一节 平台框架

在平台开发过程中,合理的软件框架起着至关重要的作用,它是一种具有通用性、可扩展性和可重用性的软件体系结构。利用软件框架,开发人员能够更快地开发出满足用户需求的应用程序,从而提高开发效率,增强代码的复用性,并降低维护成本。在设计过程中,需要考虑到系统的可靠性、可扩展性、可定制性、可维护性以及客户体验等因素。

测井处理解释软件平台通常采用分层架构,这种架构将一个大型系统划分为多个垂直的层次。每个层次都有其特定的功能,并且每个组件只与其相邻的组件进行交互。例如,可以采用 3 层框架结构,包括底端的数据层、中间的支持层和顶端的应用层,如图 4-1-1 所示。

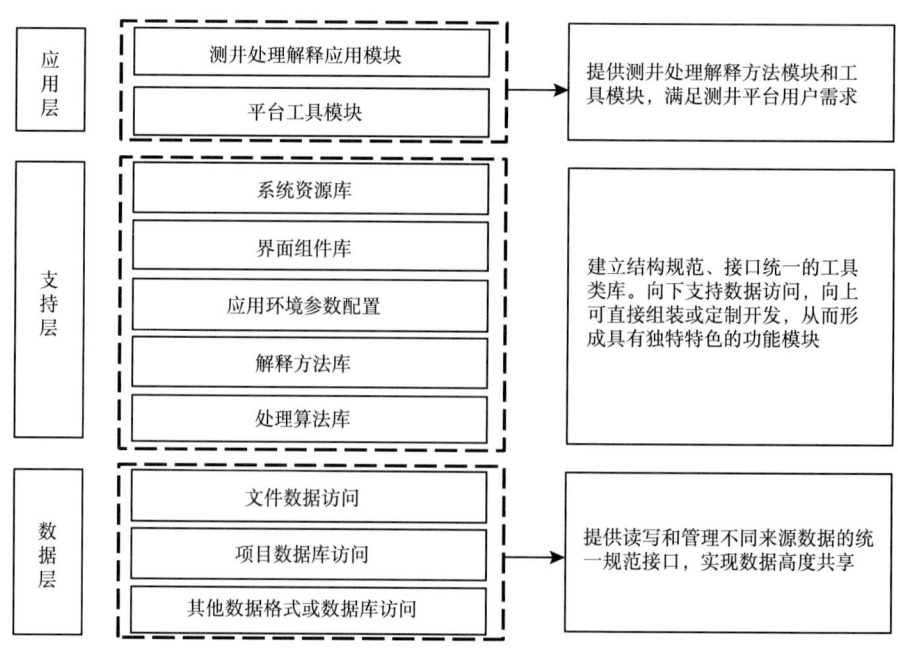

图 4-1-1 测井处理解释软件平台一般框架结构

应用层直接面向最终用户，提供交互式操作应用界面；支持层作为应用层和数据层之间的桥梁，向上为应用层提供可扩展的服务，向下通过数据访问接口层，屏蔽了数据的来源以及数据层中复杂的内部操作；数据层负责实际的数据读写。各层之间松散耦合，保证了良好的可扩展性和可复用性。

在平台中，支持层扮演着关键的角色。一旦每个功能模块定义了统一的接口，它就可以被应用层的各个模块调用，避免了对相同功能的重复开发，从而极大地提高了代码的可重用性。此外，支持层为应用层中测井资料处理解释模块的扩展和集成提供了统一的模块挂接接口和缓存机制，使得应用程序能用统一的方式访问本地文件和网络数据。应用层为用户提供了一系列功能，主要包括数据管理、数据格式转换、数据复制、曲线校深、曲线编辑、曲线拼接、曲线滤波、井斜校正、测井绘图、交互图、图头图尾编辑、排版打印、成果表、应用程序集成、测井资料处理、单井解释、多井评价等。应用层的功能丰富程度和质量水平直接影响着软件产品的用户数量和应用范围。

第二节 平台开发

一、全交互可视化

测井处理结果需要以图形化的方式显示，以便技术人员进行综合分析和解释，因此需要绘制各种测井图件，并提供丰富的交互功能。此外，还需要实现一种功能，即当一个窗口的数据发生更改或进行交互操作后，其他不同窗口的数据能够同步更新。

全交互可视化开发包括绘制常规测井曲线、成像测井曲线、全波曲线、填充曲线等；添加、删除曲线对象并修改曲线对象的显示参数；实现曲线对象的拖放和剪切；支持多种属性的更改，如线型、字体、填充模式等；添加、删除道对象，并修改道对象的显示参数；实现道对象的拖放和复制、粘贴；撤销和恢复绘图对象；变换横向、纵向显示比例；绘制并缩放直线、文本框、多边形、圆、矩形等图元；支持打印和打印预览；保存和打开绘图参数；支持绘图模板；绘制分析工具等。同时，也需要提供丰富的绘图对象二次开发接口，以方便满足用户的各种绘图需求。

全交互技术是让用户和计算机之间进行双向交互。这种技术通过分析用户行为和交互元素，优化交互效果，确保软件逻辑的连贯性，使用户能够更加直观地操作计算机，从而提高软件的交互性，并为用户带来舒适且便捷的体验。未来，通过大数据和智能化技术，可以进一步提升软件的交互能力，实现与用户的智能交互。

增强软件的交互性能，实现软件底层的同步和通信也非常关键。在软件平台中，各个模块之间需要频繁地进行数据更新、协调和控制。这就需要在低耦合度的前提下，保证各模块之间事件传递的通畅和对事件的及时响应。因此，要建立基于事件订阅/发布模式的通信控制中心机制，实现模块与模块之间、组件与组件之间、组件与模块之间的消息通信。同时，通过继承、重载等方式，可以扩展消息内容和分发模式，从而满足不同模块的应用需求。通信过程如下：事件源可以注册事件监听器对象，并向其发送事件对象；当事件发生后，事件源将事件对象发送给已经注册的所有事件监听器；然后监听器对象会根据事件对象内的相应方法来响应这个事件。

二、工业化软件组件开发

测井处理解释软件平台由基础工具模块、测井资料预处理工具模块和各种处理解释应用模块组成。在这些模块中，许多功能相同或相似，如数据源选择、曲线选择、参数编辑、表格显示、曲线显示等。这些相对独立的功能一旦开发完成，如果能够重复使用，将大幅提高开发效率。在程序开发中，组件技术可以满足这一需求。组件的含义就是对数据和方法进行简单封装，使其成为具有特定功能的对象，可以在以后的开发过程中重复使用。因此组件式软件开发具有较强的灵活性和可扩展性。

组件技术是将一个设计良好的应用系统切分成多个组件。这些组件可以单独开发、单独编译，甚至单独调试和测试。当所有的组件开发完成后，将它们组合在一起，就形成了完整的应用程序。当系统的外部环境发生变化，或者用户的需求有所更改时，只需对受影响的组件进行修改，然后重新组合，就能得到新的升级软件。对于复杂的应用，实现组件化结构模型并不容易，需要将应用分成一些独立的组件，而且这种切分还需要尽可能符合系统的应用逻辑和业务要求。它不同于传统的结构化程序设计技术和现在被广泛应用的面向对象程序设计技术。测井软件已变得越来越庞大与复杂，既需要有单项测井资料的处理模块，也需要有针对不同油藏的处理解释模块。在这种情况下，面向对象技术表现出了缺乏通用性与复用性的缺点，而组件技术作为面向对象技术的最新发展，具有开放性、灵活性、可管理性、安全性和透明性等特点。因此，在工业化软件中采用组件技术可以极大地扩展软件的结构和功能。

在设计组件时，需要注重宏观层面上的划分，以确保组件之间的划分和依赖关系是合理的。组件的设计并没有通用准则，但稳定性和可重用性是组件开发中首先需要考虑的问题。在具体的设计和开发过程中，还需要有明确的开发规范。此外，设计组件时需要关注其易用性、封装性和通用性。易用性意味着需要提供大量用户可维护的工具和接口，以提高其可维护性。封装性则意味着将通用组件完成的功能封装起来，这样用户不需要掌握太多的编程语言技术，就能很好地完成一个复杂工程所要求的所有功能。通用性则体现在源代码的复用上，这种复用主要指在同一个单位内部采用函数、封装类的形式在源代码级进行复用。这种复用形式可以在单位内部对软件系统的前后延续、缩短开发进程方面起到一定作用。

三、多语言集成

随着测井技术的快速发展，研究人员已经使用不同编程语言和开发工具进行开发，并积累了大量成熟且先进的处理解释方法。目前已有的测井处理解释应用程序采用的编程语言包括 Fortran、C、C++、Java、C#、Python、Matlab 等。处理方式多种多样，既有常规测井处理程序，也有具备复杂图形交互界面和多模块组合的特殊应用系统。考虑到对已有资源的充分利用和用户使用习惯，需要充分考虑测井平台的功能和特点，对已有程序或系统进行有效结合。在尽量不改变原有编程代码的基础上，用最小的工作量将各种语言程序进行有效集成和二次开发，以最大限度地降低开发的复杂度，减少重复性编程，提高代码的可重用性。

通过编程语言之间的直接调用，可以实现多语言集成。各种语言之间，C 语言是最佳的互操作语言，由于它有统一的应用二进制接口，所以很多语言都有与 C 语言进行互操作的接口。对于其他语言，如 Fortran，可以采用 Fortran 与 C 的混合编程技术。如果 Java 程序或 Python 程序想调用 C/C++ 函数接口，可以通过使用 DLL 动态库的方式来实现。

另一种调用模式是间接调用，通过远程过程调用（RPC）、网络程序前后台交互方式（RESTful API）等接口方式进行调用。这种方式与语言无关，只要传输的数据符合协议，并通过网络连接的方式传输数据，就可以实现互相调用。

四、扩展式开发

对于复杂且结构庞大的测井软件平台，开放性、可扩展性和易维护性是必须考虑的。在未来的平台扩展和开发过程中，需要编程人员并行工作。

要提高软件的可扩展性，可以采用以下几种策略：

（1）模块化设计。软件模块化设计是一种软件设计技术，可以将软件的功能模块化，使软件的结构更加清晰。因此模块化设计的软件更易于维护和扩展。

（2）面向对象编程。通过抽象和封装，将复杂的程序结构抽象成一系列的对象，并将对象的属性和行为封装起来，从而使程序更加清晰，可维护性更强。

（3）插件机制。使用插件管理器来管理插件，可以让用户更方便地安装、卸载和更新插件，从而让软件具有更强的可扩展性。

（4）自动化测试。在增加新功能时，可以更快地发现软件中的错误和缺陷，提高软件质量，更好地保证软件的可扩展性。

第三节　在用主流测井软件平台简介

目前，国内外众多公司开发了很多测井处理解释软件，这些软件在规模和水平上差距很大，但都独具特色。常用的测井处理解释软件包括 CIFLog 测井处理解释软件平台，以及国外斯伦贝谢公司的 Techlog、帕拉代姆公司的 Geolog 等软件，还有国内的 Forward 测井软件。本节将逐一介绍这些软件的功能特点。

一、CIFLog

CIFLog 测井处理解释软件平台是我国依托国家油气重大专项而开发的拥有完全自主知识产权的新一代大型测井处理解释软件平台。它是在 20 世纪 90 年代研发的第一代工作站版 CIFSun 和第二代微机版 CIFWin 测井处理解释系统基础上发展而来。2011 年，发布了包括单井处理解释的 CIFLog1.0 版本。2018 年，发布了增加多井综合评价功能的 CIFlog2.0 版本。2021 年，发布的 CIFLog3.0 版本主要增加了水平井处理解释功能（图 4-3-1）。CIFLog 在中国石油国内、海外作业区应用覆盖面已接近 90%，是装机量最大、年处理井数最多的测井软件平台，30 余所国内外高校和科研院所将其用于科研与教学。

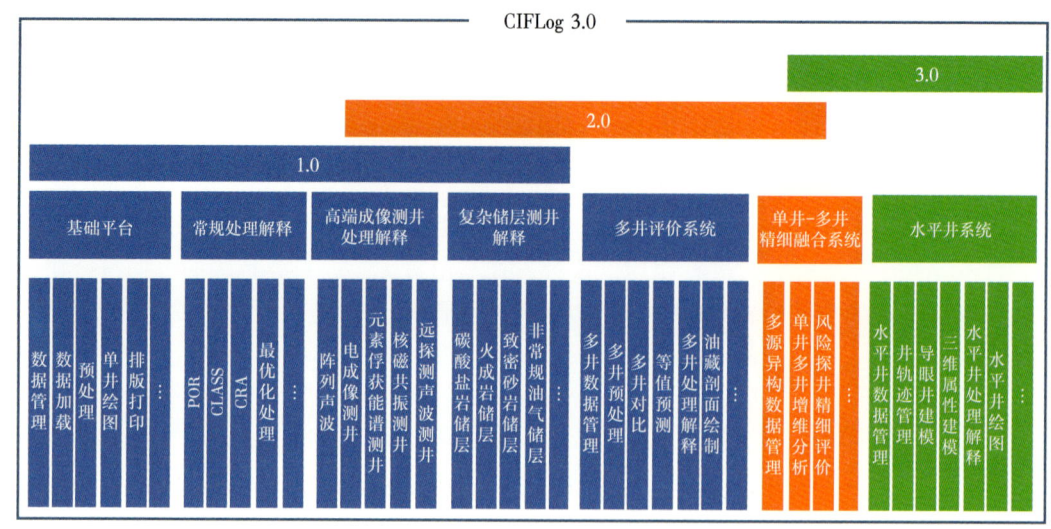

图 4-3-1 CIFLog 测井处理解释软件平台

CIFLog 平台提供了强大的功能模块，包括数据格式转换、数据管理、资源管理、测井资料预处理、成果绘图、数据处理、应用开发和集成、多井预处理、多井地层对比、多井处理、参数等值预测、工区三维显示等。此外，它还提供全套常规处理程序、元素俘获能谱测井、微电阻率成像测井、多矿物最优化方法、核磁共振测井处理解释、远探测声波成像处理等测井处理解释方法，以及水平处理解释功能。CIFLog 不仅可以对单井进行精细评价，也可以对区块进行综合评价。它将单井解释、多井评价和水平井处理解释相结合，为解释人员提供更多储层参考信息，全面提高测井综合评价能力，为复杂油气藏测井评价中遇到的难点问题提供更好的软件支撑。

CIFLog 平台具有高度结构化、模块化、组件化和标准化的特点，提供了大量的开发接口和组件，支持 Fortran、C/C++、C#、Java、Python 及 Matlab 等所有常用语言编写的应用程序集成，实现了更高层次的代码复用及高效快捷的资源共享。因此 CIFLog 不仅是全方位的测井处理解释应用平台，也是标准开放的测井专业软件开发平台。用户只需投入最小的工作量，就可以快速形成自己的高质量扩展应用系统。目前，CIFLog 已经形成了多套具有油田特色的应用系统，推动了测井软件全面走向国产化。下面，对 CIFLog 的功能特点进行简要介绍：

1. 应用模块

（1）数据管理模块，包括数据管理、数据格式转换、数据复制等。

（2）测井资料预处理，包括测井曲线校深（深度匹配）、井斜（或水平井）校正、测井交会图、测井曲线编辑、测井曲线滤波（平滑）、测井曲线拼接等模块。

（3）常规测井处理，包括单孔隙度分析模块（POR 程序）、泥质砂岩分析模块（CLASS 程序）和复杂岩性分析模块（CRA 程序）。CIFLog 平台采用图形化和文本编辑这两种方式修改上述模型的参数，便于用户进行测井资料的解释与处理。

（4）成像测井资料处理，包括阵列感应测井、偶极子声波测井、成像测井、核磁共振测井、元素俘获能谱测井、过套管电阻率测井、地层测试器等最新的处理解释方法。同时，提供对国产高端成像测井装备处理解释的软件支持，包括 MCI 电成像、MIT 阵列感应、AFIT 阵列感应、MPAL 多极子阵列声波、PAAT 相控声波和 ARI 远探测声波等。

（5）特殊测井处理，包括生产测井、固井质量评价等模块。

（6）多井和水平井处理解释评价，将单井解释和多井评价深度融合，实现了从多个方面、角度和图件对工区进行多井综合评价，包括沿地层的横向和纵向评价。此外，还研发了随钻仪器快速正演、三维水平井属性建模、水平井环境校正等技术，实现了水平井处理解释全流程功能。

（7）成果输出，包括测井绘图、图头图尾编辑、排版打印、图标编辑以及解释成果表生成模块。这些模块可将各种测井信息以组件或对象的方式进行数据可视化展示。用户可以根据需要定制图件的排版。此外，成果表部分可以根据解释结论自动生成测井成果表，并提供多种方式获取成果数据的统计信息，如算术平均值、最大值、最小值等。

（8）应用程序挂接，包括应用生成器、应用设计器和应用集成器。这些工具主要用于挂接用户使用 CIFLogSDK 开发的程序。目前，CIFLog 可以挂接使用 Java、C、C++、Fortran、C#、Matlab、Python 等语言编写的程序。

2. CIFLog 平台具有的特点

1）测井数据本地、远程一体化管理

（1）本地和远程测井数据一体化管理：分级管理工区数据，统一组织和访问本地文件及远程数据库数据，支持多用户项目数据共享。

（2）强大的数据格式转换功能：支持加载和导出多种国内外标准的测井数据记录格式。这些格式主要包括 LIS、DLIS、CLS、LAS、XTF、WIS、LPS、ASCII 等。

（3）系统资源统一管理：分类管理表格、绘图模板等多种资源数据，实现了本地和远程资源访问的一致性。

（4）功能齐全的数据编辑工具：提供了数据复制、浏览、统计、滤波，以及曲线计算、拆分、合并等功能。此外，还支持曲线属性的批量修改。

（5）灵活的任务定制功能：允许用户自定义系统应用模块以及显示界面。

2）勘探、生产测井数据综合显示

（1）功能齐全的测井绘图：支持勘探测井、生产测井、水淹层测井解释等各种数据的综合显示。

（2）多种方式的测井图件输出：支持多图件综合排版打印、批量打印和多格式图件输出，同时支持各操作系统下光栅文件输出，并提供光栅文件浏览工具。

（3）可视化的图头图尾编辑：交互可视化编辑表格、图片、文字等各种图头图尾信息，以简化图头、图尾制作。

（4）方便且灵活的交会图和直方图绘制功能：可以绘制不同样式的交会图和直方图，并实现交会图与其他图件之间的通信，还支持测井多图件的联动和交互分析。

（5）组件式的测井图形二次开发功能：提供方便的绘图二次开发接口，允许自定义绘图显示及交互操作，从而满足更多个性化和专业化的需求。

3. 应用程序二次开发与多语言集成挂接

（1）多语言应用生成器工具：允许用户使用其他编程语言快速生成应用程序。

（2）应用程序界面参数配置功能：可以从程序代码中自动拾取界面配置参数。

（3）交互式应用挂接集成功能：为所有应用程序提供统一解决方案。

（4）通用的应用集成框架功能：为集成后的应用程序提供了图形化和交互式参数选择功能，利用文本、表格和深度棒等多种方式分段交互选择参数，处理的信息和结果可以实时显示和更新。

4. 国际化应用

（1）提供多语言版本：目前有中文版本和英文版本，可以根据需要修改配置文件进行扩展。

（2）公英制支持：支持公英制国际化应用。

5. 插件式开发，扩展性强

（1）采用插件式应用开发方式：可以动态地安装和卸载应用模块。

（2）支持裸眼井测井、生产测井和水淹层测井处理解释系统开发。

二、Techlog

Techlog 软件始于 2000 年，最早由法国的 Techsia 公司开发。2009 年 6 月，斯伦贝谢公司收购 Techsia 公司后，成立了位于法国的蒙比利埃技术中心（Montpellier Technology Center），并投入大量资金与技术进行研发，进而全面集成了斯伦贝谢公司在全球领先的井筒数据分析与应用技术。

目前，Techlog 软件基于 Studio 数据库协同工作环境进行运行，提供了新一代"井筒数据一体化"解决方案。它是在 Windows 操作系统多用户环境下开发的，专注于处理单井、多井井筒以及井周数据，支持多维数据（包括 1D、2D、3D 甚至 4D），并采用了智能化设计，可以引导所有的井筒数据进入交互的图形化环境。Techlog 软件以先进的岩石物理为核心，能够实现高水平岩心数据、测井数据、图像数据和相关井筒数据的分析研究。它覆盖了岩石物理、地质、岩石力学、钻完井、油藏、地球物理和非常规等多个领域，贯穿了油田从勘探、开发到生产的全部生命周期，是一个完整、全面的井筒数据综合分析与精细研究的软件平台（图 4-3-2）。

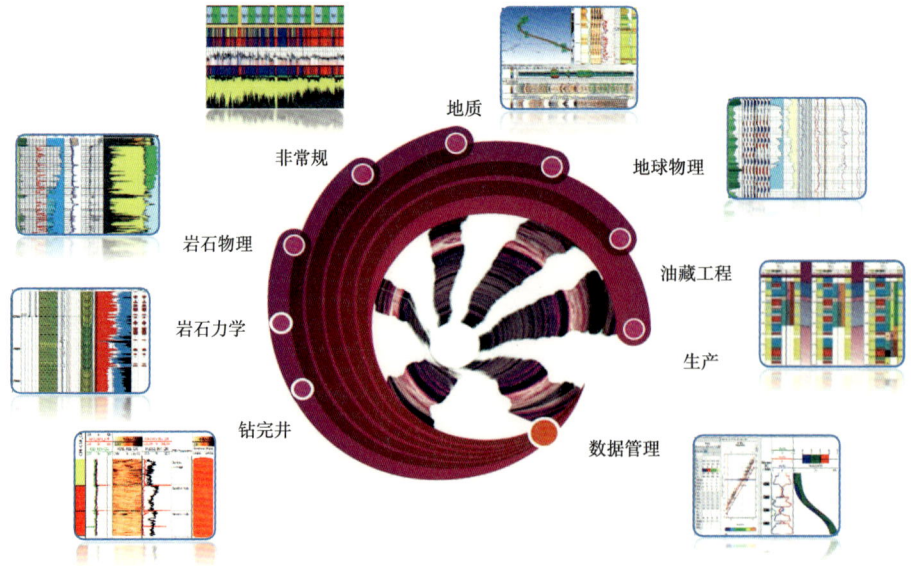

图 4-3-2　Techlog 井筒数据一体化平台

Techlog 井筒数据一体化平台广泛应用于油气勘探与开发等多个领域，使不同领域的研究能够实现数据共享、综合解释和协同工作等功能，从而为专家们提供了提高解释精度和质量的工具，并深入解决各种油气藏评价问题，主要体现在以下几个方面。

1. 复杂储层精细评价

面对复杂油气藏对测井及评价技术的挑战，斯伦贝谢公司研发并完善了基于最新成像和扫描测井的解释技术和软件系统。这些技术已经在全球常规及复杂油气藏勘探开发中得到了广泛应用。具体来说，这些技术包括：（1）支持各大公司电缆及随钻测井环境校正，为后续地质应用提供准确的输入；（2）ELAN 最优化求解技术，内置 45 种矿物参数，可以灵活选择曲线和权重，使用地区经验知识，自定义某些参数计算公式，进行多模型组合，精细定量评价岩性矿物组分、流体性质等多项储层参数；（3）定量使用 ECS、LithoScanner 元素干重或矿物干重，准确刻画岩性；（4）利用核磁共振数据，提高孔隙度分析精度；（5）TBA/LSA 砂泥岩薄互层技术，解决低阻油藏饱和度评价难题；（6）先进的高斜度井、水平井测井数据校正技术，可以获得地层真实测井响应，全方位观察井筒数据。

2. 岩心及油藏工程应用

Techlog 提供常规岩心及特殊岩心数据编辑、整理和校正等功能，并根据毛细管压力曲线进行孔喉尺寸计算及分布分析，建立饱和度高度模型。饱和度高度模型不仅可以验证和优化测井解释的饱和度结果，而且还是构造油藏数值模拟的一个重要输入。地层压力测试分析和流体界面管理可以进行油藏压力系统及油藏动态分析。

3. 成像及地质综合分析

Techlog 支持来自各服务公司的 26 种声、电成像数据。其智能处理向导可以定量计算多种裂缝参数、提取反映岩石结构的特征信息以及对孔隙结构进行分析，此外还可用于综合研究地层产状、构造、裂缝、孔洞、沉积环境、地应力等多个方面。通过结合常规测井数据、岩心数据及其他井筒数据，Techlog 可以进行多井综合地质分析，研究储层平面展布，优选有利区带。

4. 声波及岩石力学应用

Techlog 可以对 24 种阵列声波数据进行处理解释，完成纵波、横波、斯通利波时差提取，偶极横波各向异性分析，并且可以识别裂缝发育段或地应力各向异性。Techlog 在岩石力学应用方面可实现以下功能：岩石力学特性计算、孔隙压力和破裂压力预测以及安全钻井液窗口；井壁破坏情况预测，可与成像和岩心数据集成，进行综合分析；为三维岩石力学提供输入；还用于压裂设计、定向射孔、优化井轨迹设计和出砂控制等。

5. 钻井及增产措施优化

为了更好地服务于地质工程一体化流程，用户可以在 Techlog 中进行实时数据访问，监控随钻过程，优化钻井参数，达到降本增效的目的。同时，为了保证井筒的完整性，利用超声成像、电磁成像等技术判断水泥胶结质量，进而评价内/外壁腐蚀、变形和钻井造成的套管磨损，识别窜槽大小、方位和连通性。

6. 非常规油气藏评价

近年来，全球对低孔低渗、致密油气和页岩油气等非常规油气藏的勘探开发不断深入。为应对非常规油气藏测井储层评价的技术难题，斯伦贝谢公司提供了基于 Techlog

软件平台的非常规油气藏综合评价解决方案，开发了用于页岩油气藏评价的软件包，并且积累了北美地区多年来的页岩解释成功经验，为页岩储层评价提供了一系列特色技术。

斯伦贝谢公司在 Techlog 软件平台上为用户提供了 7 个高级测井解释模块：
（1）成像测井高级处理及解释。
（2）高级测井解释与评价。
（3）非常规测井解释与评价。
（4）岩石力学和声波测井高级应用。
（5）核磁共振测井高级处理及解释。
（6）地层测试测井高级分析及应用。
（7）井筒完整性测井处理及应用。

斯伦贝谢公司将 Techlog 软件定位为新一代井筒数据综合解释平台，其研发目标是使之成为斯伦贝谢公司内部及外部用户通用的井筒数据一体化综合分析与研究平台。

三、Geolog

1999 年，帕拉代姆公司通过收购业界知名的岩石物理及测井软件公司 PTM，成功地扩展了自身的产品链，其主要新增的产品和技术为 Geolog（图 4-3-3）。至此，Geolog 软件作为帕拉代姆产品链中的一环不断更新迭代。

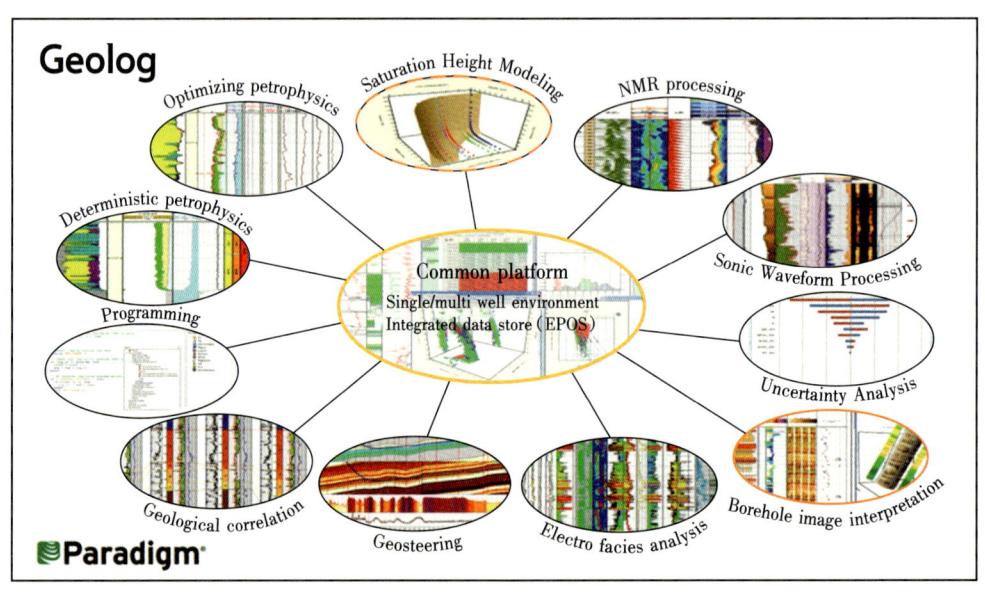

图 4-3-3　Geolog 软件

2013 年到 2023 年，Geolog 发展速度非常快，每年都会更新一个新版本，同时在多领域、多方位都产生了技术革新。目前 Geolog 已经拥有了针对井眼数据全套的岩石物理分析、井眼地质综合评价、井眼工程评价和井眼地球物理评价等技术。

帕拉代姆公司的 Geolog 地层评价系统是集测井资料处理、精细储层参数解释和储层特征评价为一体的综合软件平台。该平台不仅集成了多种类型的常规参数解释方法，还提供了核磁共振、成像、全波、岩心等特殊测井资料的处理和解释。因此，测井专家可以利用 Geolog 系统准确地评价常规储层（如砂泥岩地层、复杂岩性地层、碳酸盐岩等地层的泥质含量、孔隙度、饱和度、渗透率等）参数，也可以评价非常规储层（如页岩气、页岩油等的各种矿物成分、总有机碳含量 TOC、游离气吸附气含量、岩石脆性指数等）参数。

针对特殊测井资料，Geolog 支持斯伦贝谢、哈里伯顿、阿特拉斯等多家测井仪器采集的核磁共振资料、全波列声波资料、声电成像资料的处理和解释。此外，Geolog 还提供了常规岩心数据和特殊岩心化验资料的处理和解释，并可以利用图形化的工作流程评价饱和度。地质家通过该软件的 Section 和 Correlation 模块可以采用人机交互的方式进行地层对比、地层组合划分，并在此基础上建立各种类型的地层对比图；还可以利用 Facimage 模块进行测井相分析和曲线拟合，从而准确划分测井相和岩相。地球物理学家利用该软件可以进行井眼合成地震记录、横波数据反演、井眼孔隙压力破裂压力预测等操作。此外，Geolog 系统还提供了用于软件功能用户化扩充的 Loglan 开发环境，以便更好地满足不同用户在处理不同地质问题时的特殊需求。

Geolog 软件的岩石物理分析包提供了从常规测井资料处理到特殊测井资料处理及岩心分析模块。地质包中包括了成像资料处理和测井相分析及小层对比。利用地球物理包可以对测井数据进行准确的合成地震记录计算、AVO 属性分析以及流体替换等常规地球物理应用。井眼工程包括孔隙压力预测、地质力学分析、井眼稳定性分析、套管检测及生产测井分析等。

四、Forward

1995 年 12 月，中国石油天然气总公司勘探部汇集了各油田专家，优选并集成了先进的解释方法和模块，成功推出了我国第一套商品化测井软件 Forward 1.0 工作站版本。随后，在 1996 年 6 月，北京市石大石油勘探数据中心采用面向对象的设计思想，在 Windows 操作系统平台上设计并开发出了 Forward 1.0 微机版本。1998 年 8 月，Forward 2.0 版本以及生产测井解释平台软件 Watch 2.0 问世，工作站版本和微机版本得以整合。2003 年，随着 Forward 2.71 版本的推出，微机完全取代了工作站进行测井解释处理。2004 年，基于多年开发、推广 Forward 勘探测井解释平台和 Watch 生产测井解释平台的经验，北京石大油软技术有限公司采用微软 Visual Studio.NET 工具重新进行设计和开发，推出了新一代测井地质综合应用网络平台 Forward.NET 1.0 版（图 4-3-4）。此后，Forward.NET 持续得到升级和优化。

Forward 勘探测井解释平台软件主要针对单井进行处理，包括软件平台支持、用户区管理器、方法管理器、成果输出（测井绘图、成果表）、交互处理（综合评价、多矿物模型）、特殊处理（全波处理、地层倾角、地应力、地层测试处理）、预处理（斜井校正、曲线编辑、自动校深、环境校正、交会图、薄层增强）、数据管理（磁带解编、数字化、文件转换、磁带复制、文件管理）、应用工具（应用自动生成器、通信测试）。

Forward.NET 测井地质综合应用网络平台软件是勘探开发一体化的平台，基本平台包括底层架构、数据管理、预处理、常规交互处理以及各类平台工具等，涵盖了 Forward 软件的所有功能。此外，多井框架包含多井绘图、多井预处理、多井处理，以及二维和三维的可视化功能；特殊解释模块包括水平井综合分析系统、多矿物模型分

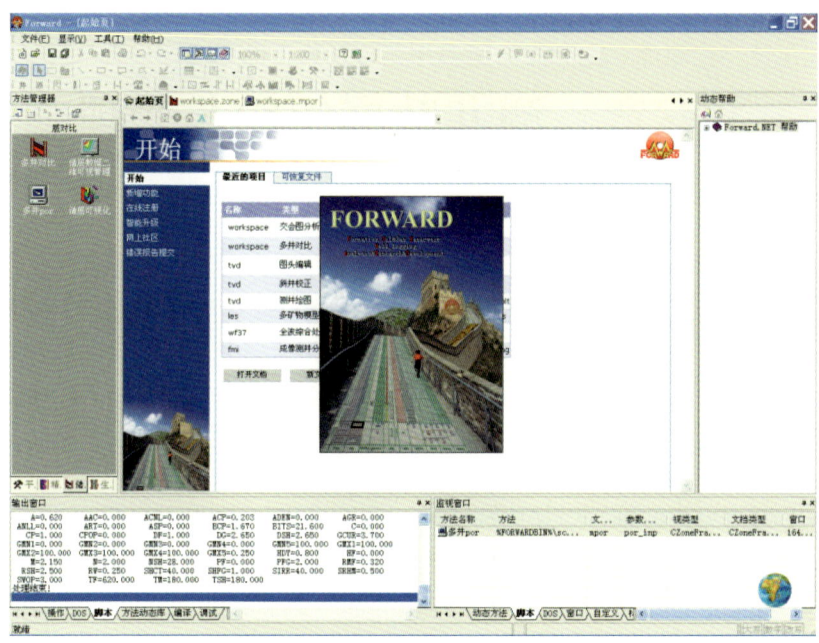

图 4-3-4 Forward 勘探测井解释平台

析、全波综合分析、交互倾角地质应用、声电成像综合分析、核磁共振成像综合分析、交互注入剖面分析、多功能产出剖面分析、常规水泥胶结综合分析、中子寿命解释、碳氧比综合分析、特殊水泥胶结综合分析、脉冲中子氧活化解释、多臂井径分析、毛管压力显示模块、盖层处理系统、阵列声波处理系统、阵列感应处理系统、Forward.NET SDK 开发工具包等。

Forward 为油气藏勘探开发测井地质综合应用提供了一套完整的解决方案，最显著的发展体现在它提供了：

（1）勘探开发一体化测井解释平台；

（2）数据管理、查询和应用一体化网络平台；

（3）单井解释、精细评价和储层分析一体化综合平台；

（4）软件应用、软件开发、软件服务一体化开放平台。

第五章　测井数据组织与管理

测井数据的应用贯穿于油田勘探开发全过程，有效利用测井数据可以提高对油田区块的认识水平，从而降低勘探成本。随着测井技术的不断发展，测井资料类型、测井数据量与测井解释项目都在逐年增加。测井软件的一个重要功能就是有效地组织与管理各种测井数据，提供测井数据的快速检索，此外还应包括测井曲线的新增、删除与修改，测井数据列表，测井曲线统计等功能，以实现对测井数据的统一规范管理。本章主要介绍测井数据的组织管理、访问接口、高效缓存和数据管理操作等方面的内容。

第一节　测井数据组织

测井数据组织主要是依据数据结构特点对其进行有效存储与管理，从而满足高效检索与修改、数据快速读写等需求。

一、数据存储

测井数据存储包括文件系统与数据库两种存储方式。

文件系统存储是指使用个人计算机磁盘进行文件存储，常用测井文件系统的存储格式包括 CIF、LAS、DLIS 等。其优点是读写速度快、响应时间快。文件系统存储管理相对简单。

数据库存储是指用数据库软件存储和管理测井数据。数据库软件能够有效地管理、处理和存储海量数据，支撑百万级数据规模的快速查询，实现多用户间数据共享和协同工作。数据库可以对数据进行安全管理，包括数据备份、数据恢复、数据加密和用户权限管理等。

二、数据构成

不管是文件系统存储还是数据库存储，它们在逻辑层次结构设计上是完全一致的，包括油田、工区、井、井次、曲线、表格及文档等类型，如图 5-1-1 所示。其中，井次由曲线、表格和文档（即流数据，包括解释报告、绘图文件、参数卡等）数据构成。井次的集合构成了井，多个井构成了工区，多个工区构成一个油田。

测井数据一般包含曲线、表格、文档等三个主要部分，曲线不仅包括常规测井曲线，还包括成像曲线、阵列曲线等。

1. 曲线

曲线是测井最基本的数据形式，通常表示为测量深度和对应物理量之间的关系。曲线分为连续曲线和离散曲线两大类。连续曲线是等间隔深度连续测量得到的曲线，用于存储常规测井和成像测井系列的测井值。其包括每个深度点测量一个值的一维曲线（例如自然伽马、自然电位、井径等），每个深度点测量多个值的二维曲线（例如电成像、核磁共振曲线等）、每个深度点测量几组每组又包含多个值的三维曲线（例如阵列声波等）等。离散曲线在深度上非等间隔采样，在生产测井数据的存储中运用较多，例如用于岩心分析数据、定点测量数据等各类数据的存储。

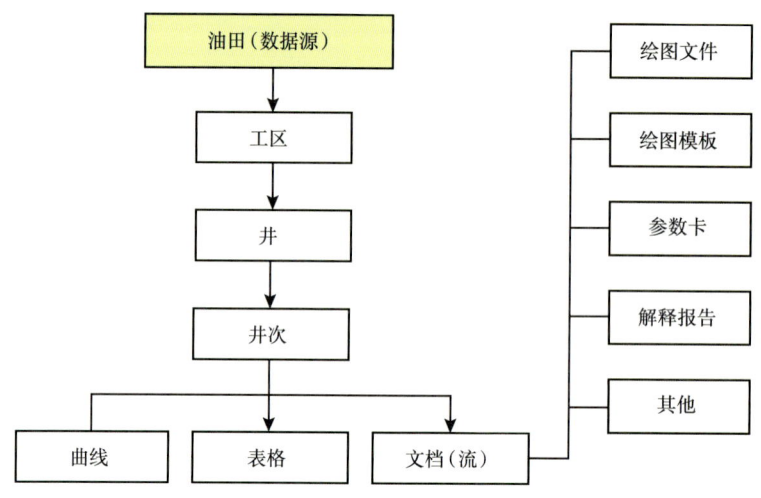

图 5-1-1 数据逻辑层次示意图

曲线通常由曲线说明信息头与数据体两部分组成。曲线说明信息头是测井数据的重要组成部分，用于描述测井数据和测量仪器的相关属性信息，如曲线名称、曲线单位、曲线开始深度与结束深度、曲线采样间隔、数据体数据类型、测量仪器的校正参数和相关测量条件等信息，它通常位于测井数据文件的起始位置。数据体是曲线说明信息头之后的部分，通常由一系列数据值组成，代表测井仪器在不同深度上测得的实际物理数据，例如电阻率曲线数据体中的每个数据值表示在对应深度位置测得的电阻率值。

2. 表格

表格数据主要有两种类型，分别是通用表和参数表。

通用表通常表示为一个或多个物理量在同一深度值或深度段范围的数，每列代表不同的物理参数，每行代表深度或深度段内的一组参数值。它将多个物理量在同一深度下的数值整合到一个表格中，且数据结构简单，易于处理和分析。通用表可用于表示多种测井相关数据，例如解释结论、录井剖面、井场信息及井身结构等。表 5-1-1 是解释结论表的示例。

表 5-1-1 解释结论表

开始深度（m）	结束深度（m）	层号	解释结论
1136.6	1142.0	s1	水层
1146.0	1158.6	s2	水层
1237.8	1240.8	s3	致密层
1244.3	1245.3	s4	致密层
1245.3	1254.0	s5	油层

续表

开始深度（m）	结束深度（m）	层号	解释结论
1255.2	1258.7	s6	水层
1277.1	1281.3	s7	致密层
1415.7	1425.0	s8	差油层

参数表用来说明井或其他对象的属性值，特点是每个参数名对应唯一的参数值。表 5-1-2 是一个井信息参数表的示例。

表 5-1-2　井信息参数表

序号	参数名	参数值
1	标准井名	北 1-3-XX
2	中文井名	北 1-3-XX
3	油田名	XX 油田
4	工区名	川渝 XX 工区
5	井属	第 X 采油厂
6	井类别	油井
7	井型	直井
8	井口 X 坐标	
9	井口 Y 坐标	
10	井底 X 坐标	
11	井底 Y 坐标	
12	完井日期	2023.6.27
13	完井深度	2800m
14	补心海拔	100m
15	补心高度	12m
16	钻头尺寸 1	6in
17	钻头尺寸 2	7in
18	钻头尺寸 3	8.5in
19	钻头尺寸 4	10in
20	钻头尺寸 5	12.5in
21	井底温度	100℃
22	钻井液类型	水基钻井液
23	钻井液黏度	30s
24	钻井液密度	1.1g/cm^3
25	钻井液电阻率	0.3Ω·m
26	备注	

3. 文档

文档用于存储除曲线和表格数据外的所有其他非结构化类型数据，包括绘图模板、参数卡文件、解释报告、各种文档以及未知的数据。这些数据一般是在测井资料处理过程中产生的，由其他专门软件进行处理，只需要按照原有格式进行保存即可。

三、数据访问

为了有效地存储和访问测井数据，首先要抽象出测井数据的逻辑层次关系，并定义相应的接口及抽象方法，然后建立各个接口之间的关系。测井的上层应用只依赖于接口，而不依赖具体的实现方式，故无须关心数据来源于文件系统还是数据库，从而实现了数据来源的可扩展性。在运行时，通过依赖注入的方式动态配置实现：当注入数据库适配器时，上层操作将直接作用于数据库存储的测井数据；若切换为文件系统适配器，则自动转为操作系统中的测井数据实体。通过面向接口编程，可以降低耦合性，实现数据来源的可扩展性。图 5-1-2 展示了上层应用通过统一数据访问接口调用不同来源数据的示意图。

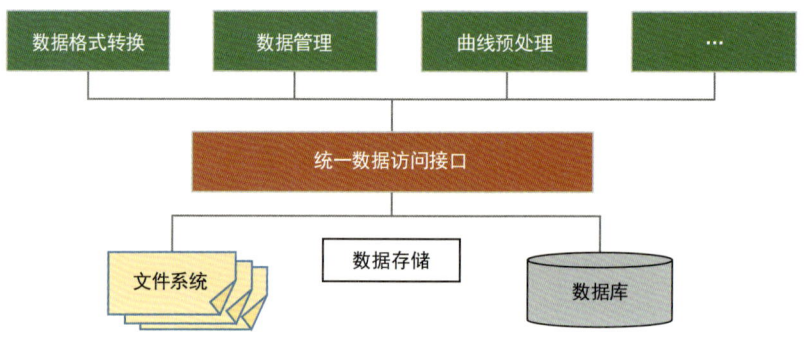

图 5-1-2　测井数据访问接口调用示意图

四、测井数据库

随着勘探生产任务逐年增加，测井数据也在不断增多。采用数据库管理可以提高数据的组织、存储、查询和管理效率。将测井数据集中存储在服务器端的数据库中，可以方便用户进行数据共享和协同工作。以测井业务流程为核心，用户可以通过测井数据库快速、准确地进行测井数据处理和分析。测井数据库可以帮助用户优化测井数据获取、分析和应用的流程，从而提高工作效率、降低成本。

构建测井数据库时，需要按照测井数据的内在关联性，抽象出相应的实体与关系模型，并将其映射到数据库中，从而建立适用于测井数据处理的专业数据库（周军等，2020）。常见的数据库主要分为关系型数据库和非关系型数据库，在测井数据库设计中，可以根据实际需求选择合适的数据库。

在关系型数据库中，测井数据实体存放在数据库的表结构中。例如，油田、工区、井、井次对象的属性，以及测井曲线的解释说明信息，都存储在表结构中。这些实体之间的关联关系则通过建立数据库的外键来实现。测井曲线的数据体通常以大二进制对象（BLOB）的形式存放在关系数据库的字段中。当数据体文件较大时，也可以将数据体存储在数据库外部，并在数据库相应字段中存储数据体文件的路径，从而提高读取数据体文件的效率。这样，一方面可以实现测井数据的集中存储和管理，便于数据的共享与多用户的协同工作；另一方面可以利用数据库强大的检索功能，实现测井数据的快速查询、定位及统计。

第二节 测井数据接口设计

按层次组织数据提供接口，可以实现数据的快速检索。在对测井曲线进行读写操作时，必须确保数据的容错性（如数据深度段的匹配、读取值类型的转换等）、准确性和完整性，以避免数据错误和丢失。同时，还要充分考虑数据读写的响应速度，以保证系统的高效运行。

一、数据源接口

数据源对象提供了获取数据源的基本信息和工区数据的功能，同时也支持对这些工区进行增加、删除以及重命名等操作。表 5-2-1 展示了数据源访问接口的示例。

表 5-2-1 数据源访问接口示例

接口函数	用途
getDataSourceProperties（）	获取当前数据源基本信息
createWorkSpace（String workSpaceName）	新建工区
deleteWorkSpace（String workSpaceName）	删除指定名称的工区
getLogWorkSpace（int index）	获取指定下标的工区对象
getLogWorkSpace（String workSpaceName）	获取指定名称的工区对象
getLogWorkSpaceList（）	获取存放工区对象的链表
getWorkSpaceCount（）	获得工区个数

二、工区接口

工区对象提供了获取工区基本信息和内部井数据的功能。同时也支持对这些井进行增加、删除、查询、复制以及重命名等操作。表 5-2-2 列出了工区访问接口的示例。

表 5-2-2 工区访问接口示例

接口函数	用途
createWell（String wellName）	创建井
deleteWell（String wellName）	删除指定名称的井
getLogWell（int index）	获取指定下标的井对象
getLogWell（String wellName）	获取指定名称的井对象
getLogWellList（）	获取存放井对象的链表
getWellCount（）	获取井的数量
getWellProperties（）	获取井属性
getWorkSpaceProperties（）	获取工区基本信息
updateWell（）	刷新井对象链表（数据同步更新时使用）

三、井接口

井对象是测井数据管理的核心实体。通过井对象可以获取井的基本信息以及井次数据等。此外，还可以对井次数据进行增加、删除、查询、复制以及重命名等操作。表 5-2-3 列出了井访问接口的示例。

表 5-2-3　井访问接口示例

接口函数	用　途
addCategory（String categoryName）	创建井次
deleteCategory（String categoryName）	删除指定名称的井次
getCategoryCount（）	获取井次个数
getLogCategory（int index）	获取指定下标的井次对象
getLogCategory（String categoryName）	获取指定名称的井次对象
getLogCategoryList（）	获取存放井次对象的链表
getLogWorkSpace（）	获取井所在的工区对象
getWellName（）	获取井名称
getWellProperties（）	获取井属性
listLogCategory（）	列出当前所有井次对象，形成井次对象列表
modifyWellProperties（）	修改井属性
rename（）	重命名井文件
updateCategory（）	刷新井次对象

四、井次接口

井次对象提供了获取井次基本信息，获得井次内曲线、表格或文档数据的功能，同时也支持对这些数据进行增加、删除、查询、复制、重命名以及读写等操作。表 5-2-4 列出了井次访问接口的示例。

表 5-2-4　井次访问接口示例

接口函数	用　途
createCurve（String curveName）	创建曲线
createDocument（String docName）	创建二进制流文件
createDocument（String docName，String filePath）	创建文档
createTable（String tableName）	创建表格
deleteAllLoggings（）	删除当前井次下的所有测井资料对象
deleteLogging（String loggingName）	删除指定名称的测井资料对象

续表

接口函数	用　途
deletcLoggings（byte loggingType）	删除指定曲线类型的测井资料对象
deleteLoggings（String[] curveNames）	删除指定名称的测井资料对象
getCategoryName（）	获取井次名称
getCategoryProperties（）	获取井次属性
getLogCommonTable（int index）	获取指定下标的通用表格对象
getLogCommonTable（String tableName）	获取指定名称的通用表格对象
getLogCommonTableCount（）	获取当前井次下通用表格的总数
getLogCurve（int index）	获取指定下标的曲线对象
getLogCurve（String curveName）	获取指定名称的曲线对象
getLogCurve1D（int index）	获取指定下标的一维曲线对象
getLogCurve1D（String curveName）	获取指定名称的一维曲线对象
getLogCurve1DCount（）	获取当前井次下一维曲线的总数
getLogCurve2D（int index）	获取指定下标的二维曲线对象
getLogCurve2D（String curveName）	获取指定名称的二维曲线对象
getLogCurve2DCount（）	取当前井次下二维曲线的总数
getLogCurve3D（int index）	获取指定下标的三维曲线对象
getLogCurve3D（String curveName）	获取指定名称的三维曲线对象
getLogCurve3DCount（）	获取当前井次下三维曲线的总数
getLogCurveCount（）	获取当前井次下所有的曲线总数
getLogDoc（int index）	获取指定下标的文档对象
getLogDoc（String docName）	获取指定名称的文档对象
getLogDocCount（）	获取当前井次下文档的总数
getLogParaTable（int index）	获取指定下标的参数表格对象
getLogParaTable（String tableName）	获取指定名称的参数表格对象
getLogParaTableCount（）	获取当前井次下参数表格的总数
getLogWell（）	获取井次所在的井对象
getLogging（int index）	获取指定下标的测井资料对象
getLogging（String loggingName）	获取指定名称的测井资料对象
getLoggingCount（）	获得测井资料（曲线、表格、文档）的总数
rename（String categoryName）	重命名井次

五、曲线接口

测井曲线包括曲线、表格和文档。基础访问接口主要用于访问曲线的基本信息，而数据访问接口则用于读写曲线数据信息。

1. 基础访问接口

对于曲线，基础访问功能包括读写曲线深度范围、采样间隔、单位和深度等基本属性。表5-2-5列出了曲线基础访问接口的示例。

表 5-2-5　曲线基础访问接口示例

接口函数	用　途
changeCurveUnit（String curveUnit）	修改曲线单位
changeDepthRange（double depth1，double depth2）	修改曲线深度范围
getArrayNum（）	获取当前曲线的阵列数
getCurveUnit（）	获取当前曲线的单位
getDepthLevel（）	获取当前曲线的采样间隔
getDepthUnit（）	获取当前曲线的深度单位
getDimension（）	获取当前曲线的维数
getEndDepth（）	获取当前曲线的结束深度
getLoggingProperties（）	获取曲线的基本信息
getStartDepth（）	获取当前曲线的起始深度
getTimeSampleCount（）	获取当前曲线的时间采样数
setLoggingProperties（String loggingProperties）	设置曲线的附加信息

表格基础访问接口提供了获得表格模板的结构、表格行列数，以及读写表格记录等功能。表5-2-6列出了表格基础访问接口的示例。

表 5-2-6　表格基础访问接口示例

接口函数	用　途
getColumnCount（）	获取表格列数
getRowCount（）	获取表格行数
getTableTemplateFileName（）	获取表格模板名称
readTableFields（）	获取表格模板定义
readTableRecords（int startIndex，int count）	读表格中指定行数的记录
readTableRecords（）	读表格所有记录
writeTableRecords（）	写表格记录

文档基础访问接口提供了获取文档数据基本信息、读写文档数据等功能。表5-2-7列出了文档基础访问接口的示例。

表 5-2-7 文档基础访问接口示例

接口函数	用途
getDocProperties（）	获取文档数据的基本信息
readDoc（String filePath）	读文档并保存到指定文件中
readDoc（long offset，int byteSize，byte[] buffer）	读文档并保存到数据缓冲区中
writeDoc（）	写文档数据

2. 数据访问接口

数据访问接口的设计要完全遵循测井数据的逻辑结构，实现对各级数据对象的访问及相应操作。访问测井数据时，大多数情况下只需要读写部分数据，而不是全部数据。因此，需要考虑数据过滤机制，支持按曲线名称、曲线类型、深度范围、采样时间等条件进行过滤，并且能够快速定位所需数据的位置。在读取测井数据时，可能需要进行一些预处理，如数据插值、平滑处理、异常值去除等。因此，需要设计一些数据处理接口，以便能够高效地处理大量数据。在多线程或多进程的情况下，读写接口需要支持并发操作，以确保数据的一致性和安全性。可以采用同步锁、异步数据流等机制来实现并发控制。

测井曲线的数据访问接口示例见表 5-2-8。

表 5-2-8 曲线读写接口示例

接口函数	用途
readData（double startDepth，int dataCount）	以深度为索引读取指定范围曲线数据
readData（double startDepth，double depthLevel，int dataCount）	按指定的深度采样间隔读取曲线数据
readData（double startDepth，int upwardCount，int downWardCount）	按前后点方式读取曲线数据
readData（double startDepth，double depthLevel，int upwardCount，int downWardCount）	按指定深度采样间隔和前后点的方式读取曲线数据
writeData（double startDepth，int dataCount，Number[] buffer）	写入 Number 类型的一维曲线数据
writeData（double startDepth，int dataCount，Number[][] buffer）	写入 Number 类型的二维曲线数据
writeData（double startDepth，int arrayIndex，int dataCount，Number[][] buffer）	写入 Number 类型的三维曲线数据

3. 数据读写缓存

在测井处理解释与评价过程中，数据通常需要频繁地进行读写操作。因此，为了应对高效访问测井数据的问题，同时提高数据访问与处理的速度，需要设计一套针对测井数据存储特点的数据缓存机制。通过建立缓存池，可以尽可能减少硬盘的读写次数。

测井数据的缓存是指测井数据临时加载并存储在本地计算机的内存中。当需要访问测井数据时，系统首先在缓存中查找是否已经存在该数据。如果存在，即为"命中"，可以直接从内存中读取数据；如果不存在，系统会将该部分数据加载到缓存中，以便后续快速访问和处理这些数据。将测井数据存储在内存中，可以大大减少从磁盘或远程服务器读取数据所需的时间。由于内存的访问速度比磁盘和网络的访问速度要快得多，因此，缓存数据可以提高数据访问的响应速度，减少数据读取和写入的时间，从而提高工作效率。

设计测井数据缓存需要从四个关键方面进行考虑：缓存策略、缓存大小、缓存位置和缓存更新机制。

缓存策略是指如何选择缓存的数据、何时将数据放入缓存及何时从缓存中删除数据等。常见的缓存策略包括先进先出（FIFO）、最近最少使用（LRU）和随机替换（Random）等。不同的缓存策略适用于不同的场景，需要根据具体情况进行选择（原野，2016）。

缓存大小用来控制存储的数据量，需要根据测井数据的大小和访问频率来确定。如果缓存过小，可能无法满足数据的访问需求，导致缓存读取和写入频繁；如果缓存过大，可能会浪费过多的内存资源。

缓存位置是指将缓存数据存储在哪里。通常可以将缓存数据存储在本地计算机的内存中，也可以将缓存数据存储在固态硬盘或其他高速存储介质中。存储位置需要根据数据的大小和访问频率来确定，以达到最优的缓存效果。

缓存更新机制的目标是实时更新缓存中的测井数据，从而确保数据的一致性。由于缓存数据可能会过期或失效，因此需要及时将过期或失效的数据从缓存中删除，以避免造成错误。

测井数据缓存原理示意图如图 5-2-1 所示，缓存池接收到数据访问请求后，首先根据请求曲线名称与深度区间计算请求数据的索引位置及请求数据的大小。然后进入查找

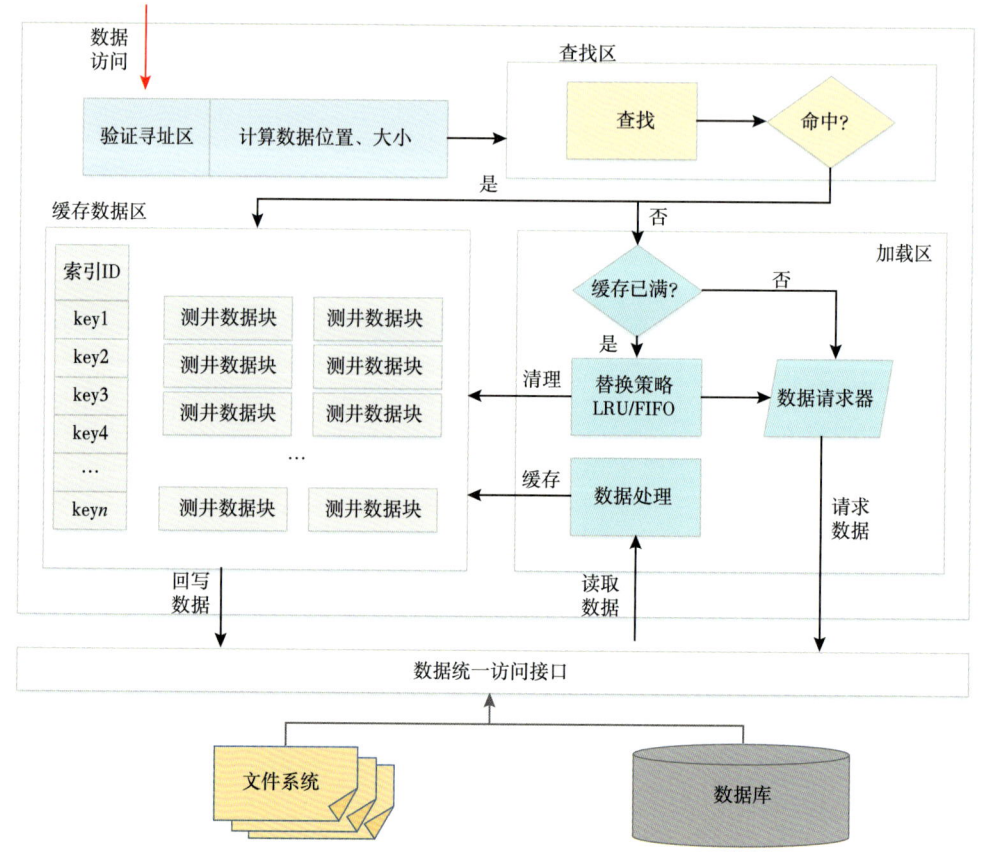

图 5-2-1　测井数据缓存原理示意图

区查询缓存中是否存在该数据,如果命中,直接通过缓存数据区获取数据。否则,需要判断缓存区空间是否已满,如果空间未满,直接请求数据加载到缓存中;如果缓存区空间已满,先通过缓存替换策略算法清理缓存中数据,释放缓存空间,然后将所需数据加载到缓存中,最后为上层应用提供数据。

第三节　测井数据管理

测井数据管理是测井软件的核心功能之一,负责测井数据的组织、管理、查找与处理,主要包括数据查询和检索、数据统计分析、数据标准化与校正、数据显示、曲线计算器等功能。

一、数据多条件查询检索

数据多条件查询检索允许用户根据特定条件与需求快速查找并获取所需的测井数据与资料,此外提供灵活的查询功能,支持井名、井型、井别及测井曲线等多条件检索,方便用户后续的测井处理解释。

二、数据统计分析

数据统计分析是从测井数据中提取和分析地质信息、物性参数和其他相关指标,用于帮助用户了解地层特征与油气储层性质,主要包括基本统计分析、相关性分析、聚类分析和回归分析。

基本统计分析用于了解测井数据的基本特征与分布情况,包括:(1)平均值,计算测井曲线在深度范围内的平均值,反映数据的集中趋势;(2)方差,衡量测井数据的离散程度,描述数据的波动性;(3)标准差,是方差的平方根,用于衡量数据的波动程度;(4)最大值与最小值,确定曲线在给定深度范围内的极值。

相关性分析用于探索测井数据之间的关系,常用的相关性分析方法主要包括:(1)相关系数,分析多个测井曲线之间的相关性,计算每两条测井曲线的相关系数,建立相关矩阵;(2)交会图,绘制两条或以上曲线的散点图,直观展示其相关性。

聚类分析用于将测井数据分成不同的类型与簇,每个簇内的测井数据具有相似的特征。如K-means算法将测井数据划分成K个簇,使得每个簇的数据点与该簇的中心点之间的距离最小。

回归分析用于建立测井数据之间的数据模型,从而预测与解释其中的关联关系。如线性回归模型预测两个测井曲线之间的关系;多元回归考虑多个自变量对因变量的影响。

三、数据标准化与校正

数据标准化与校正是对测井数据的规范与校正,包括规范曲线名称与统一单位,消除数据中的噪声和偏差,确保数据的准确性和一致性。例如,对数据清洗,去除异常值和无效值;校正测井仪器的偏差和环境影响,得到更准确的数据;数据插值与填充,填补缺失数据。

四、数据显示

数据显示主要包括可视化测井图与数据列表。可视化测井图可以更加直观地识别油气水层的位置、厚度和曲线特征。数据列表是根据测井深度将数据值以表格形式呈现，方便用户查看测井数据值。通常数据列表可以导出为 Excel 等格式，方便进一步的数据处理与分析。

五、曲线计算器

在测井数据管理中，曲线计算器是一个非常重要的工具，可以对数据管理中测井曲线进行快速公式计算，其作用主要有以下几个方面：

（1）数据转换：曲线计算器可以将曲线转换为更易于理解和分析的形式，如将电阻率、密度、声波时差等曲线转换为岩性分类或者流体类型等指标。

（2）单位转换：曲线计算器可以对曲线单位进行转换，统一曲线的单位，方便在多井评价中进行批量处理。如将电阻率曲线单位欧姆·米转换为千欧姆·米，将孔隙度单位从百分比（%）转化为小数形式等。

（3）数据修正：测井曲线在采集过程中可能受到多种因素影响，如仪器漂移、噪声等，曲线计算器可以实现数据快速修正，提高数据质量。

（4）属性计算：曲线计算器可以根据测井曲线计算各种地质属性，如孔隙度、渗透率、饱和度等，这些属性对油气储层评估和生产优化至关重要。

曲线计算器主要分为两种，一种为简单计算器，可以实现测井曲线的快速计算；另一种为支持脚本程序的程序员计算器，根据不同储层特征使用条件语句、数学公式等，因在第四章已经详细介绍，此处不再赘述。

第六章 测井曲线计算

在测井资料处理解释过程中,经常需要对测井曲线进行加减乘除和复杂计算,如测井曲线单位换算、数据修正以及物性参数计算等。通常测井软件会提供测井曲线计算器,测井曲线计算类型一般包括三类:数学四则运算、较为复杂的数学进阶运算、编程计算。下面将分章节详细介绍。

第一节 曲线四则运算

一、定义

简单的数学四则运算包括加运算、减运算、乘运算以及除运算。一般的计算器如图6-1-1所示。针对高维测井曲线,比如二维电成像测井数据和三维阵列波形测井数据,数学四则运算计算器也是适用的。

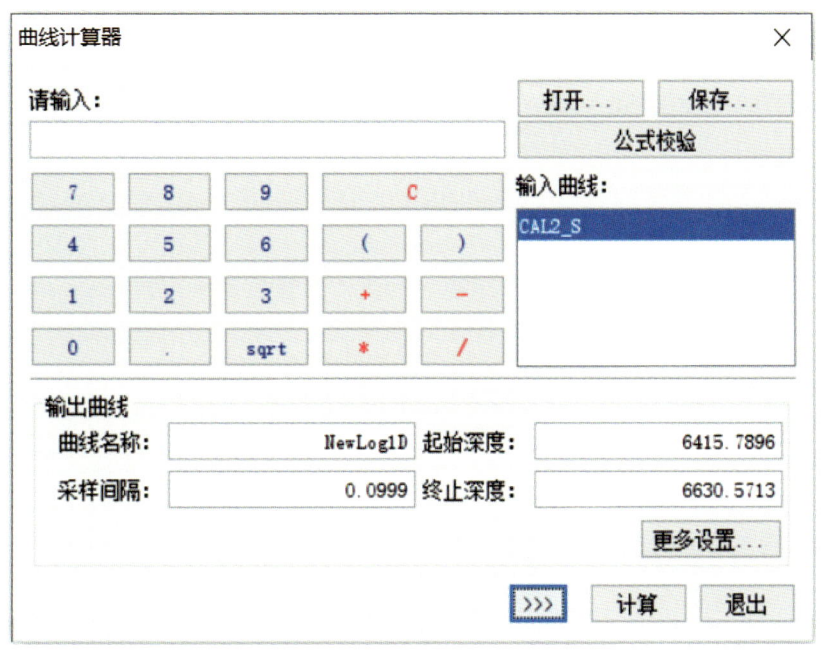

图6-1-1 数学四则运算计算器

加法是将两个或者两个以上的数、量合起来,变成一个数、量的计算。在图6-1-1显示的计算器中,表达加法的符号为加号"+"。在测井领域进行加法运算主要有两个功能:一是计算两条测井曲线的加和,二是计算一条测井曲线和一个常数的加和。后续将通过岩石光电吸收截面指数P_e曲线校正的实例展示该运算效果。

- 49 -

减法是指从一个数中减去另一个数的计算。在图6-1-1显示的计算器中，表达减法的符号为减号"-"。在测井领域进行减法运算主要有两个功能：一是计算两条测井曲线的差值，二是计算一条测井曲线和一个常数的差值。后续将通过一项次生孔隙度实例计算实例展示该运算效果。

乘法是重复加法的简化形式，具体指两个数的积。在图6-1-1显示的计算器中，表达乘法的符号为乘号"*"。在测井领域进行乘法运算主要有两个功能：一是计算两条测井曲线的乘积，二是计算一条测井曲线和一个常数的乘积。下面将通过一项声阻抗曲线的计算实例展示该运算效果。

除法是指计算一个数（被除数）中包含另一个数（除数）的次数，或者一个数可以被另一个数整除多少次。在图6-1-1显示的计算器中，表达除法的符号为除号"÷"。在测井领域进行除法运算主要有两个功能：一是计算两条测井曲线的比值，二是计算一条测井曲线和一个常数的比值。后续将通过如何利用测井资料计算关键岩石物理参数纵横波速比的实例展示该运算效果。

高维测井曲线通常是指二维测井曲线或三维测井曲线，即除了深度这一维以外，还包括其他维度。例如，电成像测井数据是二维测井曲线的典型代表，包括深度和方位两个维度；阵列波形测井数据是三维测井曲线的典型代表，包括深度、时间和接收器序数三个维度。高维测井曲线运算主要有两个功能：一是计算两条高维测井曲线的四则运算，需要注意的是，这两条测井曲线需确保是同一类测井曲线；二是计算一条高维测井曲线和一个常数的比值。后续将通过一项远探测声波测井资料处理实例展示该运算效果。

二、应用

1. 加运算

岩石的光电吸收截面指数 P_e（Photoelectric Absorption Cross Section）是表征岩石对光子吸收能力的物理量，它描述了一个光子与岩石中的原子核或电子相互作用时被吸收的概率。光电吸收截面指数是一个量纲为一的量，其数值大小与岩石的化学成分、密度以及入射光子的能量有关，这个参数在地球物理学、材料科学以及石油和天然气工业中非常重要，尤其在测井领域。

当井筒内钻井液中掺有重晶石时，会对岩石光电吸收截面指数 P_e 曲线产生较大影响。根据国际石油测井服务公司贝克休斯所做的 P_e 曲线的重晶石钻井液密度校正图版，可得出不同井径和钻井液密度条件下 P_e 曲线的校正公式（雍世和，2007）。例如，当重晶石钻井液密度为 1.8g/cm³ 时，校正公式为

$$P_{ec} = P_e d + \Delta P_e \tag{6-1-1}$$

式中：P_{ec} 与 P_e 代表校正前后的 P_e 曲线值；ΔP_e 代表 P_e 曲线的附加校正值。

当井径小于 7.5in 时：

$$\Delta P_e = 3.0444d - 24.1133 \tag{6-1-2}$$

当井径大于 7.5in 时：

$$\Delta P_\mathrm{e} = -0.4784 - 0.1228d + 2.1667\times 10^{-3}d^2 \qquad (6\text{-}1\text{-}3)$$

式中：d 代表井径，in。

图 6-1-2 展示了 M1 井目的层段的 P_e 曲线校正效果，从左到右依次为深度道、井径曲线道、校正前的 P_e 曲线道、P_e 曲线附加校正值道以及校正后的 P_e 曲线道。考虑到 M1 井在目的层段的井径普遍大于 7.5in，因此采用式（6-1-1）和式（6-1-3）实施了校正。

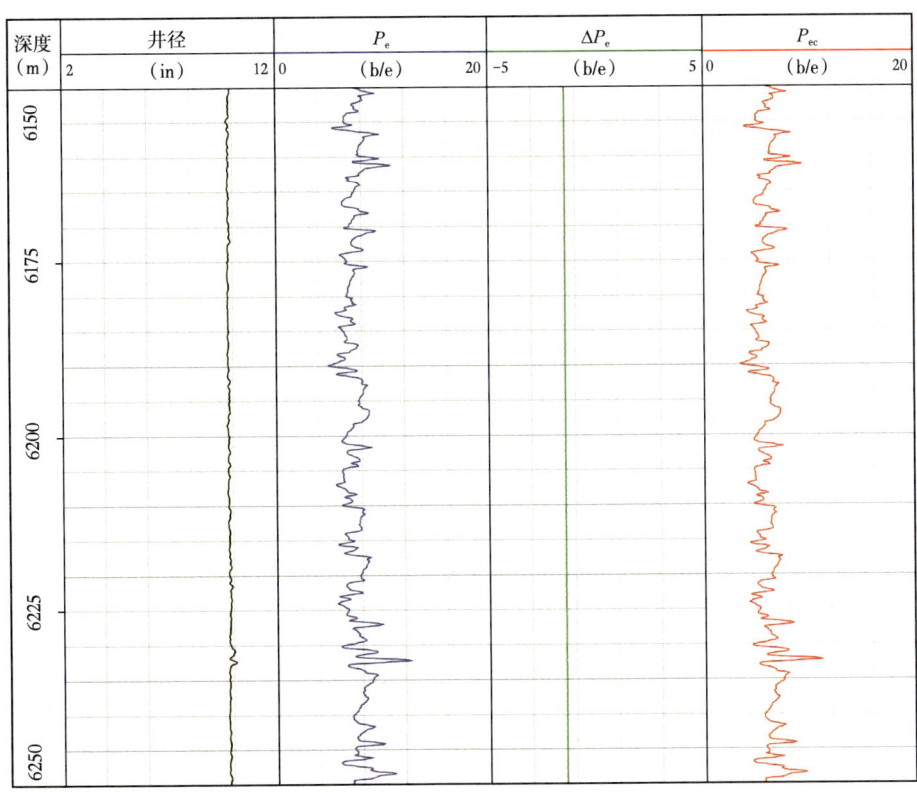

图 6-1-2　加运算示例：M1 井目的层段 P_e 曲线校正效果图

2. 减运算

次生孔隙度（Secondary Porosity）是指在岩石形成之后，由后期地质作用而形成的孔隙。这些孔隙不是原始沉积形成的，而是在岩石经历成岩作用过程中，如溶解、压实、破裂、重结晶等作用下产生的。次生孔隙度的识别和量化对于油气勘探和储层评价至关重要，因为它们可以显著改善储层的渗透性和生产性能。在测井领域，通常利用三孔隙度测井资料来计算次生孔隙度 ϕ_2，计算原理为首先利用密度—中子测井资料确定总孔隙度 ϕ_{ND}，然后利用声波测井资料确定原生孔隙度 ϕ_S，取两者的差便能计算出次生孔隙度。

$$\phi_2 = \phi_{\mathrm{ND}} - \phi_\mathrm{S} \qquad (6\text{-}1\text{-}4)$$

图 6-1-3 展示了 M2 井目的层段的次生孔隙度的计算效果，从左到右依次为深度道、声波时差曲线道 AC、中子曲线道 CNL、密度曲线道、次生孔隙度道、原生孔隙度道以及通过减运算计算得到的次生孔隙度道。

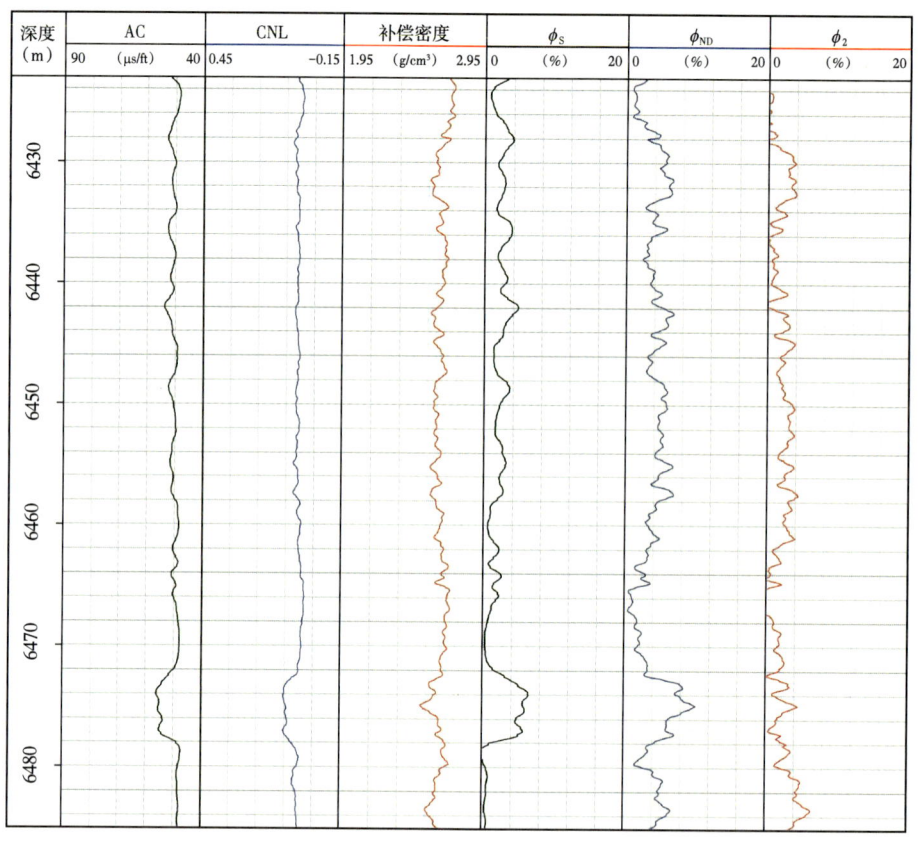

图 6-1-3　减运算示例：M2 井目的层段次生孔隙度计算效果图

3. 乘运算

井震结合是一种将测井数据与地震数据相关联的重要技术，旨在提高地下地质结构解释的精度。井震结合过程中关键一步是利用测井资料中的声速曲线和密度测井曲线计算声阻抗曲线。若声速曲线选择纵波速度曲线 v_P，计算其与密度 DEN 的乘积便得到纵波阻抗曲线 Z_P，如式（6-1-5）所示；若声速曲线选择横波速度曲线 v_S，计算其与密度的乘积便得到横波阻抗曲线 Z_S，如式（6-1-6）所示。

$$Z_P = \text{DEN} \cdot v_P \quad (6\text{-}1\text{-}5)$$

$$Z_S = \text{DEN} \cdot v_S \quad (6\text{-}1\text{-}6)$$

图 6-1-4 展示了利用数学四则运算计算器和式（6-1-5）与式（6-1-6）对 M3 井的纵、横波阻抗曲线的计算结果，图中从左到右依次为深度道、密度道 DEN、纵波速度道 v_P、横波速度道 v_S、纵波阻抗道 Z_P 和横波阻抗道 Z_S，其中声阻抗曲线单位为（g/cm³）·（m/s）。

4. 除运算

纵横波速比是地球物理学中描述地下介质弹性特性的关键参数，它被定义为纵波速度与横波速度的比值，是理解地下岩石力学性质和孔隙结构的重要指标。此外，纵横波速比的变化可以指示岩石中流体类型的变化，如从油到水的转变，这对于油气勘探和储层评价具有显著的实用价值。因此，利用测井资料准确计算该参数具有重要意义。

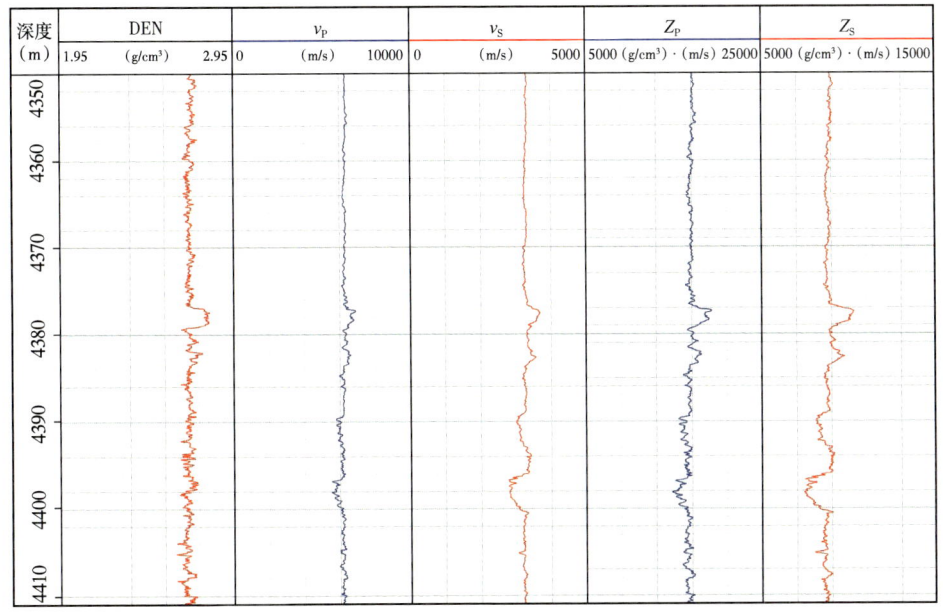

图 6-1-4　乘运算示例：M3 井纵、横波阻抗曲线计算效果图

图 6-1-5 呈现了利用数学四则运算计算器计算得到的 M3 井纵横波速比曲线，图中从左到右依次为深度道、纵波速度道 v_P、横波速度道 v_S、纵横波速比曲线道 v_P/v_S。

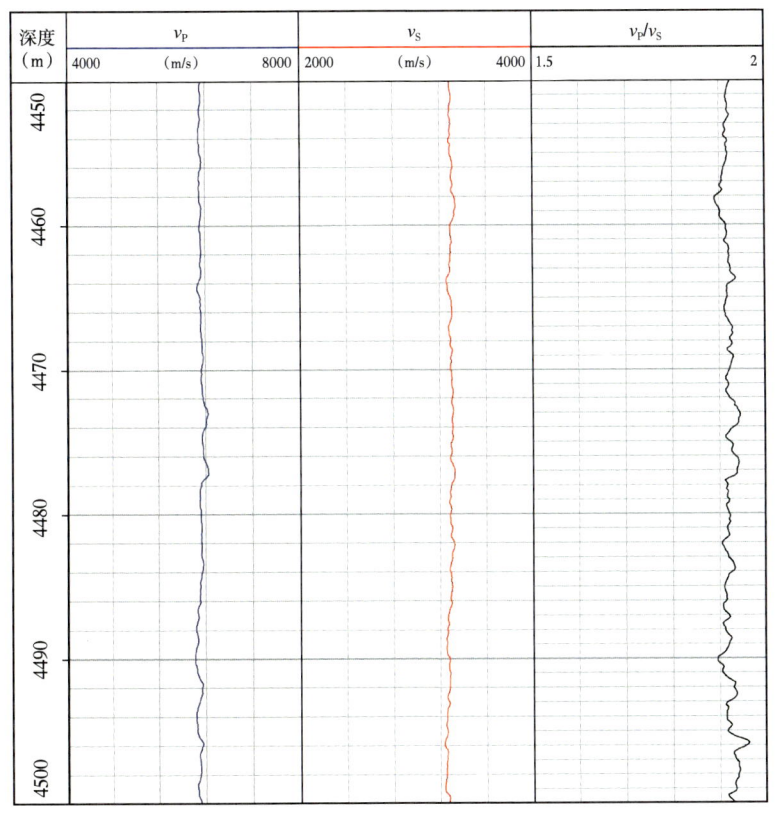

图 6-1-5　除运算示例：M3 井纵横波速比曲线计算效果图

5. 高维曲线运算

远探测声波测井技术能够探测及评价井外数十米范围内的裂缝、洞穴和断层等地质异常反射体，大大拓展了测井技术的应用范围。反射波提取是远探测声波测井资料处理解释中的重要一环，其目的是有效压制噪声等干扰，凸显代表裂缝等有效地质异常体的反射波信号。通过残差分析来分析反射波提取效果是一项有效的质控手段，即利用原始波形减去滤波后的波形便得到残差波形。

图 6-1-6 展示了利用数学四则运算计算器实施 M4 井波形残差计算的效果，从左到右依次为深度道、原始波形道、f-k 滤波波形道以及残差波形道。在原始波形道中，能清晰观察到垂直延伸的井孔直达波（黑色图框）以及倾斜延伸的反射波（红色图框）；在 f-k 滤波波形道中，能观测到井孔直达波得到有效压制，有效反射波得到保留；残差道波形进一步验证了这一点，图中主要是井孔直达波信号，基本不存在反射波信号，这说明 f-k 滤波效果非常好，没有损伤有效反射波波形。

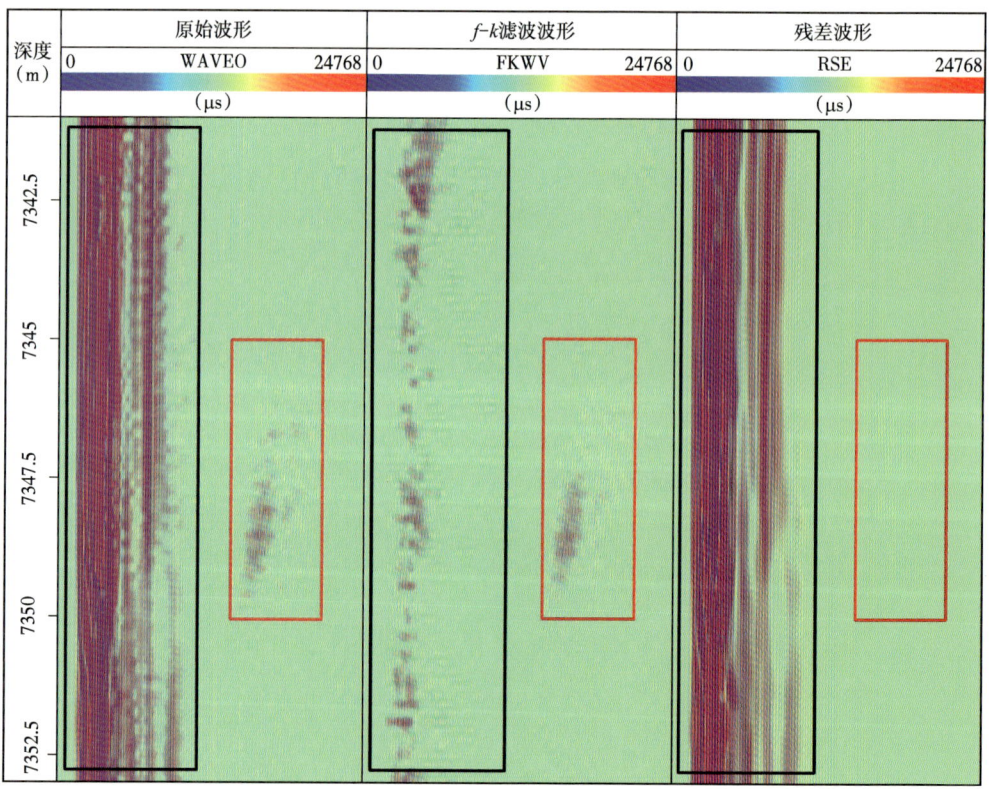

图 6-1-6　高维曲线运算示例：计算 M4 井滤波前后阵列声波测井波形残差

6. 混合四则运算

测井曲线计算除了上述介绍的单项四则运算外，还可以是较为复杂的混合四则运算。混合四则运算是同时使用加法、减法、乘法和除法这四种基本算术运算的计算过程。在进行混合四则运算时，通常需要遵循特定的运算顺序，即先乘除后加减。为了进一步确保计算的准确性和一致性，可以在计算时通过增加括号来确保计算的优先性。下面将通过一项基于声波时差曲线的孔隙度计算实例展示运算效果。

威利时间平均公式是岩石物理学中用于估算储层孔隙度的一个经典实验公式。该公式由 A. P. Wyllie 提出，用于描述岩石孔隙度与组成矿物和孔隙流体的纵波时差之间的关系。公式表达式为：

$$\phi = \frac{\Delta t - \Delta t_{\mathrm{f}}}{\Delta t_{\mathrm{m}} - \Delta t_{\mathrm{f}}} \qquad (6\text{-}1\text{-}7)$$

式中：ϕ 代表岩石的孔隙度；Δt 代表储层纵波时差；Δt_{f} 代表纯孔隙流体（如水）的纵波时差；Δt_{m} 代表岩石骨架的纵波时差。

该公式的关键在于它考虑了岩石中不同矿物的声波传播特性和孔隙流体的影响。通过测井获得的声波时差数据，可以用此公式来估算岩石的孔隙度，进而对储层的岩石物理特性进行分析。

图 6-1-7 展示了根据威利时间平均公式 [式（6-1-8）]，利用数学四则运算计算得到的 M5 井目的储层龙王庙组的孔隙度曲线，图中从左到右依次为深度道、纵波时差道 AC、孔隙度道 POR。考虑到龙王庙组储层岩性主要为白云岩，因此在计算过程中岩石骨架纵波时差 Δt_{m} 选择为 43.5μs/ft，孔隙流体纵波时差 Δt_{f} 则选择为 189μs/ft。

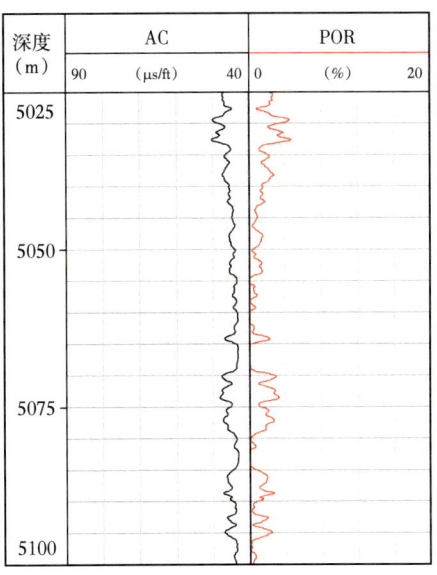

图 6-1-7　混合四则运算示例：计算 M5 井目的层段孔隙度效果图

第二节　曲线进阶运算

一、定义

曲线进阶运算是指测井曲线乘方、开方、指数、对数以及三角函数等运算。软件提供了相应功能的计算器，如图 6-2-1 所示。

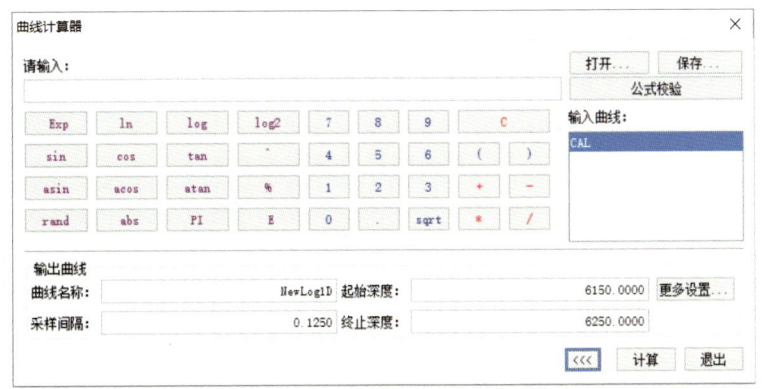

图 6-2-1　数学进阶运算计算器

- 55 -

乘方运算是数学中的一种进阶运算，用于求一个数（底数）的几次幂（指数）。它的一般形式是 a^n，其中 a 是底数，n 是指数。在图 6-2-1 显示的数学进阶计算器中，表达乘方运算的符号为"^"。在测井领域进行乘方运算主要指的是计算一条测井曲线的乘方。后续将通过一项基于核磁共振测井资料计算地层渗透率的实例展示该运算效果。

开方运算是数学中的一种进阶运算，用于求解一个数（被开方数）的 n 次方根。当 n 为 2 时，开方运算称为平方根运算，用符号"$\sqrt{\ }$"表示，在图 6-2-1 显示的数学进阶运算计算器中表示为"sqrt"。对于 n 次方根，则使用"$a^{1/n}$"来表示，需要注意的是，图 6-2-1 所示的计算器中，开方运算与乘方运算共用一个数学符号"^"，只是指数项不同。在测井领域进行开方运算主要指的是计算一条测井曲线的开方。后续将通过一项基于孔隙度和电阻率测井资料计算地层含水饱和度的实例展示该运算效果。

指数运算是数学中的一种进阶运算，它涉及将一个数（底数）提升到另一个数（指数）的幂。这种运算不仅包括上面介绍的正整数指数的乘方，还涵盖了零指数、负整数指数以及小数指数的情况。在图 6-2-1 显示的数学进阶计算器中，当底数为 e 时，表达指数运算的符号为"Exp"；当底数为其他数值时，表达指数运算的符号为"^"。后续将通过一项基于测井资料计算产气量的实例展示该运算效果。

对数运算是数学中的一种进阶运算，它代表一种指数函数的逆运算，其求解形式为计算指数方程 $b^y=x$ 中的指数 y，其中 b 是底数，x 是真数，而 y 就是 x 以 b 为底的对数 $\log_b(x)$。在图 6-2-1 显示的数学进阶计算器中，当底数 b 为 e 时，表达对数运算的符号为"ln"；当底数 b 为 10 时，表达对数运算的符号为"log"；当底数 b 为 2 时，表达对数运算的符号为"log2"。后续将通过一项基于斯通利波测井资料计算斯通利波振幅衰减的实例展示该运算效果。

三角函数运算是数学中的一种进阶运算，用于直角三角形边角关系和周期性波动现象。在图 6-2-1 显示的数学进阶计算器中，三角函数运算主要包括正弦（sin）、余弦（cos）、正切（tan）等，以及它们的反函数反正弦（asin）、反余弦（acos）和反正切（atan）。在地球物理领域，涉及井孔角度和方位等参数的计算时通常用到此类计算，后续将通过一项针对井斜角开展三角函数计算的实例展示该运算效果。

二、应用

1. 乘方运算

T_2 平均值模型，即 SDR（Schlumberger-Doll Research）模型，是一种基于核磁共振测井数据来估算储层渗透率的方法。SDR 模型利用 T_2 弛豫时间的几何平均值（T_{2gm}）与孔隙度（ϕ）的关系来预测储层的渗透率（K）。该模型认为 T_2 弛豫时间与孔隙大小有关，因此可以通过 T_2 的测量来推断孔隙结构，进而估算渗透率。SDR 模型的经验公式通常表示为：

$$K=C\phi^m T_{2gm}^n \tag{6-2-1}$$

式中：C、m 和 n 为常数；T_{2gm} 为 T_2 几何均值，ms。

图 6-2-2 展示了根据 SDR 公式（6-2-1），利用数学进阶运算计算器计算得到的 M6 井目的层段的渗透率曲线，图中从左到右依次为深度道、T_2 弛豫时间几何均值道、孔隙度曲线道 POR 和渗透率曲线道 PERM。在计算过程中 C 取 4，m 取 4，n 取 2。

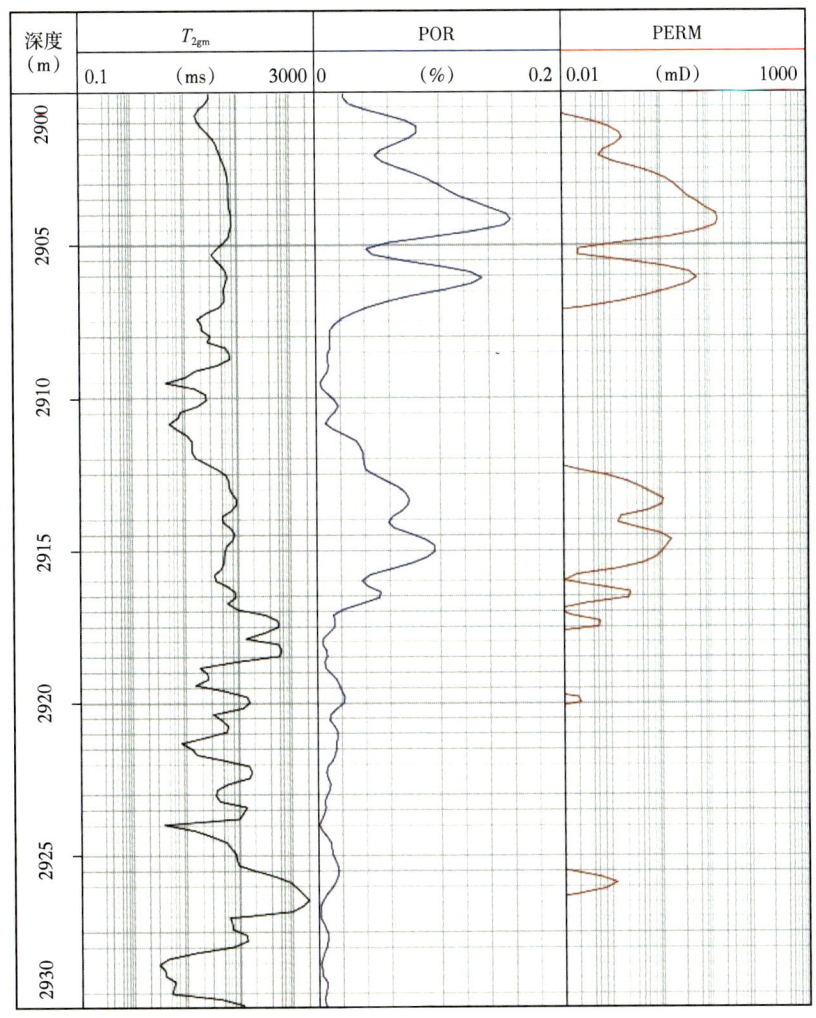

图 6-2-2 乘方运算示例：计算 M6 井目的层段渗透率效果图

2. 开方运算

阿奇公式是地质和地球物理领域中一项用于计算地层含水饱和度 S_w 的著名公式。该公式巧妙地利用了地层电阻率 R_t，通过岩电参数 a、m 和 n 将地层孔隙度 ϕ 和地层含水饱和度联系起来。这种联系使得地质学家和工程师能够通过测井数据来评估储层的流体饱和状态。尽管它是一个经验公式，需要针对特定地质条件进行校准，但阿奇公式依然是储层评价中不可或缺的工具。

$$S_w = \sqrt[n]{\frac{aR_w}{R_t \phi^m}} \qquad (6\text{-}2\text{-}2)$$

式中：R_w 代表地层水电阻率。

图 6-2-3 展示了根据阿奇公式［式（6-2-2）］，利用数学进阶运算计算器计算得到的 M7 井目的层段的地层含水饱和度曲线，图中从左到右依次为电阻率测井道、深度道、孔隙度分析道和饱和度分析道。在计算过程中 R_t 取 $0.015\Omega\cdot m$，a 取 1，m 取 2，n 取 2。

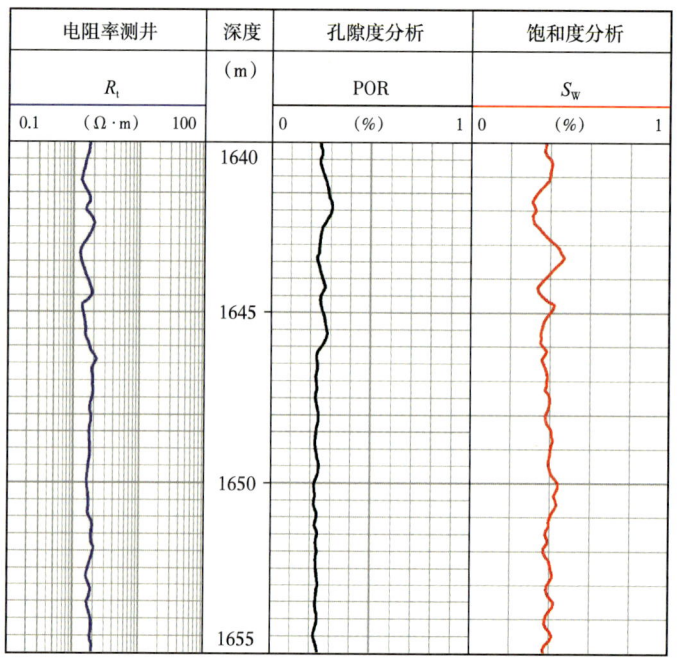

图 6-2-3　开方运算示例：计算 M7 井目的层段含水饱和度效果图

3. 指数运算

储层孔渗特性是控制产能最重要的因素，因此建立一种以客观评价储层孔渗特性为核心的产能预测方法，对碳酸盐岩储层评价具有重要意义。李宁等提出一种应用 CT 分析及核磁共振测井预测碳酸盐岩储层产气量 Q 的方法，如公式（6-2-3）所示，并应用于四川盆地重点探区碳酸盐岩储层测井评价。

$$Q = a e^{b\phi_{CT70}} d \tag{6-2-3}$$

式中：a 和 b 为常数；ϕ_{CT70} 为 CT70 孔隙度；d 为储层厚度，m。

图 6-2-4 展示了根据公式（6-2-3），利用数学进阶运算计算器计算得到的 M8 井目的层段的产气量值，图中从左到右依次为深度道、T_2 弛豫时间几何均值道、孔隙度曲线道 ϕ_{CT70} 和储层产气量道。在计算过程中 a 取 0.06，b 取 0.72，d 取 10，据此预测的该层段产气量为 $7.46\times10^4\mathrm{m}^3/\mathrm{d}$。

4. 对数运算

在地球物理领域，斯通利波是指一种沿着井壁传播的井孔模式波。针对孔隙性地层，斯通利波的传播速度、振幅衰减与地层的渗透率、孔隙度以及流体性质密切相关。具体来讲，斯通利波在孔隙性地层中传播时会引起声波能量衰减，这一现象与地层的渗透能力呈正相关。通过测量斯通利波振幅衰减，可以建立与地层渗透率相关的关系模型。斯通利波振幅衰减的计算公式为：

$$\mathrm{ATTU} = -20\frac{\lg(\mathrm{AMP}_2/\mathrm{AMP}_1)}{x_2 - x_1} \tag{6-2-4}$$

式中：ATTU 代表通利波振幅衰减，dB/m；AMP_2 代表 2 号接收器测量通利波振幅；AMP_1 代表 1 号接收器测量斯通利波振幅；x_2 代表 2 号接收器与声源距离，m；x_1 代表 1 号接收器与声源距离，m。

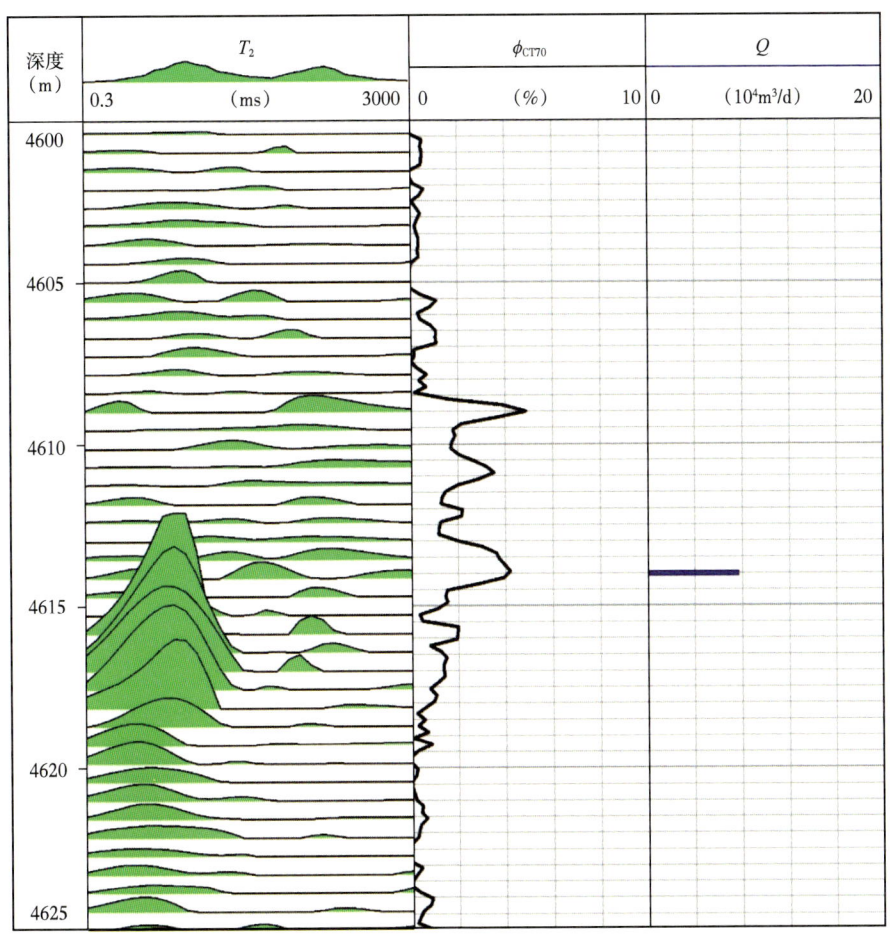

图 6-2-4　指数运算示例：计算 M8 井储层产气量预测效果图

图 6-2-5 展示了根据公式（6-2-4），利用数学进阶运算计算器计算得到的 M9 井目的层段的斯通利波振幅衰减，图中从左到右依次为深度道、1 号接收器通利波振幅曲线道 AMPST1、2 号接收器通利波振幅曲线道 AMPST2、斯通利波振幅衰减曲线道 ATTU。

5. 三角函数运算

井斜角，又称井斜度，用于描述井眼相对于垂直参考面的倾斜程度，其准确测量对于监控井眼轨迹、预防井壁坍塌和提高钻探效率至关重要。它被定义为井眼在垂直平面上与铅垂线之间的夹角，通常以度或弧度表示。井斜角的计算通常基于井斜仪和方位仪的测量数据，并通过专业测井软件进行综合分析得出。

图 6-2-6 展示了利用数学进阶运算计算器得到的 M10 井目的层段关于井斜角的相关三角函数值，图中从左到右依次为深度道、井斜曲线道 DEV、井斜角正弦函数值 SINDEV、井斜角余弦函数值 COSDEV 以及井斜角的正切函数值 TANDEV。

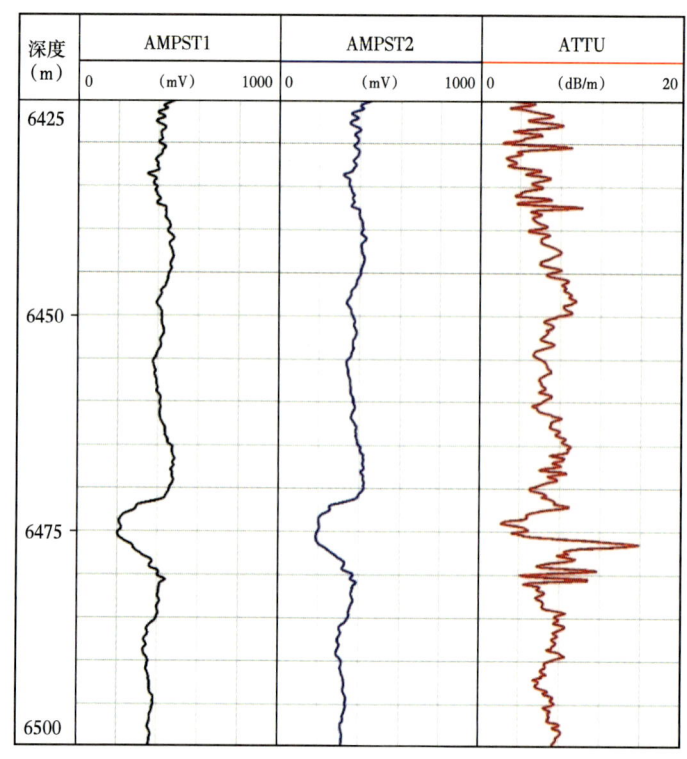

图 6-2-5　对数运算示例：计算 M9 井目的层段斯通利波振幅衰减效果图

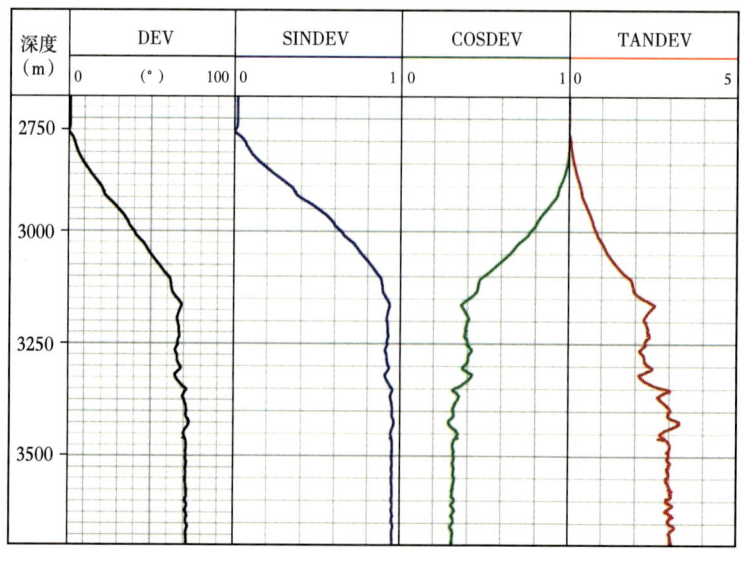

图 6-2-6　三角函数运算示例：计算 M10 井目的层段井斜角的三角函数计算效果图

第三节　编程计算

在计算测井曲线时，除了数学四则运算和数学进阶运算外，有时还需要简单编程做略微复杂些的曲线计算，比如 if-else 语句的使用等。图 6-3-1 显示了一个可编程计算器，下面将通过数学基础运算、复杂数学公式计算以及条件判断三项实例来展示可编程计算器的运算效果和作用。

图 6-3-1 可编程计算器界面展示

一、应用实例 1

可编程计算器可以执行更为复杂的运算。下面将利用该计算器实现一项复杂数学公式计算功能：利用地层电阻率和地层孔隙度计算地层含水饱和度。图 6-3-2 展示了该功能对应的编程代码。

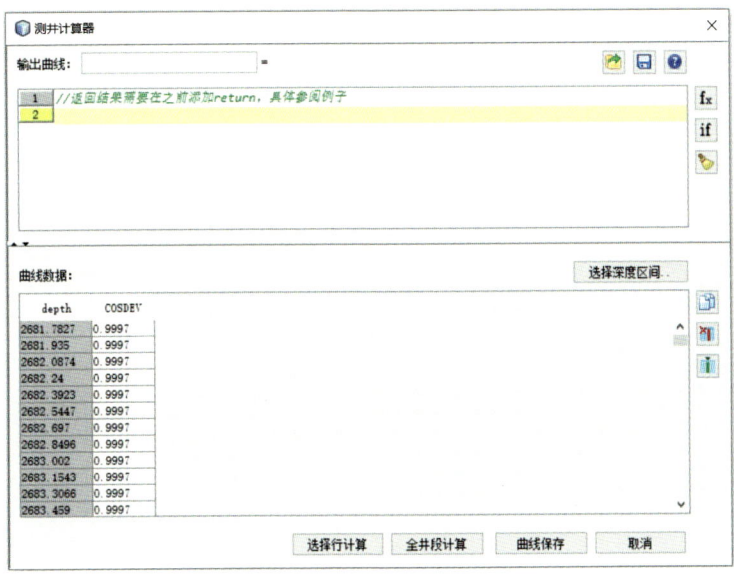

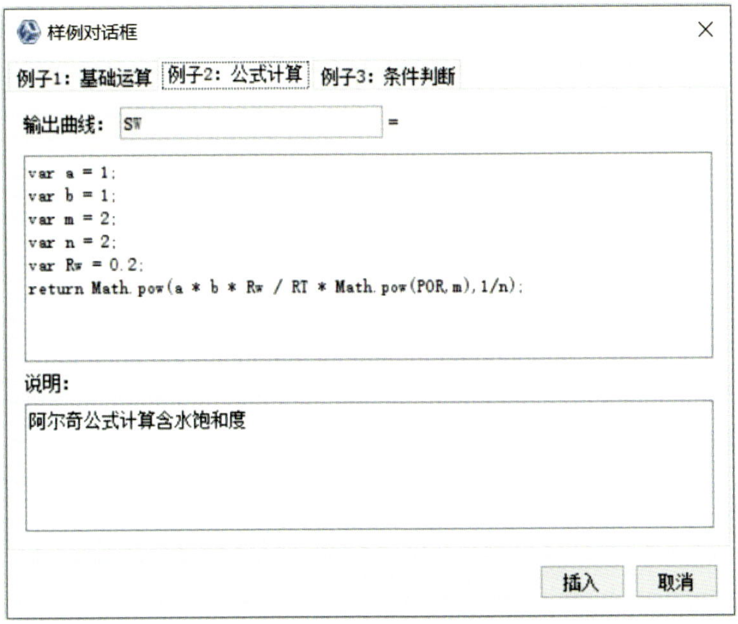

图 6-3-2 可编程计算器计算地层含水饱和度

图 6-3-3 展示了根据阿奇公式［式（6-2-2）］，利用可编程计算器计算得到的 M13 井目的层段的地层含水饱和度曲线，图中从左到右依次为深度道、电阻率测井道、孔隙度分析道和饱和度分析道。

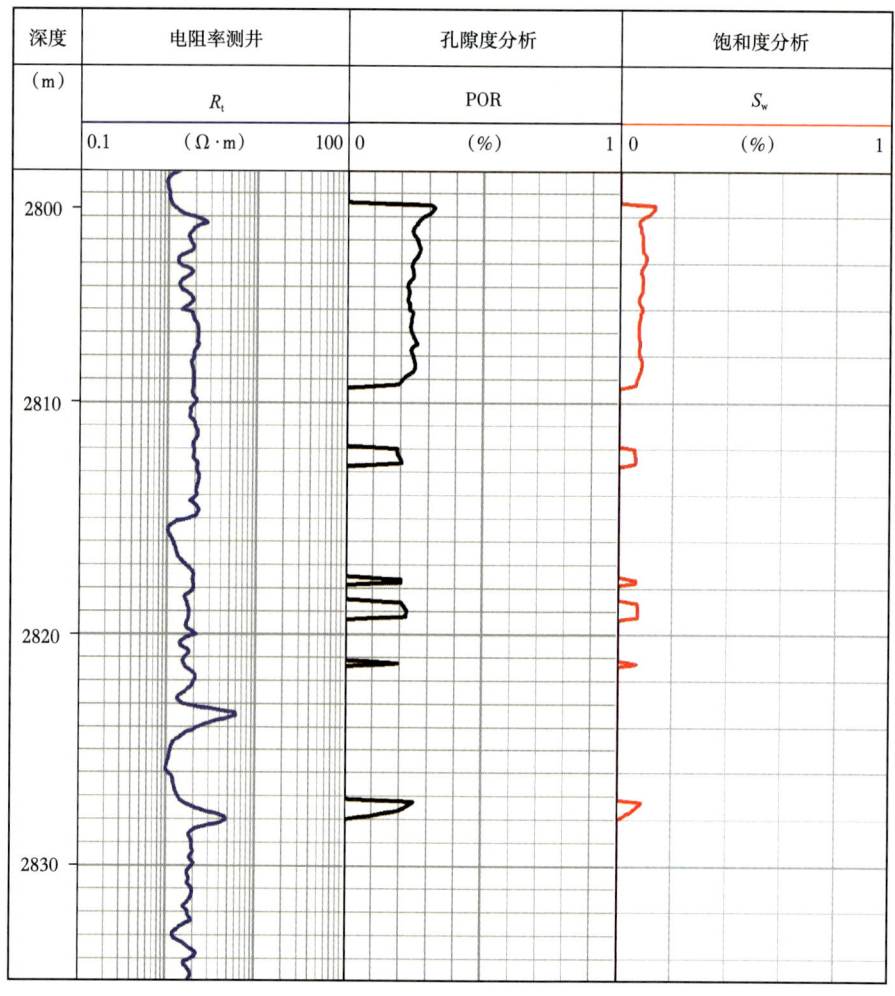

图 6-3-3　可编程计算器计算地层含水饱和度结果图

二、条件判断实例

可编程计算器能够执行条件判断等编程操作。条件判断作为编程语言中的一种控制结构，允许程序根据特定条件来决定执行哪些代码。条件判断的基本形式是 if 语句，后面为布尔表达式。如果布尔表达式结果为 true，则执行 if 语句块中的代码；如果结果为 false，则跳过这部分代码，或者执行 else 语句块中备选代码。下面将利用可编程计算器实现一项条件判断功能：利用密度、声波和中子测井曲线计算地层孔隙度。图 6-3-4 展示了该功能对应的编程代码。

图 6-3-5 展示了利用可编程计算器计算得到的 M14 井目的层段的地层孔隙度曲线，图中从左到右依次为深度道、密度测井道 DEN、声波时差测井道 AC、中子测井道 CNL 以及基于三者计算的孔隙度曲线道 POR。

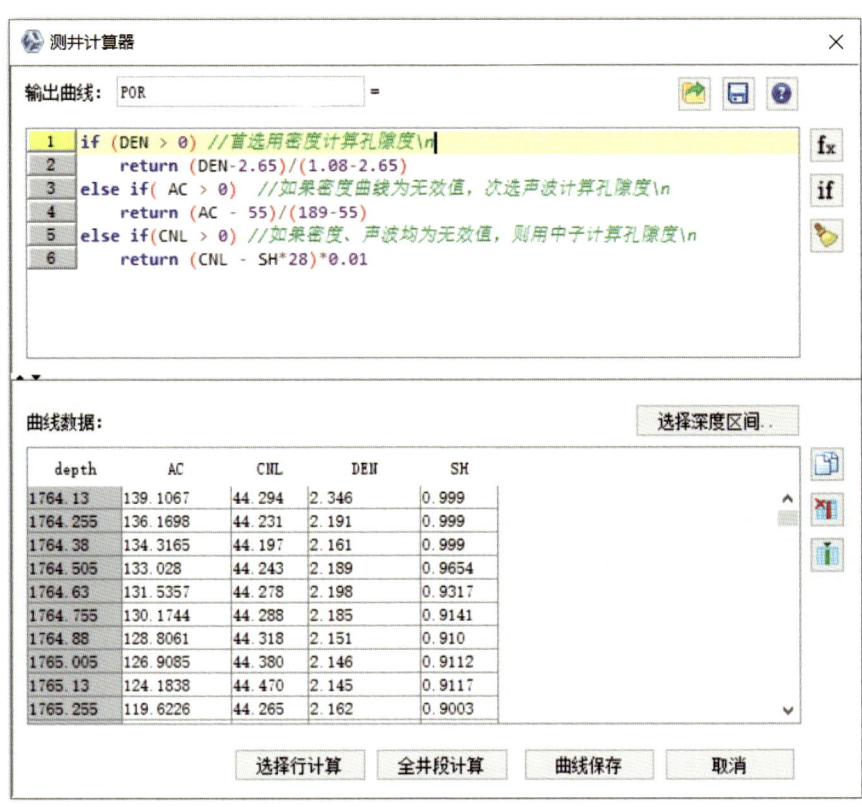

图 6-3-4　条件判断实例计算样例

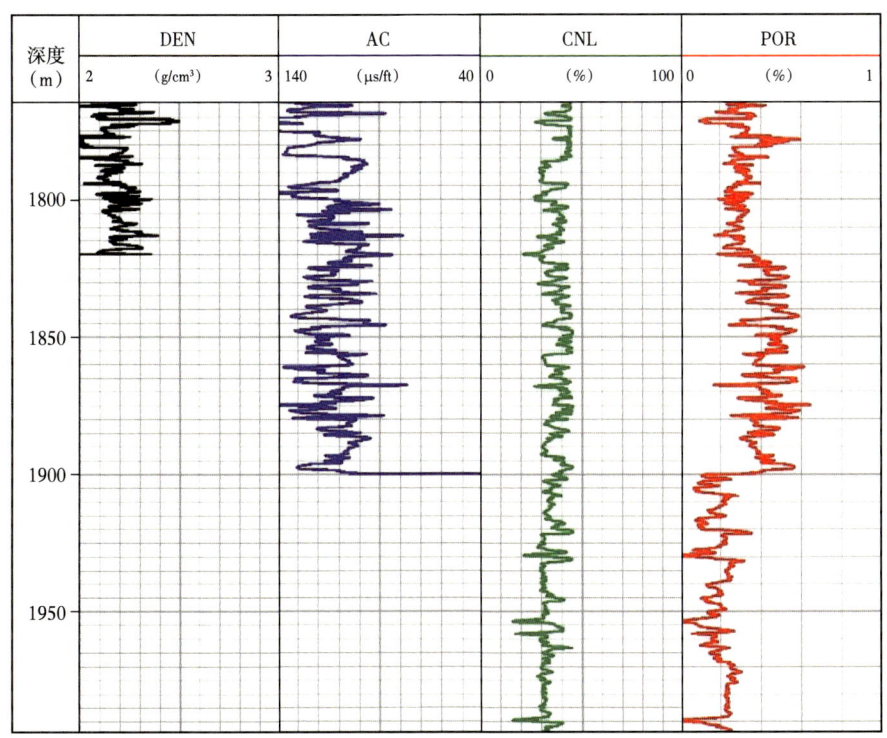

图 6-3-5　条件判断实例计算结果

第七章　测井曲线预处理

　　测井曲线预处理是测井解释与数据处理的一项基础工作，是保证测井解释与数据处理结果精度的重要前提。由于受到野外测井作业和测井环境等许多随机因素的影响，各测井曲线间的深度一致性难以保证，各测井曲线幅度也会受到许多非地层的环境与测量因素的影响。因此，在对测井数据作定量计算之前，必须对原始测井数据进行预处理。通过校正与处理，尽可能地消除各种随机干扰和非地层因素的影响，使校正后同口井的测井曲线均有准确的深度值与对应关系，并尽可能真实地反映地层及其孔隙流体的性质。测井数据预处理主要包括测井曲线深度校正、测井曲线拼接和编辑、测井曲线滤波和测井曲线的环境影响校正等。

第一节　测井曲线深度校正

　　在测井过程中，井眼情况、各种下井仪器的重量及几何形状、仪器与井壁的接触情况（如仪器贴井壁、带扶正器或推靠器）、电缆性能、测井速度以及操作方法等都会导致下井仪器在井内的运行状况不同，从而引起测量时电缆受到的张力不同。此外，井口置零、井底摩擦力校正不当等原因，都会导致测井深度发生偏差，特别是会使同一口井各趟次测井曲线之间产生不同程度的深度错动。表现为实测曲线在某些井段出现深度扩展、压缩或线性移动。如果直接应用深度有偏差的曲线进行数据处理，不仅会使解释井段厚度失真或错位，而且也会导致计算的地层参数不准确，甚至可能得出错误的结论。因此，对测井曲线进行深度校正，使同一口井的各测井曲线在深度上相对应，从而满足数据处理对深度的严格要求，是测井数据预处理中极为重要的环节。测井曲线深度校正主要包括深度对齐和斜井校直，前者是对同一口井不同趟次测井曲线的深度校正与对齐，在软件中一般表现为参数校深、交互校深和自动校深，后者是指将曲线的斜井深度转变为垂直深度。

一、参数校深

　　参数校深一般包括两种，一种是对测井曲线整体作上下偏移，其内部没有相对变化，因此只需要给出一个偏移量，而各采样点处的取值无须变化。

　　另一种是曲线内部有拉伸或压缩变化，因此需要给出两组深度值，第一组记录各采样点在校正前的深度，第二组记录各点在校正后的深度，见表7-1-1。这些采样点在校正前后的偏移量是不同的，因此校正过程就是对测井曲线进行相应层段压缩或扩展的过程，且采样点深度位置及取值都要相应调整。后续的交互校深、自动校深与此类似，差别仅在于获取采样点深度位置变化的方法。

表 7-1-1 深度校正参数

序号	校正前深度（m）	校正后深度（m）
1	709.70	710.39
2	714.20	714.62
3	719.07	719.65

对测井曲线某些层段的深度进行压缩或扩展，就是平常所说的深度平差。如图 7-1-1 所示，某一组段校正前的顶、底深度间隔 $d_{22}-d_{21}$ 大于校正后的深度间隔 $d_{12}-d_{11}$，这时就应对 $d_{12}-d_{11}$ 间的测井数据进行抽稀采样，使其数量符合 $d_{12}-d_{11}$ 深度间隔所需的采样点数；反之，就应将组段内的测井数据，通过加密采样的办法，将曲线进行扩展。

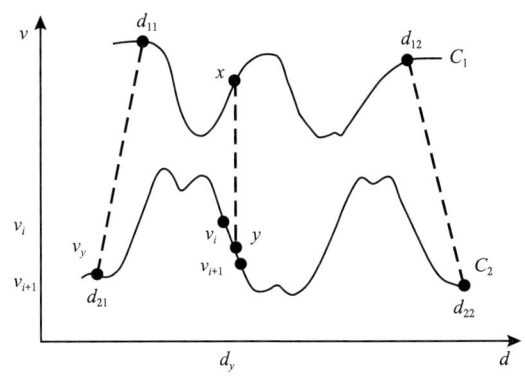

图 7-1-1 测井曲线压缩示意图（据《测井学》编写组，1998）

以深度压缩为例说明。如图 7-1-1 所示，曲线 C_1 为曲线校正后效果，曲线 C_2 为校正前效果，v 为曲线幅值。经对比，曲线 C_2 深度为 $d_{21} \sim d_{22}$ 层段的曲线部分与曲线 C_1 深度为 $d_{11} \sim d_{12}$ 层段的相当，深度之间有 $|d_{22}-d_{21}| > |d_{12}-d_{11}|$ 的关系，应对 C_2 曲线的 $d_{21} \sim d_{22}$ 层段作压缩处理。进行这种深度平差的基本步骤如下：

（1）在曲线 C_2 找出 $\dfrac{d_x - d_{11}}{d_{12} - d_{11}} = \dfrac{d_y - d_{21}}{d_{22} - d_{21}}$ 与曲线 C_1 采样深度相对应的深度，因为

$$d_y = d_{21} + (d_{22} - d_{21})\dfrac{d_x - d_{11}}{d_{12} - d_{11}} = d_{21} + K(d_x - d_{11}) \qquad (7\text{-}1\text{-}1)$$

故

$$K = \dfrac{d_{22} - d_{21}}{d_{12} - d_{11}} \qquad (7\text{-}1\text{-}2)$$

式中：d_{11}、d_{12}、d_{21}、d_{22} 通过曲线对比来确定；d_x 由 C_1 上选定；K 为转换系数，且大于 1。

（2）根据 d_y，从曲线 C_2 的测井数据中找出点 y 前后相邻的采样点（i，$i+1$）的测井值 v_i、v_{i+1}，利用线性插值方法算出点 y 的测井值 v_y，有

$$v_y = v_i + \dfrac{v_{i+1} - v_i}{d_{i+1} - d_i}(d_y - d_i) \qquad (7\text{-}1\text{-}3)$$

（3）用逐点计算方式逐次移动 d_x，并由式（7-1-4）、式（7-1-6）分别求出相应的 d_y 及 v_y，以便得到经压缩处理后的正常曲线。

二、交互校深

对于不同测次之间的深度差异，可通过交互校深操作来消除。这时需要出现在两个测次的同一条测井曲线进行对比。测井公司一般用自然伽马（GR）曲线作为深度控制曲线，即每趟仪器串测量都会带测一条自然伽马曲线，并以某次测量的 GR 曲线为基准，把其他各次测量的 GR 曲线深度对齐。通过表 7-1-1 的深度校正对应参数，进而实现不同次曲线的深度对齐。

对于同一次测量的曲线（包括带测 GR 深度控制曲线），只要由组合的每种仪器记录点所计算的深度延迟量和预置正确，所测曲线的深度就是一致的。只要将各测次的 GR 曲线进行对比就能确定不同测次间的深度错动量，进而将它们的深度对齐。这种方法的优点在于不同次测量的 GR 曲线相关性好，能提高深度校正的可靠性，通过人机交互操作获得深度对应参数。图 7-1-2 是这种校正方法的示意图，该方法常用于不同测次乃至不同开次测井曲线之间的深度校正与编辑。

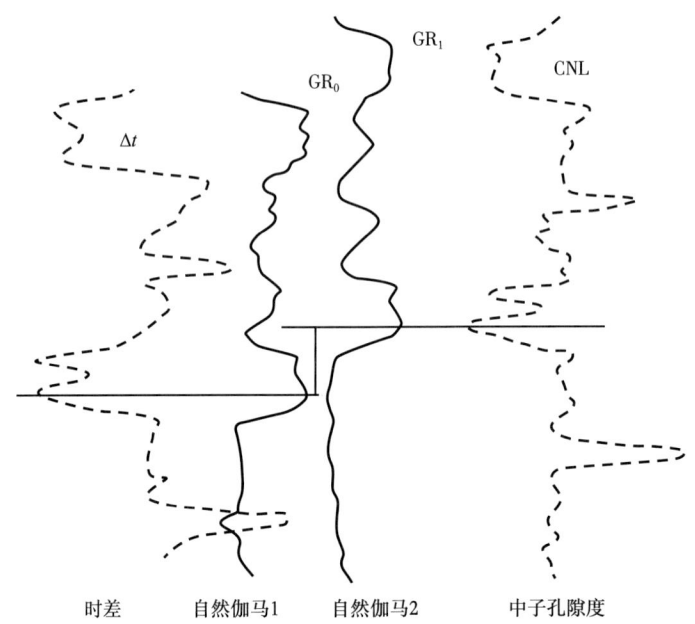

图 7-1-2 用深度控制曲线 GR 作深度校正（据《测井学》编写组，1998）

三、自动校深

人机交互操作确定深度移动量的方法效率很低，因此更多时候会采用计算标准化相关函数方法，通常称为自动校深，即由软件系统遵循曲线相关性求取深度对应参数，然后进行深度校正。常用的相关对比方法有两种，一种是固定窗长对比法，另一种为可变窗长对比法。在测井曲线的自动深度校正中，一般采用固定窗长对比法。

1. 固定窗长对比法

这种对比法是以某一条曲线为基准，将被对比的曲线与之比较来对齐曲线。

利用固定窗长对比法对测井曲线深度进行校正的具体过程为：以标准曲线上一个固定的相关窗长（如 n 个采样点）内测井数据的深度为准，将被对比曲线上相同窗长内的 n 个测井数据在某一个对比活动范围（探索间隔）内与之对比，找出相关系数最大的两个层位，再确定它们深度是否一致。每对比一次，相关窗长移动一定的深度间隔（如一个采样间隔），这个间隔称为相关步长。

设窗长为 N（采样点个数），$x(i)$ 为基本曲线窗长内的第 i 个测井数据，$y(i)$ 为对比曲线相应长度内的第 i 个测井数据；若两者的厚度相当、形状相似，则它们之间有线性相似关系：

$$y(i)=ax(i)+b \qquad (7\text{-}1\text{-}4)$$

$y(i)$ 与 $x(i)$ 线性相关程度可用相关系数来衡量。相关系数可由下式计算：

$$C(t)=\frac{\sum_{i=k+1}^{k+n}(x_i-\bar{x})(y_{i+1}-\bar{y})}{\sqrt{\sum_{i=k+1}^{k+n}(x_i-\bar{x})^2 \sum_{i=k+1}^{k+n}(y_{i+1}-\bar{y})^2}} \qquad (7\text{-}1\text{-}5)$$

式中：x_i 为基准曲线 x 在对比长度上的第 i 个采样点值；$\bar{x}$ 为在相关对比段上基准曲线 x 的平均值，$\bar{x}=\frac{1}{n}\sum_{i=k+1}^{k+n}x_i$；$y_i$ 为对比曲线 y 上，第 $i+1$ 个采样点值，$i=(k+1)\sim(k+n)$；$\bar{y}$ 为相关对比井段内，对比曲线 y 的平均值，$\bar{y}=\frac{1}{n}\sum_{i=k+1}^{k+n}y_i$；$n$ 为对比长度 WL（窗长）内基准曲线的采样点数；k 为探索长度 SL 的一半所对应的采样点数；t 为对比时曲线 y 相对于基准曲线 x 左移或右移的采样点数，$t=0，\pm1，\pm2，\pm3，\cdots，\pm k$。

显然 $|C(t)|\leq 1$。当 $|C(t)|=\pm 1$ 时，$x(i)$ 与 $y(i)$ 完全相关，$|C(t)|=0$ 时，$x(i)$ 与 $y(i)$ 线性无关。同时 $|C(t)|>0$ 说明 $y(i)$ 与 $x(i)$ 同向变化，$|C(t)|<0$ 说明 $y(i)$ 与 $x(i)$ 反向。

探索长度 SL 是指两条曲线对比时，对比曲线 y 相对于基准曲线 x 移动的最大距离。一般而言，它按略大于曲线间最大深度错动距离的两倍来选定。对比长度（窗长）是进行对比的曲线线段长度，它等于处理井段的长度减去探索长度。

在作相关对比时，将基准曲线 x 的一个深度段固定，上下移动对比曲线 y，分别求出对比曲线 y 在各个位置时的相关函数值，并找出相关函数最大的位置点，该点位置即可认为是两条曲线对比最好的位置。这两条曲线在此位置上的深度差，即为对比曲线 y 相对于基准曲线 x 所需的线性深度移动距离。重复上述过程，再将其他次测井与基准曲线同类型的曲线与基准曲线进行对比计算，得到线性深度移动距离。然后使用专用程序进行曲线深度校正，使各曲线的深度对齐。

2. 可变窗长对比法

可变窗长对比法的基本要点是：在基本曲线与对比曲线上截取相同的一段（如 N 个采样点），随着对比的进行，将基本曲线段的相关窗长依次减少 τ 个采样点（$\tau=0$，1，2，$\cdots$，$N-1$）。

若基准曲线与对比曲线所截取的相同长度的数据列分别为：

$$\{x(i), \ i=1,2,\cdots N-\tau\}$$
$$\{y(i), \ i=1,2,\cdots N-\tau\}$$

其相关系数 $\gamma_{xy}^{(\tau)}$ 为

$$\gamma_{xy}^{(\tau)} = \frac{\sum_{i=1}^{N-\tau}(x_i-\bar{x})(y_{i+\tau}-\bar{y})}{\sqrt{\sum_{i=1}^{N-\tau}(x_i-\bar{x})^2 \sum_{i=1}^{N-\tau}(y_{i+\tau}-\bar{y})^2}} \quad (7-1-6)$$

其中：
$$\bar{x} = \frac{1}{N-\tau}\sum_{i=1}^{N-\tau}x_i, \quad \bar{y} = \frac{1}{N-\tau}\sum_{i=1}^{N-\tau}y_i$$

不难看出，对比窗长随着时移 τ 值的增加而减小（$\tau=0$，对比窗长为 N；$\tau=1$，对比窗长为 $N-1$，$\cdots$，$\tau=N-1$，对比窗长为 1）。采用可变窗长相关对比方法的优点是可以在不同窗长内考虑曲线的相似性，因此可以找出两段曲线中相似性最大的部分。

四、斜井校直

斜井校直也称为井斜校正，对于定向斜井的测井资料，它是必不可少的一个处理步骤，就是把斜井深度校正为垂直深度，以获得地层的垂直深度与厚度。斜井的深度校正程序已植入现有的测井解释系统中。这里简要介绍斜井曲线的校正原理及方法。

校正方法是把斜井按井斜角的变化情况分为若干段，每个井段上井斜角的变化率为常数，并且假设最上部的井段是竖直的，如图 7-1-3 所示。

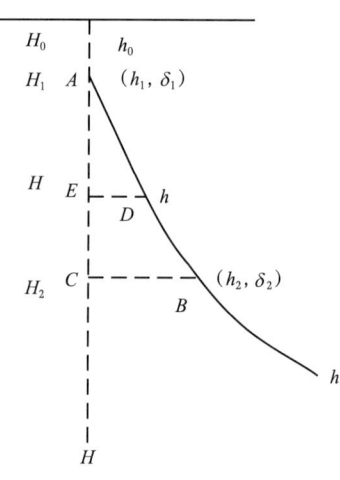

图 7-1-3　斜井曲线校正示意图
（据《测井学》编写组，1998）

校正的具体步骤如下：

（1）如图 7-1-3 所示，在点 A 之上选一参考点，设其垂直深度为 H_0、斜井深度为 δ_0，在参考点处有 $H_0=\delta_0$。

（2）计算点 A 的垂直深度 H_1。视点 A 的斜井深度 h_1 与参考点的 h_0 之差近似等于垂直深度，即 $H_1=H_0+h_1-h_0$。

（3）计算点 B 的垂直深度 H。设井段 AB 的井斜角 δ 的变化率为一常数，即 $\dfrac{\mathrm{d}\delta}{\mathrm{d}h}$ 为常数，有：

$$\frac{\mathrm{d}\delta}{\mathrm{d}h} = \frac{\delta_2-\delta_1}{h_2-h_1}, \quad \mathrm{d}h = \frac{h_2-h_1}{\delta_2-\delta_1}\mathrm{d}\delta \quad (7-1-7)$$

在 AB 井段上取一小段 $\mathrm{d}h$，并视其为直线，相应的垂直距离 $\mathrm{d}H$ 为：

$$\mathrm{d}H = \mathrm{d}h\cos\delta \quad (7-1-8)$$

因此，AB 间的垂直井段为

$$H_2 - H_1 = \int_{h_1}^{h_2} dH = \int_{h_1}^{h_2} \cos\delta dh = \frac{h_2 - h_1}{\delta_2 - \delta_1} \int_{\delta_1}^{\delta_2} \cos\delta d\delta$$
$$= \frac{h_2 - h_1}{\delta_2 - \delta_1} (\sin\delta_2 - \sin\delta_1) \tag{7-1-9}$$

第二节　测井曲线拼接和编辑

一、曲线拼接

曲线拼接是将多次采集的测井数据拼接成完整的测井曲线。有时为了用质量更高的测井曲线段替代不可靠的测井曲线段、剔除测井采集质量不佳的曲线段，也会用到曲线拼接。地质或物探人员往往需要深度连续的全井段测井数据，此时，也要通过曲线拼接功能将多次中完或完井采集的数据拼接成反映完整井筒信息的测井数据。

不同测次的测井曲线在拼接过程中，存在两种情况：

（1）曲线之间存在重叠。这种情况下存在数值的取舍问题，参考上、下层段的曲线数值来决定对数值的取舍，再选取上下厚层泥岩对两段曲线进行数值标定后进行拼接。

（2）曲线之间为空值。这种情况下需要对缺失的数值进行补齐，首先选取上、下厚层泥岩对两段曲线进行数值标定，然后面临两种选择：①如果其他曲线在缺失段有数值，可以根据一些测井经验公式进行相互转换来获得缺失数值，或在两条测井曲线之间使用回归公式来获得缺失数值，或在地震标定和小层解释的约束下，进行邻井曲线的内插，从而获得缺失数值后再进行拼接；②如果所有曲线都有缺失，参考上、下岩性的数值和录井（岩心、井壁取心）资料来确定数值大小，再进行拼接。

在计算机软件模块中，主要根据拼接曲线和目标曲线所覆盖的深度范围进行数据伸缩。数据完成复制后，用户可在拼接窗口对所拼接的曲线交互式选择拼接点，也可在拼接层段编辑列表中直接输入拼接深度点。系统可根据用户需要，实现单条或多条曲线的拼接，也可将当前拼接层段信息扩展至其他曲线（即按相同的拼接点拼接其他曲线）。一般情况下，曲线拼接是对相同名称的曲线进行拼接，考虑到实际情况的需要，在拼接过程中，用户也可以指定不同名称的测井曲线进行拼接（王才志等，2014a）。如图7-2-1所示，红色和蓝色曲线是两次测得的GR曲线，分别位于重合段的上部和下部，黑色曲线为拼接后的结果曲线，接缝线以上层位来自红色GR曲线的上段，接缝线以下来自蓝色GR曲线的下段。

二、曲线编辑

曲线编辑是测井数据预处理的重要环节之一，通过曲线编辑模块可以实现对测井曲线的交互式修改。常见的主要编辑方式包括曲线复制、数值编辑、公式计算、曲线拉伸等（王才志等，2014a）。

1. 曲线复制

曲线复制，指的是将源曲线的某一选定井段数据值覆盖目标曲线。此操作可以在两条曲线间进行，也可以在一条曲线内完成。

图 7-2-2 为曲线复制粘贴后的效果。其中，蓝色曲线为原曲线，红色曲线为待编辑曲线，浅色透明填充区域为选中的源曲线上的层段。经过曲线的复制粘贴，选定区域中的蓝色曲线被红色曲线替代，得到如图 7-2-2c 所示的最终结果。

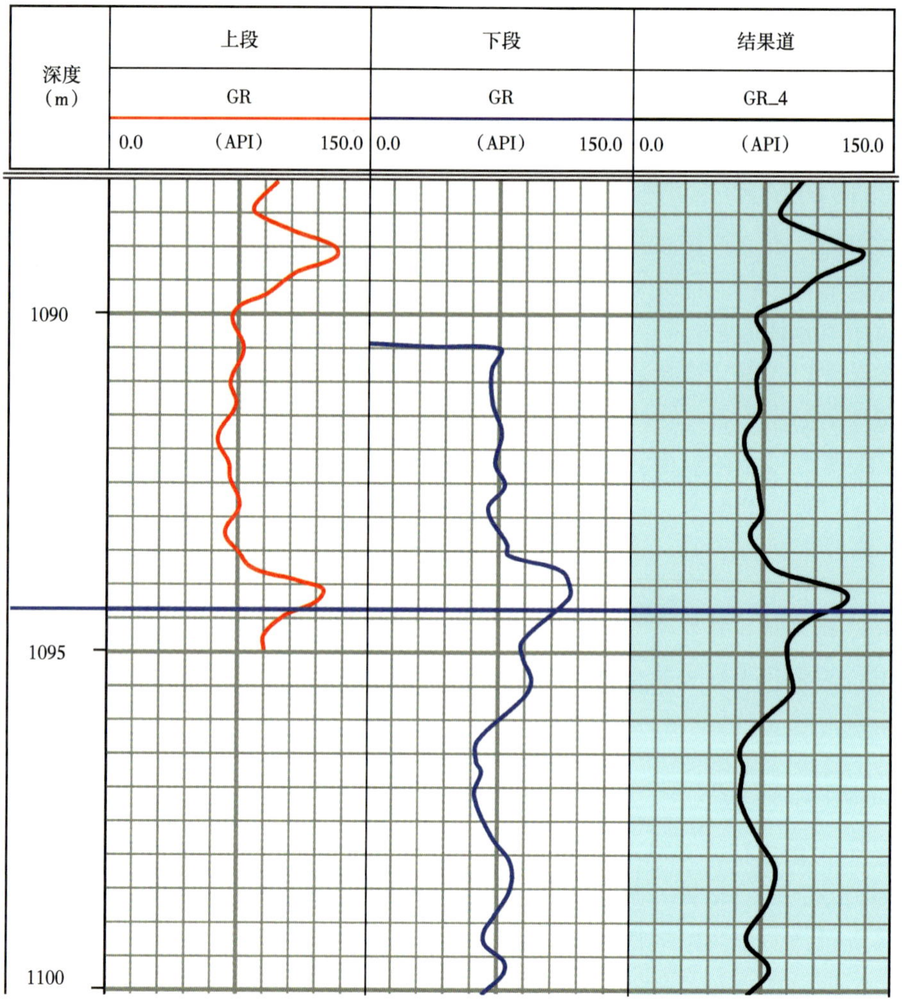

图 7-2-1 测井曲线拼接

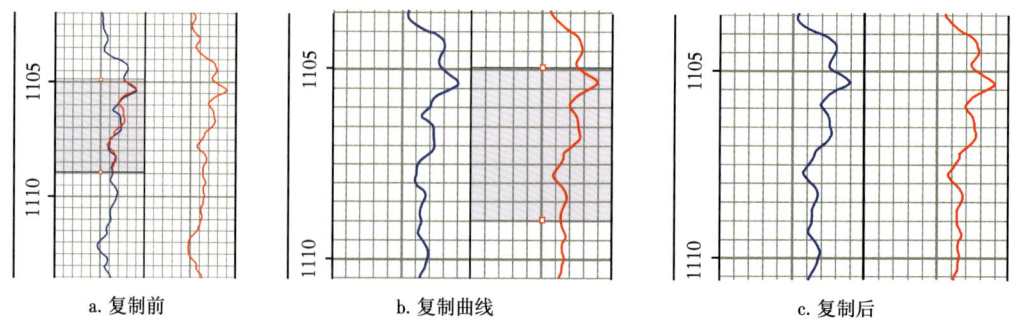

图 7-2-2 复制源曲线段

2. 数值编辑

数值编辑指的是以表格的形式编辑选定井段曲线数据，以便对个别异常深度点对应的曲线值进行修改（图7-2-3）。

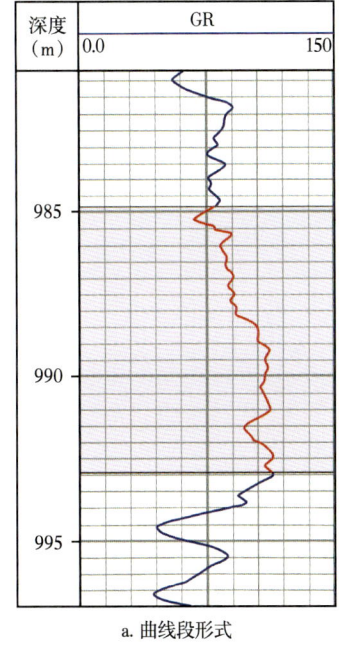

a. 曲线段形式　　　　　　　　　　　　　b. 表格形式

图 7-2-3　曲线数值编辑

3. 公式计算

根据测井一些经验公式对曲线数值进行相互转换来获得缺失数值。常见的是对曲线进行幅度上的加法/乘法校正，即双参数（$Y=AX+B$）校正方法，用户通过调整斜率 A 和截距 B 的数值，确定最终的编辑效果。如图7-2-4所示，对左侧曲线选定层段进行 $Y=X+5$ 的运算，并将运算结果用于两条曲线的空缺位置。

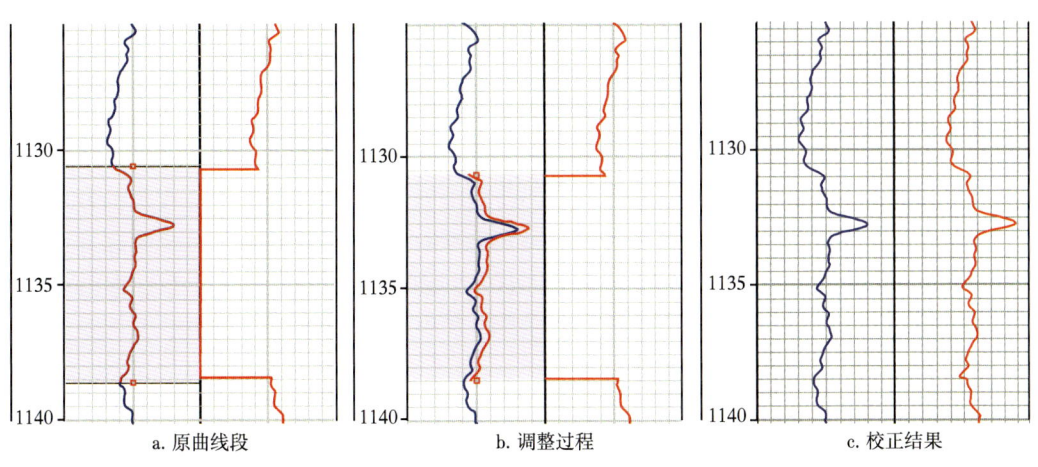

a. 原曲线段　　　　　　　　b. 调整过程　　　　　　　　c. 校正结果

图 7-2-4　公式计算

4. 曲线拉伸

曲线拉伸是指以图形化的方式,在横向上编辑曲线数据。这种方式操作方便,但是精确度较低,如图 7-2-5 所示。

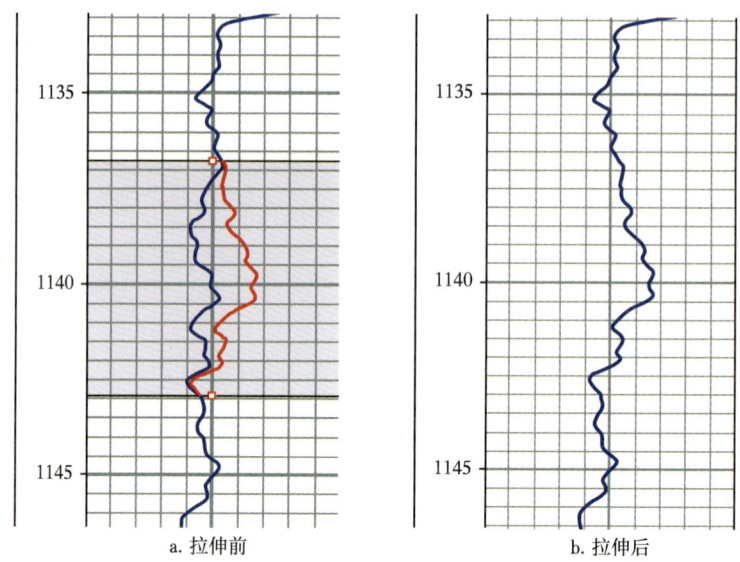

a. 拉伸前　　　　　　　　　b. 拉伸后

图 7-2-5　曲线拉伸

第三节　测井曲线滤波

受多种因素影响,测井曲线数据既包含地层特征信息,也包含了干扰信息。例如,核衰变、中子与原子核的作用、伽马量子与核电子的作用等均具有随机性质,从而导致核(放射性)测井曲线出现许多与地层性质无关的统计起伏变化。此外,某些测井曲线有时出现许多与地层性质无关的毛刺干扰,如碳酸盐岩剖面的声波曲线。显然,对这些具有统计起伏或毛刺干扰的测井曲线进行数据处理,会给计算的地层参数带来较大的误差。因此,在测井数据预处理中,必须设法滤除这些与地层性质无关的统计起伏和毛刺干扰,只保留曲线中反映地层特性的有用成分。

通常认为,带有统计起伏与毛刺干扰的测井曲线具有两种成分:一种是统计起伏、毛刺干扰之类的噪声,这类噪声具有随机性质,与地层性质无关;另一种是较长周期的有用信号,它是反映地层性质的趋势成分。曲线滤波的目的,就是要有效地抑制或消除这些噪声,同时又能很好地保留并分离出代表地层性质的有用信号。对于测井曲线中的噪声,常见的滤波方法有两类:一类是面向深度域的滤波方法,如最小二乘滑动平均法、加权平均法等;另一类是面向频率域的滤波方法,如快速傅里叶变换。

一、最小二乘滑动平均法

最小二乘滑动平均法就是根据最小二乘原理对当前采样点及邻近数点求取拟合曲线,将拟合曲线在当前采样点处的滑动平均值作为该点的采样值。按此方法逐点计算,便可得到一条平滑的数值曲线。根据拟合曲线的数学形式,可将所用计算公式分为线性函数平滑公式和二次函数平滑公式。

对于二次函数平滑，如常用的五点二次函数法的平滑公式为：

$$\overline{T}_i = \frac{1}{35}\left[-3(T_{i-2}+T_{i+2})+12(T_{i-1}+T_{i+1})+17T_i\right] \quad (7-3-1)$$

式中：T_i 与 $\overline{T}_i$ 表示前点的测井值与滑动平均值；T_{i-1} 与 T_{i+1} 表示当前点的前、后一点的测井值；T_{i-2} 与 T_{i+2} 表示当前点的前、后二点的测井值。

一般而言，对同一种平滑法，参加平滑的采样点数越多，短周期的毛刺干扰越受抑制，曲线越光滑；对于取同样多的点数来说，较高次方函数的平滑曲线要比较低次方函数的平滑曲线更接近于采样点的真实分布，平滑的效果也更精确。

二、加权滑动平均法

在线性平滑公式中，相邻采样点值对计算滑动平均值的贡献都一样。在某些情况下，使用等权平滑公式并不合理。当计算 T_i 点平滑值时，应当让 T_i 在计算中起较大贡献，即应该给它更大的加权系数，而该点前后的点应有较小的加权系数（赵军龙，2012）。

$$\overline{T}_i = \sum_{k=-m}^{m} g(k) T_{i+k} \quad (7-3-2)$$

公式（7-3-2）表示的就是加权滑动平均法，其关键在于：根据曲线在干扰情况下的平滑滤波效果，来适当选取加权系数 $g(k)$。$g(k)$ 又叫滤波因子，可用加权函数 $W(k)$ 来计算 $g(k)$：

$$g(k) = \frac{W(k)}{\sum_{k=-m}^{m} W(k)} \quad (7-3-3)$$

根据测井曲线上的统计起伏或毛刺干扰情况，可选用钟形函数、汉明函数等作为 $W(k)$ 来求 $g(k)$。

钟形函数：
$$W_k = e^{-a\left(\frac{k}{m}\right)^2} \quad (k \leqslant m) \quad (7-3-4)$$

汉明函数：
$$W_k = 0.54 + 0.46\frac{k\pi}{m} \quad (k \leqslant m) \quad (7-3-5)$$

由此可得，五点钟形函数法的平滑公式为：

$$\overline{T}_i = 0.11(T_{i-2}+T_{i+2}) + 0.24(T_{i-1}+T_{i+1}) + 0.37T_i$$

三、傅里叶变换及逆变换法

从信号分析角度看，前述滤波方法都是在空间域进行的运算，利用傅里叶变换进行数据滤波则是基于数据在频率域和空间域之间的转换特性。傅里叶变换是一种将信号从时间域（或空间域）转换到频率域的数学工具，它揭示了信号中不同频率成分的分布情况。在数据滤波中，利用傅里叶变换的这一特性来分析和修改信号的频率成分，以达到去除噪声、提取有用信息或改变信号特性的目的。

使用傅里叶变换滤波的流程可以概括为：

（1）傅里叶变换：对原始测井曲线进行快速傅里叶变换，将其从时间域转换到频率域。在频率域中，信号被表示为不同频率成分的叠加，每个频率成分都有一个对应的幅度和相位。

（2）设计滤波器：在频率域中，根据滤波需求设计滤波器。滤波器可以是低通、高通、带通或带阻滤波器，用于去除或保留特定频率范围内的信号成分。滤波器的设计通常涉及截止频率、过渡带宽和衰减特性等参数。

（3）应用滤波器：将设计好的滤波器应用于频率域中的信号。这个过程通常涉及将滤波器的频率响应与信号的频率谱相乘，以抑制或增强特定的频率成分。

（4）傅里叶逆变换：对经过滤波处理的频率域信号进行逆傅里叶变换，将其转换回时间域。这样，就得到了滤波后的信号，其中不希望的频率成分已被去除或减弱。

第四节 测井曲线的环境影响校正

对于以井眼为测量"窗口"的测井技术来说，测井仪器的响应主要来自井眼及其周围地层的贡献。因此，每种测井曲线都不可避免地要受到以井眼和钻井液为主体的各种环境因素的影响，这些非地层因素的环境影响会对所探测地层信息造成干扰。环境影响校正就是从测井曲线中去除这些非地层因素信息成分的过程。

一、常见影响因素

1. 井眼的影响

井眼影响主要指井径（扩径）、井眼几何形状的影响，如井眼不规则、螺旋形井眼、椭圆形井眼以及井壁坍塌等。此外，仪器居中与偏心、仪器与井壁间的间隙、仪器贴井壁装置与井壁接触情况对某些仪器的测井响应也会产生影响。

一般而言，在井眼严重扩径条件下，测井仪器记录的信号往往不是地层特征的反映，而主要来自钻井液。这时自然伽马曲线幅度明显偏低，能谱测井的铀、钍、钾曲线也明显降低，密度曲线数值大大减小，声波曲线出现显著的周波跳跃或数值增大，中子孔隙度也增大，微电极曲线在渗透层段出现反常的显示，电阻率曲线出现不同程度的降低，尤其是浅探测视电阻率曲线幅度降低得更明显等。在严重扩径的井眼中，往往出现井眼几何形状极不规则、井壁凹凸不平、测井仪器常常遇卡等情况，贴井壁仪器与井壁接触很差，导致测井曲线严重畸变，不能真实地反映地层性质。

此外，一些下井仪器是在一定的井径条件下刻度的，如中子测井仪通常是在直径为 $7\tfrac{7}{8}$in（约20cm）的石灰岩刻度井中刻度的，即使没有井壁坍塌，但只要实际井径和刻度时的井径不同，也是需要校正的。现代测井技术中，有的在数据采集过程中已对井眼进行校正，有的则需要在数据预处理中进行（李舟波等，2003）。

2. 钻井液的影响

钻井液的影响主要指井内钻井液的密度、电阻率、矿化度、添加剂（重晶石、氯化钾等）、滤饼和钻井液侵入等非地层因素影响，以及由于钻井液浸泡引起邻近井壁部分地层的物理性质发生变化。

研究表明，钻井液性能对测井质量也有严重的影响。当用盐水钻井液钻井时，由于井眼内高电导率钻井液在井轴方向的分流作用，导致测量的视电阻率明显降低，形成的低电阻率侵入带导致视电阻率偏低。在钻井液侵入时尤为突出，严重时可能造成油气层呈低电阻率的水层显示，导致油气层评价失误；当钻井液滤液电阻率（R_{mf}）与地层水电阻率（R_w）接近时，储层自然电位（SP）曲线几乎呈直线显示，失去了区分渗透层的能力。当钻井液中含有大量重晶石时，岩性密度测井曲线严重失真，特别是具有良好鉴别岩性能力的光电吸收截面指数曲线严重畸变。同时，钻井液密度过大，也易造成仪器严重遇卡，导致所测曲线严重畸变。当采用氯化钾钻井液时，钾盐会使自然伽马和能谱测井中的钾曲线数值明显偏大，导致无法真实反映地层的自然放射性；钻井液中氯离子也会引起中子测井曲线畸变。实践表明，水基钻井液长时间浸泡能造成泥岩蚀变和井径扩大，从而使测量的声波时差和中子孔隙度明显增大，密度值明显偏低。因此，钻井液性能对测井质量起着至关重要的作用。当采用不适当的钻井液时，测井曲线严重畸变，不能真实地反映地层及孔隙流体的性质，不能有效地用于油气层解释。

3. 围岩的影响

对许多测井仪器来说，围岩对目的层测井响应的影响也很明显，特别是深探测仪器在探测薄层的时候更是如此。

任何一种测井方法都会受到环境影响，只不过由于探测机制与传感器不同，所受的影响在性质和程度上也存在差异。例如，浅探测仪器受井眼条件的影响明显大于深探测仪器，围岩对浅探测仪器的影响又明显小于深探测仪器，非贴井壁的测井仪器受井内钻井液的影响远大于带推靠器的测井仪器。此外，非地层因素的环境影响往往是随机而复杂的，其直接结果是使原始测井数据畸变与失真，给测井解释与地层评价带来许多困难，直接影响到测井数据处理解释、储层评价和地层分析的效果与精度。

由此可见，良好的钻井液和井眼条件是保证测井信息质量和解释成功率的必要条件，同时也说明对测井资料进行环境影响校正的必要性与重要性。因此，在测井解释前，特别是在用计算机对测井数据进行定量计算之前，都必须对原始测井曲线进行必要和适当的环境影响校正，尽可能地消除环境因素的影响，使校正后的测井曲线尽可能真实地反映地层及孔隙流体性质。

二、影响因素校正

目前，对测井曲线进行环境影响校正的方法主要包括解释图版法和计算机自动校正法。

解释图版法是根据理论计算或实验结果作出解释图版，然后用它对测井曲线进行各种环境影响校正，得到受环境影响较少、反映地层及其流体性质更真实的曲线数据，再进行测井解释。显然，这种人工解释图版作校正的方法，只能对特定储层的特定测井曲线进行个别环境影响因素的校正，它既不适合于计算机数据处理，也不能对井段所有地层进行比较全面的校正。

计算机自动校正法指的是根据利用理论研究或解释图版得出的校正公式，编制专门的测井曲线环境影响校正程序。这种方法的优点是可以对全井段所有地层的测井曲线进行各种影响因素的校正，方法简单、迅速、有效。因此，现在一般均采用专门的校正程序，用计算机来进行测井曲线的环境影响校正。

国外的斯伦贝谢、贝克休斯和哈里伯顿等公司均制作了与它们制造仪器相配套的解释图版，也有成套的测井曲线环境影响校正软件。我国相关单位也相继开发出适用于国外引进仪器和国产仪器的环境校正软件，对各种测井曲线进行环境影响校正的解释图版多达几十张，校正公式多达数百个。需要注意的是，用于环境影响校正的图版及校正公式，都是针对各公司测井仪器特性，模拟不同环境条件而研制出来的，有一定的适用范围。因此，在使用解释图版和校正公式时，应根据所用仪器的类型及具体条件来选择相应的解释图版、校正公式以及合理的参数，才能获得最佳的校正效果。应当指出，尽管目前已有成套的解释图版及环境影响校正软件，但由于地层与井眼情况复杂，各种环境影响的随机性和复杂性致使应用这些图版和软件进行环境影响校正时，还难以取得良好的效果。特别需要指出的是，某些测井曲线以及围岩和钻井液侵入等因素的影响校正，至今尚未得到很好的解决。因此，测井曲线环境影响校正仍然是测井学家面对的重要研究课题。

第八章 交会图

交会图是用于表示地层测井参数或其他参数之间关系的图形,是测井数据处理与综合解释的强有力工具。本章分析了测井交会图的应用需求及测井软件交会图模块研发需要考虑的主要问题,在此基础上重点介绍了测井软件交会图模块的整体架构设计、交会图绘制的系列关键技术以及常用的交会图辅助分析工具。

第一节 测井常用交会图

在测井数据处理与综合解释过程中,常用的交会图有直方图、交会图版、频率交会图、Z值图等。测井资料处理解释人员常用它们来检查测井曲线质量、进行曲线校正、鉴别地层矿物成分、确定地层岩性组合、分析孔隙流体性质、选择解释模型和解释参数、计算地层地质参数、检验解释成果及评价地层等。交会图用途十分广泛。

一、直方图

直方图是表示绘制井段内某测井曲线值或地层参数的频数或频率分布的图形。一般用横坐标轴代表测井曲线值或地层参数,并将其分为若干个等间距的区间;统计给定井段内落入各个区间的采样点数(频数),以频数为纵轴显示出来,便得到频数分布直方图,如图 8-1-1 所示。此外,也可以计算各区间采样点的相对频率(该区间采样点数与总采样点数之比),相对频率用纵轴显示出来,便得到频率分布直方图。频数直方图与频率直方图的形状相同,只是纵轴的标度不同。

根据直方图可以方便地研究给定井段内测井值或地层参数的统计分布特征,特别是由它的峰值可以快速估计出测井曲线或地层参数的平均值。在测井数据处理与资料综合解释过程中,常用直方图来检查测井曲线质量、进行曲线标准化、确定地层岩性、选择解释参数等。

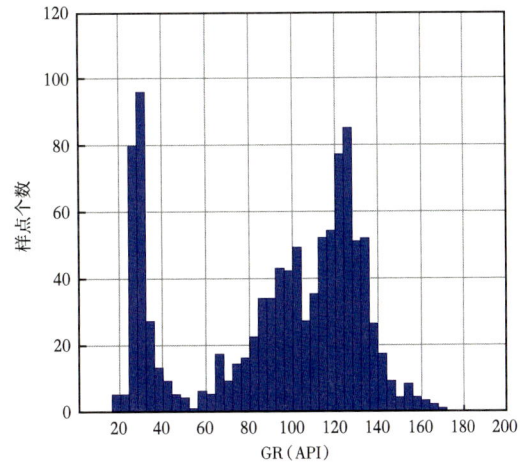

图 8-1-1 自然伽马 GR 直方图

二、交会图版

交会图版是将两条测井曲线或其他地层参数在平面坐标内进行交会显示的一种图形,如图 8-1-2 所示。根据数据点在交会图上的位置可以分析地层岩性、物性、含油性等相关性质。

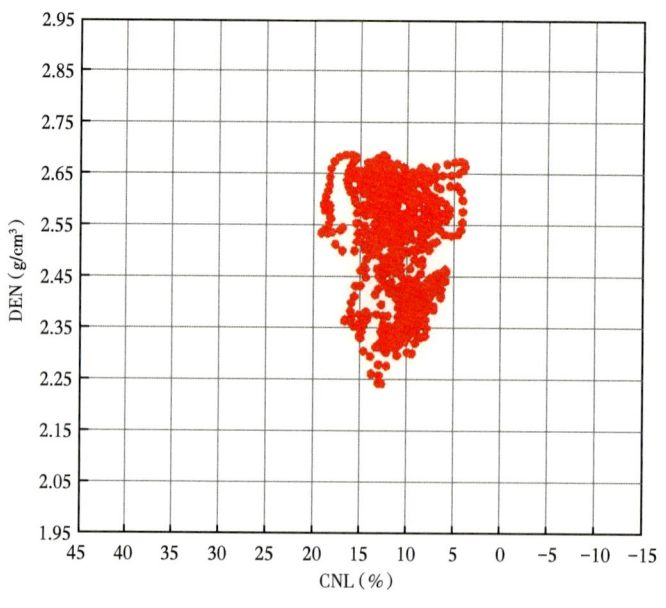

图 8-1-2　中子—密度常规交会图

三、频率交会图

频率交会图是将 $X\text{-}Y$ 坐标平面划分为多个单元网格，统计并显示绘制井段内各个采样点 X、Y 两条曲线的数值落在每个单元网格中采样点数的一种直观图形，如图 8-1-3 所示。图中横轴为中子曲线 CNL，纵轴为密度曲线 DEN，坐标点（15.0，2.35）上的数字为 4，表示在该绘制井段内，满足条件中子测井值为 15.0%、密度测井值为 2.35g/cm^3 的采样点共有 4 个。

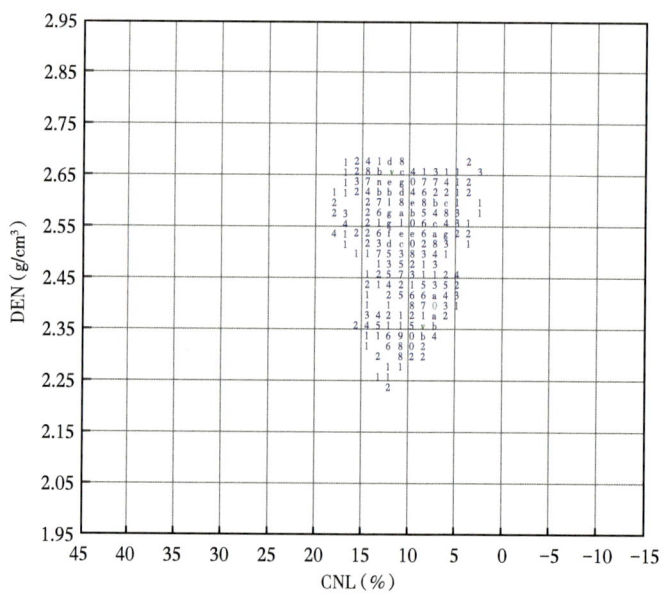

图 8-1-3　中子—密度频率交会图

四、Z 值图

Z 值图是在频率交会图基础上引入第三条曲线 Z 作成的图形。Z 值图上的数字表示落入每个单元网格中所有采样点第三条曲线 Z 数值的平均级别，如图 8-1-4 所示。图中横轴为中子曲线 CNL，纵轴为密度曲线 DEN，第三条曲线 Z 为自然伽马 GR 曲线，坐标点（15.0，2.35）上显示的数字 2，表示满足条件中子测井值为 15.0%、密度测井值为 2.35g/cm^3 的所有采样点自然伽马曲线数值的平均级别为 2。

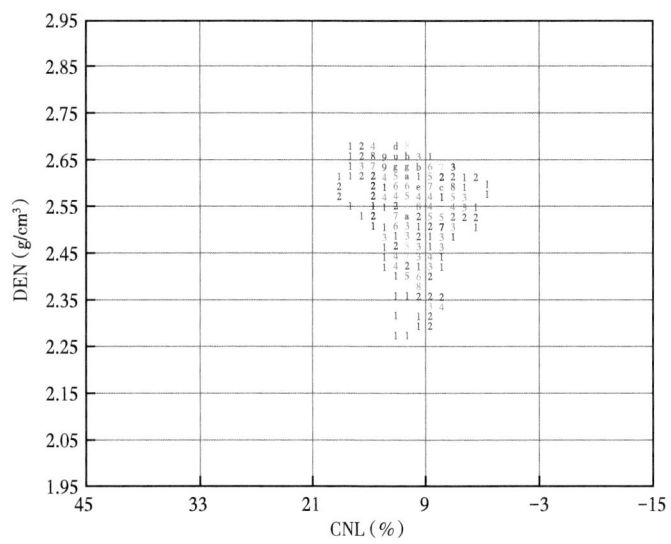

图 8-1-4　中子—密度—自然伽马 Z 值图

第二节　交会图模块开发

交会图不仅是显示工具，更是测井数据处理与资料综合解释的重要辅助与分析工具，是测井处理解释软件的重要组成部分。根据交会图的实际应用需求，交会图模块结构框架设计需重点考虑以下几个问题：

一是数据源类型。测井交会图的数据源类型多样，从井次数量上可以分为单井数据与多井数据；从数据类型上可以分为常规测井曲线数据、离散数据、表格数据、文本数据等。

二是数据交会方式。测井交会图需要支持不同类型数据的交会分析，例如两条采样间隔不一致的常规测井曲线数据交会、常规测井曲线数据与离散数据交会、离散数据与离散数据交会等。此外，为了利用多种数据信息进行综合分析，需要实现三维甚至更高维度的数据交会。

三是交会图显示类型。传统的测井交会图主要包括常规交会图、频率交会图、Z 值图与直方图。为了增强交会图的辅助分析能力，需要进一步扩充多井多层段数据交会、多参数增维交会等数据交会显示方式。

四是交会图显示与交互速度。实际测井处理解释过程中，可能要在交会图上显示几十甚至几百口井数据,并进行复杂的交互操作以及和其他图件间的通信联动等。因此,需要不断提高交会图的显示与交互速度。

围绕上述核心问题,基于测井软件平台模块化的设计思想,测井交会图模块的整体架构建议采用分层的结构框架(原野,2016),如图 8-2-1 所示。

图 8-2-1　测井软件交会图模块整体架构

模块的整体架构自下而上分为数据层、支持层和显示层。数据层对不同类型数据进行整理与规范,为交会图显示提供统一的数据基础;支持层为交会图分析提供数据交互、数据通信等功能的底层支持;显示层用于提供包括常规交会图、频率交会图等多种交会图的显示方式,同时支持后续其他类型交会图的扩展。

交会图的高效显示与快速交互是交会图技术有效应用的关键。交会图模块研发过程中,需要对交会图数据访问、数据显示等关键技术进行持续优化(原野等,2020),不断提升交会图的交互与显示效率。

一、数据访问

交会图需要支持多种类型数据的交互显示,构建合理的数据底层是利用交会图进行数据分析的基础,一种常用的交会图数据底层结构如图 8-2-2 所示。其中,数据层将数据整理与规范后加入数据集中,并建立对应数据的索引集。交会图模块的上层通过数据访问接口获取数据集与索引集,交会图利用轴索引从数据集中获取相应的数据系列进行显示,每一个数据系列就是一组数据集合。该数据结构具有以下几方面优势:

1. 显示方式灵活

在数据集中不变的情况下,通过改变轴索引可以直接控制交会图的数据显示方式。例如,调换 X 轴与 Y 轴的索引即可将 X 轴与 Y 轴的数据进行互换显示。此外,利用索引集可以快速筛选出用户关注的层段数据,从而方便用户针对指定层段的数据进行交会分析。

2. 数据类型容易扩展

当需要支持新的数据类型时,只需按照数据访问接口的层次关系进行继承与实现,就能在保证原有数据访问方式不变的情况下,对新的数据类型提供支持。以建立直方图数据层为例,直方图只统计单一维度数据的分布规律,虽然其显示方式与交会图不同,但按照前面设计的数据层次结构，在数据集不变的情况下，只需建立 X 轴索引集，就可以实现对直方图的数据访问。此外，交会图上有时需要表现三维甚至更高维度的数据信息，该数据结构支持多维数据的读写，并能快速地扩展多维轴索引集。

3. 支持多井多层段数据快速交会显示

在多井多层段数据交会分析过程中，往往需要将每一口井、每一个层段的数据分别显示在不同的交会图中。利用上述数据结构，建立一个包含所有井数据的数据集，每个交会图共用同一个数据集，但是建立独立的索引集，可以实现数据的高效访问，同时交会图之间不会相互影响。

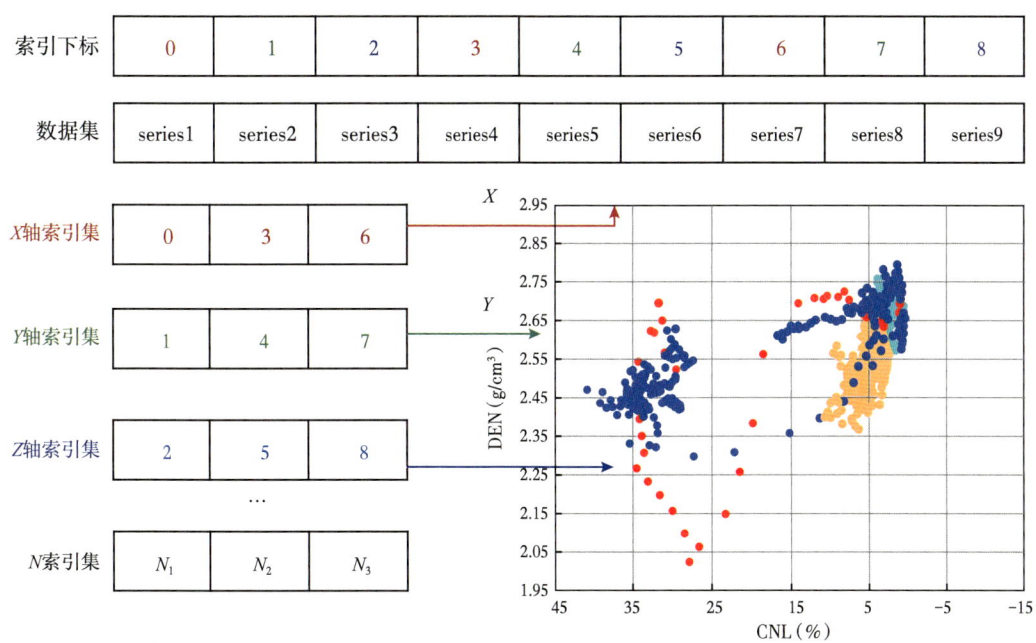

图 8-2-2 交会图模块底层数据的访问结构

二、网格化显示

进行多井多层段数据的交会显示时，数据量较大，且交会图上数据点大多集中分布在较小的区域范围内，数据点间往往相互遮挡和重叠，重复绘制被遮挡点和重叠点效率较低。此外，交会图中进行交互操作时，例如选取部分数据点，需要遍历所有数据点，严重影响了交会图的显示和交互性能。

在此介绍一种基于四叉树索引的显示方法来提高交会图的显示速度。该方法基于四叉树空间索引技术，将交会图的二维平面等分为四个子空间，根据数据点的分布将子空间继续划分为不同层次的四叉树子空间，依次递归直至树的层次达到一定深度或者满足某种要求后停止。交会点存储在叶子节点上，中间节点以及根节点用于存储所包含子节点的统计信息，例如叶子节点总数、叶子节点平均值、叶子节点最大值和叶子节点最小值等，如图 8-2-3 所示。子空间包含多个数据点时，只显示最后插入的数据点，其他点被看作覆盖点不显示。上述方法能最大限度地过滤掉被遮挡与重叠的数据点，在大数据量情况下可以极大提高交会图显示效率。

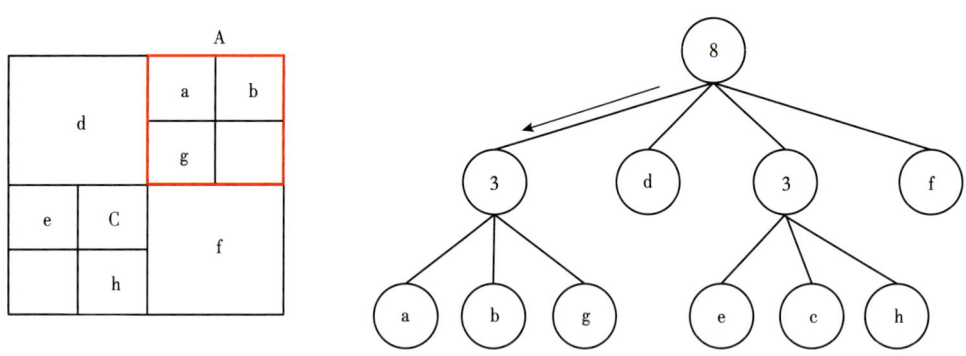

图 8-2-3　基于四叉树索引的交会图数据显示

此外，采用四叉树索引的显示方法可以极大减少交互操作时数据的遍历次数和计算量，显著提升交会图的交互性能。例如，在交会图上选取特征点时，首先获取选择区域与网格相交的全部网格单元，再遍历相交的网格单元即可得到相应的特征点。如图 8-2-4 所示的椭圆区域，遍历交会图的四叉树索引时，只有 A 节点与选择区域相交，可以排除其他三个中间节点，进一步遍历 A 节点下的全部子节点，即可得到最终选择的数据点 a 和 b。

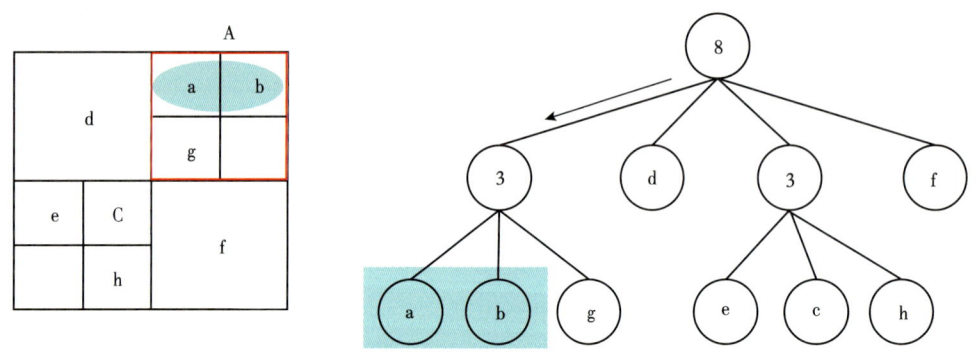

图 8-2-4　基于四叉树索引的交会图数据遍历

三、组件式开发

交会图种类较多，为了满足不同类型交会图的显示需求，可以采用组件化方式对交会图显示层进行设计与实现。组件是对数据和方法进行封装后形成的具有特定功能的对象，交会图各个组成部分可以封装成不同的组件单元，如图 8-2-5 所示。各个组件之间相互独立，只通过外部接口关联，可以最大限度地解耦。利用各个组件即可组装形成满足实际应用需求的不同类型交会图。

此外，通过布局管理器可以对交会图中的组件进行统一管理与调度。当交会图类型、显示内容、尺寸、位置等发生改变时，布局管理器会根据当前情况自动计算交会图中每个组件的位置与大小，使交会图按照不同布局方式进行显示。图 8-2-6 为一种常见的布局管理器结构，中心区域显示坐标平面与数据点，北区域显示图头信息与 X 轴数据的直方图，东区域显示 Y 轴数据的直方图，南区域显示色标与输出信息，东北区域显示数据点的统计分布信息，其他区域可以按照实际需求显示相应的内容。

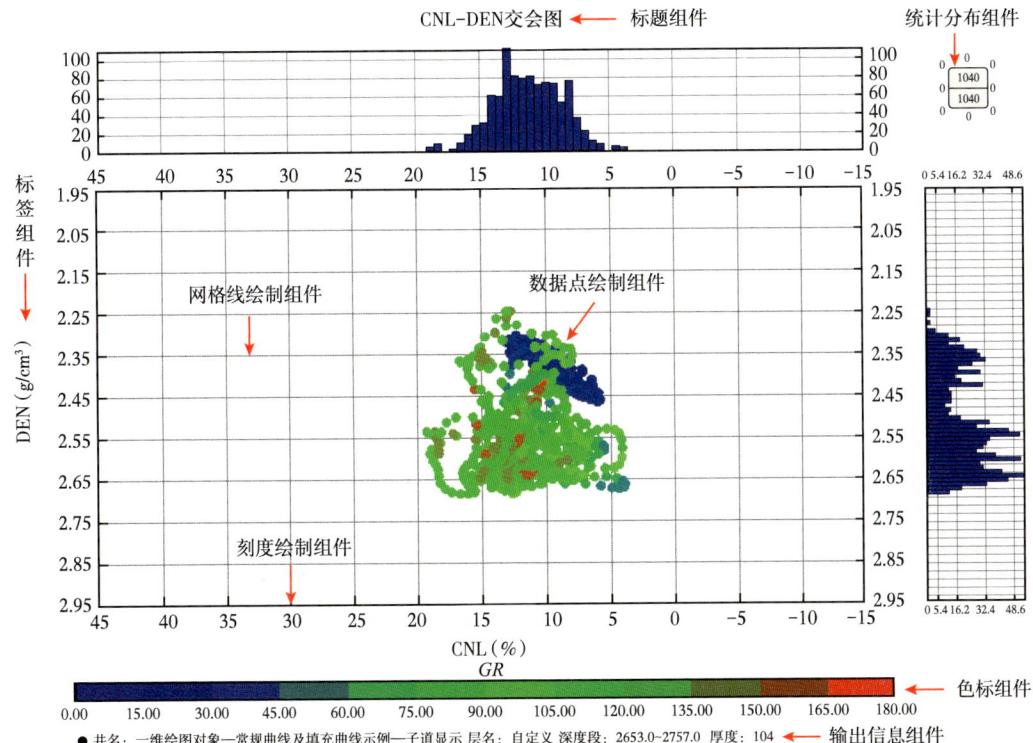

图 8-2-5 交会图主要绘制组件

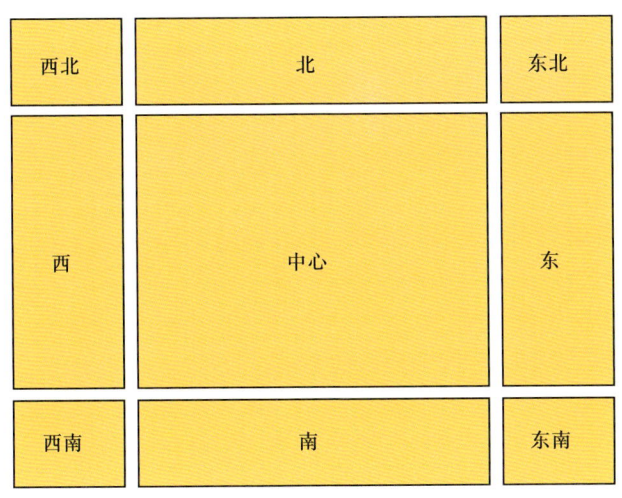

图 8-2-6 基于中心布局的交会图布局结构

采用组件化的设计方式可以实现交会图模块功能的重复利用,扩展性强且易于维护,大幅提升开发效率。

第三节 交会图辅助分析工具

为了更加方便地辅助用户进行数据的交会分析,在交会图支持层可以增加以下常用

- 83 -

的交会图辅助分析工具来满足实际应用的需要。

一、表达式解析工具

交会图应用过程中，有时需要进行测井曲线的单位转换、添加曲线附加值校正、设置数据显示的过滤条件等操作，需要对表达式进行自动解析与计算。

数学表达式中包括变量、常量、运算符与函数。表达式解析是把表达式中的字符提取出来，确定各个字符代表的意义，并形成后续计算的数据结构。表达式解析后的数据存储结构主要有两种：栈结构和二叉树结构。对于一些复杂的表达式，如函数参数不定、存在方法嵌套等情况下，采用栈结构较难实现。在此主要介绍基于二叉树结构的表达式解析方法，解析过程如图 8-3-1 所示。

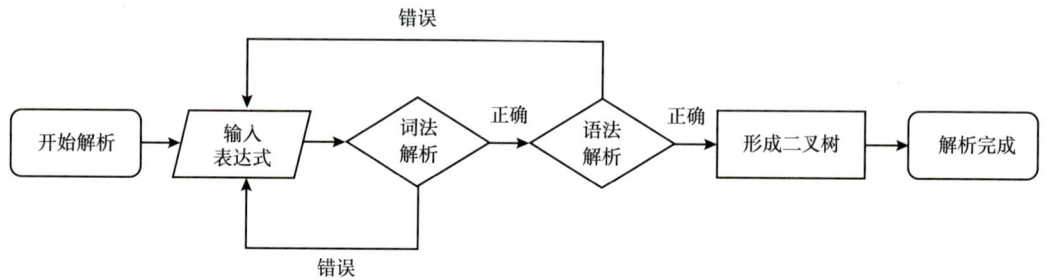

图 8-3-1 基于二叉树结构的表达式解析流程

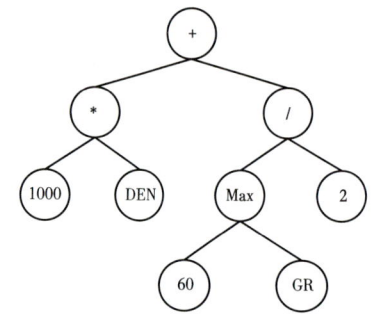

图 8-3-2 表达式解析的二叉树存储结构

例如，对于数学表达式 1000*DEN+Max（60，GR）/2 的解析，其中 DEN 与 GR 为测井曲线，Max 为计算最大值函数，表达式解析后生成的二叉树结构如图 8-3-2 所示。

由表达式解析后生成的二叉树存储结构可知，父节点是运算符，叶子节点是操作数，因此使用二叉树的中序遍历就能完成表达式的计算。以某井中子—密度交会图为例，设置过滤条件"GR < 100"前后的显示结果如图 8-3-3 所示。

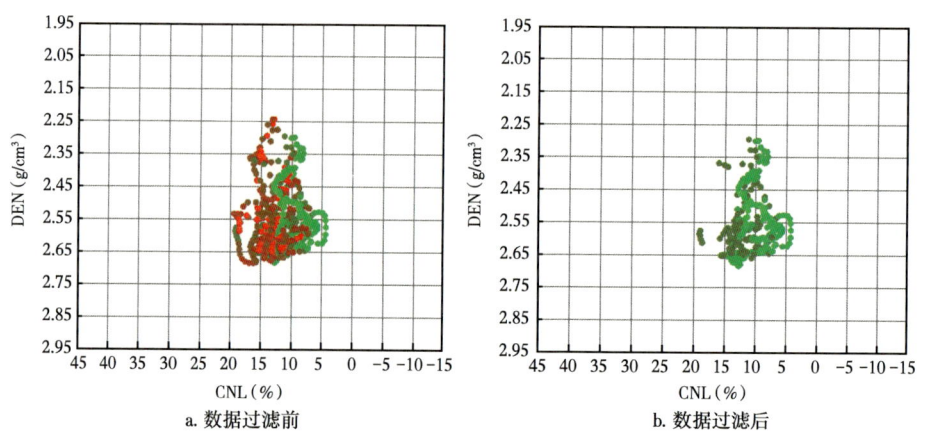

图 8-3-3 交会图模块过滤器显示效果

二、多井多层段交会图分析工具

在多井、多层段数据交会分析过程中，不同井、不同层段的数据往往需要以合并或拆分等方式进行显示。利用多井多层段交会分析工具，可以快速实现不同的交会显示方式，如图 8-3-4 所示。图 8-3-4a 为多个层段数据的合并显示效果，图 8-3-4b 为多个层段数据的拆分显示效果。

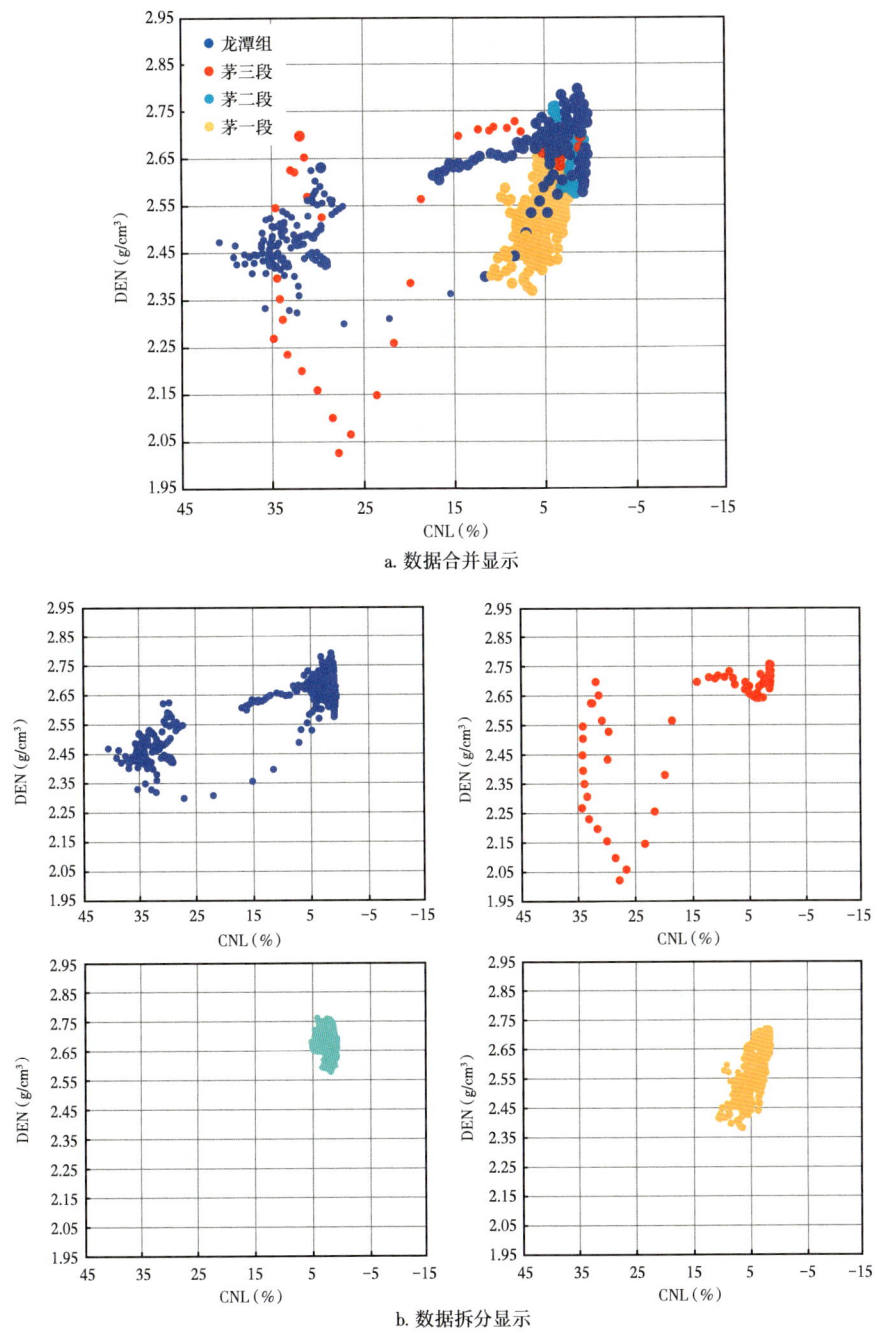

图 8-3-4　多井多层段数据交会分析

三、多图件交互协同分析工具

测井处理解释过程中常常需要综合交会图和其他测井图件来辅助分析。多图件交互协同分析工具通过数据通信的方式来实现交会图与其他图件间的数据通信和交互协同，如图 8-3-5 所示。

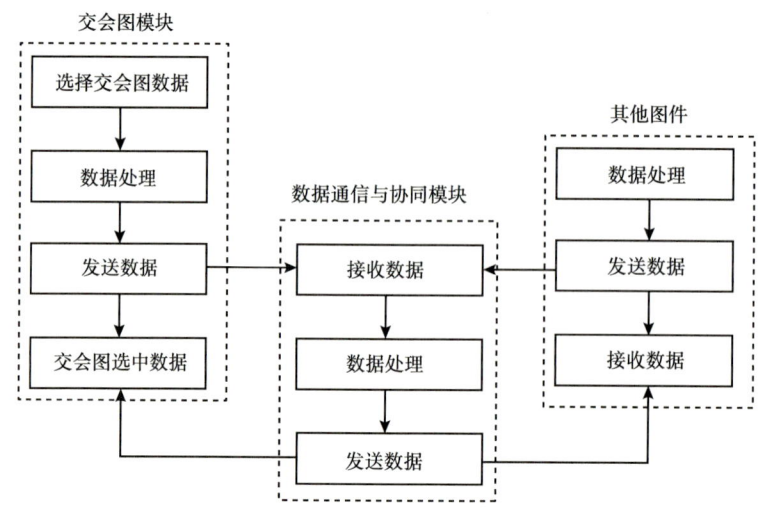

图 8-3-5　交会图与其他测井图件的通信方式

例如，利用多图件交互协同分析工具可以快速分析交会图上的数据点在井段上的深度分布和数据点的测井综合响应。首先，在交会图上选择需要分析的数据点，向测井综合绘图发送通信消息，在测井综合绘图上即可查看在交会图上选中的数据点所在的深度位置与对应深度位置的测井综合响应，如图 8-3-6 所示。图中交会图上黑色边框区域内的数据点在测井综合绘图上的对应深度如图上蒙版区域所示。

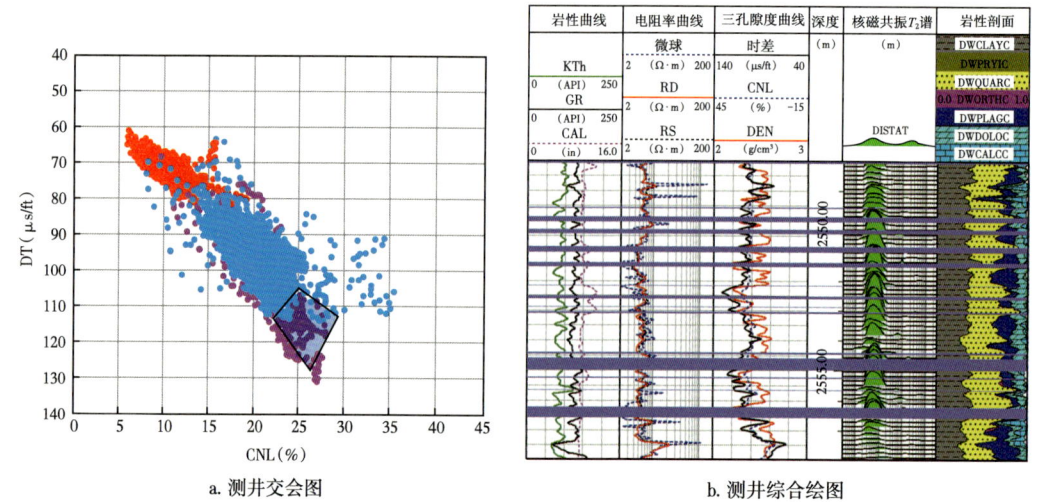

a. 测井交会图　　　　　　　　　　　　b. 测井综合绘图

图 8-3-6　交会图与测井绘图的交互通信

此外，利用多图件交互协同分析工具可以快速对测井综合图上指定深度段的数据进行相应的数据交会分析。首先建立需要分析的交会图类型，在测井综合图上选择相应的深度段，向前面建好的交会图发送通信消息，即可在交会图上对指定深度段的地层性质进行分析，如图 8-3-7 所示。图中测井综合绘图上选中的深度段数据在交会图上以高亮方式显示。

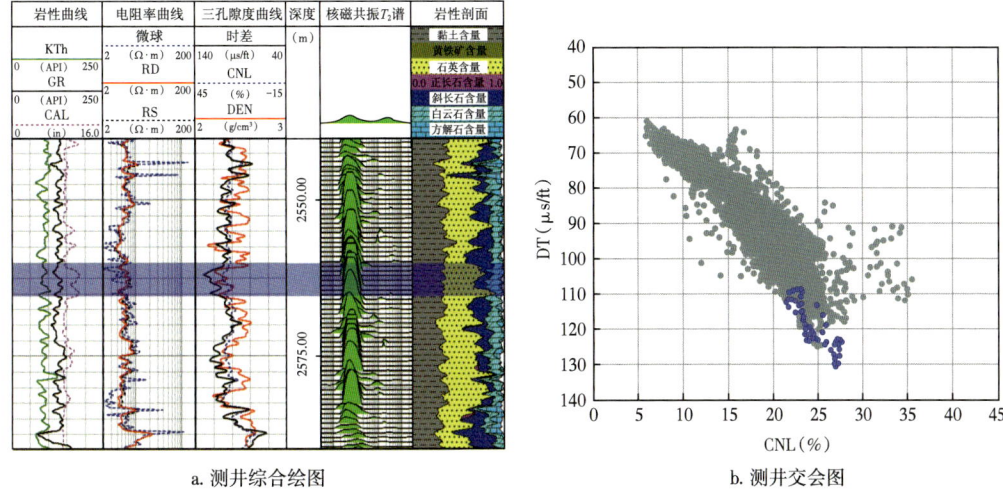

a. 测井综合绘图　　　　　　　　　　　b. 测井交会图

图 8-3-7　测井综合绘图与交会图的交互通信

四、图版辅助解释工具

测井处理解释过程中，参数之间的关系往往难以用解析的形式进行表达，针对实际需要解决的问题建立相应的图版是一种比较有效的方法。目前，主流测井软件提供的交会图图版接近 200 个，在计算地层矿物成分、确定地层岩性组合、分析孔隙流体性质等方面发挥了巨大作用。图 8-3-8 为实际常用的中子—密度测井交会图图版，主要用于辅助测井解释技术人员确定地层矿物类型和地层孔隙度等参数。图中纵坐标是体积密度，横坐

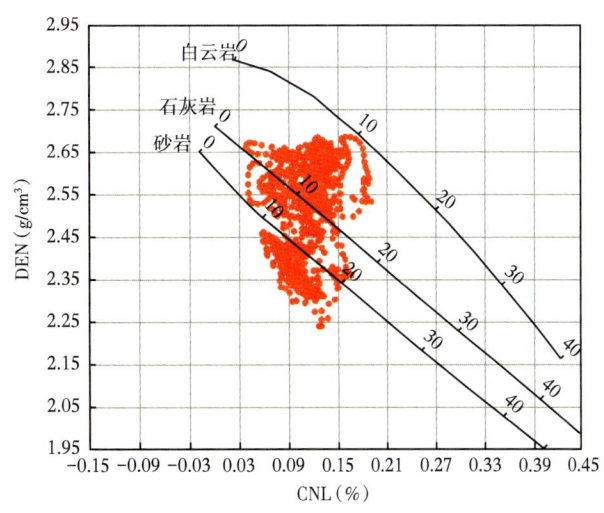

图 8-3-8　中子—密度交会图图版

标是按石灰岩刻度的中子测井视石灰岩孔隙度（均进行过井眼校正）。实际处理解释过程中，根据数据点在图版上的位置便可直接确定地层的岩性、物性等相关参数。

第九章　测井成果图

测井成果绘图是展示各类测井信息的综合化绘图工具，是测井处理解释软件的重要组成部分。测井软件成果绘图模块不仅要实现现有各种测井图件的绘制和复杂的交互操作功能，还应具有可扩展性，可以快速绘制未来可能出现的新型测井图件。本章分析了测井成果绘图模块的功能需求，在此基础上重点介绍了测井软件成果绘图模块的整体架构设计和常见绘图对象的绘制方法。

第一节　绘制内容

测井综合解释成果图主要由图头、绘图体和图尾三大部分组成。各个部分绘制完成以后，按照具体的格式要求进行排版，然后打印输出实际需要的各种成果图件。

一、绘图体

绘图体是测井图件的主体部分，主要进行测井、地质、岩心分析等资料的可视化绘制，如图 9-1-1 所示。其中，绘图对象是展示测井、地质、岩心等数据的最基本图形元素。

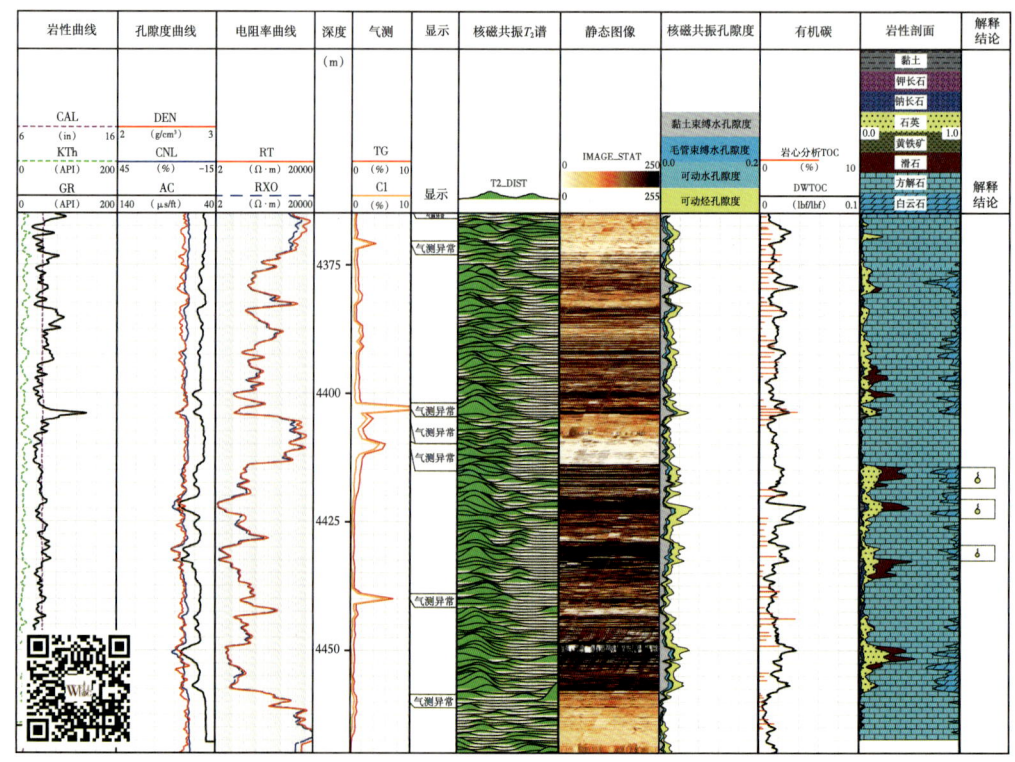

图 9-1-1　测井处理解释成果图

二、图头和图尾

测井成果图的图头和图尾主要用于显示测井资料采集、数据处理解释、结论和成果表等相关信息，一般是绘图体的补充和说明，是测井处理解释成果的重要部分。图头和图尾的绘制方式类似，如图 9-1-2 所示。对于同类型测井资料的成果输出，其图头图尾一般有固定的格式。实际应用中，一般只需制作好相应的图头和图尾模板，就能快速完成同类图件的制作，不仅便于用户使用，也保证了图件形式统一。

XXX井　测井曲线图					
比例尺：1:200					
油田公司			测井监督		
服务公司			测井工程师		
测井日期		井位坐标	X:	海拔高度	
测量井段	2934.1~3735.0m		Y:	补心高度	
测量系列	CSU	钻井液	类型	钾钙基聚磺	
测井井底深度	3742.0m		密度	1.30g/cm³	pH值：10
测井套管鞋深度	2936.5m		黏度	50s	失水量
钻头程序	215.9mm×3735.0m		电阻率	0.220Ω·m	17.5℃
套管程序	244.48mm×2934.1m		钻井液电阻率	0.161Ω·m	17.5℃
井底温度	80.5℃		滤饼电阻率	0.281Ω·m	17.5℃
测井项目	RT，RI，GR，SP				
技术说明					

图 9-1-2　测井图头

三、成果表

测井软件中的成果表绘制，是将测井数据处理与资料综合解释过程中产生的解释结论、岩性剖面等数据，生成日常使用的测井解释成果表、成果统计表或其他普通表格。用户可以将原始曲线、成果曲线等按一定的数值统计方式加入成果表中，也可以根据实际应用需求生成相关测井解释结论的统计报表等。

在成果表的建立过程中，首先需要添加成果表的表现要素来进行成果表的结构设计，例如在成果表结构中添加层号、开始深度、结束深度、层厚、部分测井曲线以及解释结论等。此外，可以设置成果表中测井曲线的统计方式，包括最大值、最小值、平均值等多种方法，用户可以根据实际需要进行相关成果的统计，见表 9-1-1。

表 9-1-1　测井成果表

层号	起始深度（m）	结束深度（m）	层厚（m）	GR（API）	RT（Ω·m）	RXO（Ω·m）	DEN（g/cm³）	CNL（%）	AC（μs/ft）	VSH（%）	POR（%）	S_w（%）	解释结论
1	3445.50	3450.00	4.50	65.69	6.76	3.22	2.45	17.02	81.31	8.47	13.97	43.74	油层
2	3467.90	3469.30	1.40	67.63	4.38	2.97	2.48	14.95	77.90	12.07	9.71	66.54	干层
3	3470.30	3473.40	3.10	63.82	5.31	3.02	2.35	13.32	81.56	6.98	17.96	39.84	油层
4	3485.20	3486.90	1.70	76.84	7.18	4.94	2.48	13.45	71.92	19.94	8.62	56.92	干层
5	3508.00	3513.50	5.50	72.62	3.33	2.15	2.32	19.14	77.60	14.36	13.65	66.56	水层

对于同一个地区而言，成果表的结构往往是固定的。将建立好的图表结构以模板的形式保存在软件系统中，对一口新井进行成果统计时，选择相应的模板即可生成对应的成果表。

四、排版打印

一份完整的测井综合解释成果图一般包含图头、测井绘图、成果表、图尾等多个方面的内容。实际一般先进行各个部分的单独绘制，最后按照要求以一定的格式进行排版打印输出，如图 9-1-3 所示。

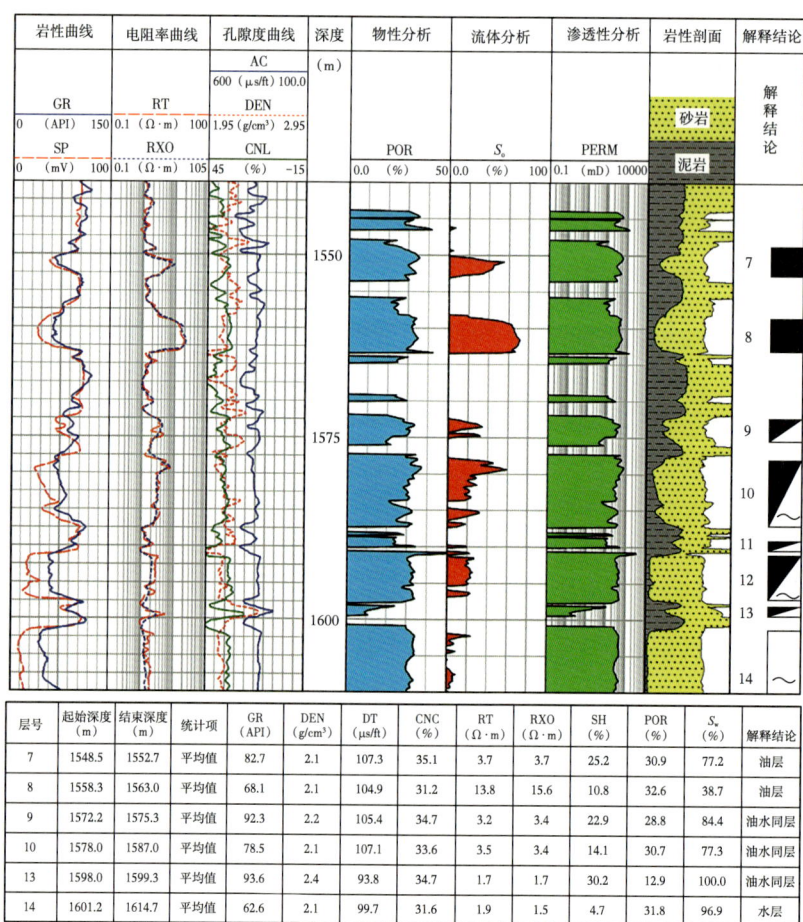

图 9-1-3 测井综合解释成果图

第二节　绘图模块开发

测井绘图作为测井资料综合分析与成果显示的重要工具，其模块开发过程中需要重点考虑以下几个关键问题。

一、数据处理能力

测井数据绘制过程中，经常需要读取和处理大量的数据。采用内存映射技术将硬盘上的文件位置与进程逻辑地址空间中的一块区域进行映射，允许程序像访问内存一样来访问文件数据，从而提高数据访问速度，减少内存占用，可以有效解决大数据量的读取和交互问题。此外，需要高效的数据处理算法来处理大量的比例运算、坐标转换和坐标映射等计算。

二、图形绘制效率

绘图对象绘制过程中，数据量和运算量往往较大，加之需要频繁的人机交互，如添加、删除图形元素或改变图形元素属性等，可能出现图形刷新速度慢、图形重叠和闪烁等问题。采用双缓冲和局部重绘技术可以有效解决屏幕闪烁和绘图延迟问题，实现图形快速高质量绘制以及连续滚动显示。

三、图形显示与交互

测井图件绘制需要强大的图形编辑能力，应合理地梳理测井绘图中绘图对象的绘制和处理方法，包括直线、文本、自由曲线、闭合曲线、矩形、圆角矩形和椭圆形等。另外，测井绘图模块应提供直观、便捷的交互界面和丰富的交互功能，使用户能够方便地输入参数、查看绘制效果或进行其他交互操作。

四、扩展性和继承性

随着测井技术的不断发展和用户需求的变化，测井绘图模块需要持续更新和完善，开发过程中建议采用模块化和组件化的设计思想，确保测井绘图模块的可扩展性和可继承性。此外，应提供丰富的 API 接口，方便开发者和用户进行二次开发。由于测井绘图模块往往和测井软件的其他应用模块间存在相互调用，在测井绘图模块的开发过程中，应设计清晰、规范的调用接口，确保与其他应用模块之间的信息通信和功能协同。

五、标准性与规范性

测井图件中大量图形元素的绘制均有相应的行业标准和规范，在测井绘图模块的开发过程中应严格遵守，确保软件模块质量。

测井绘图模块开发在考虑上述几个关键问题的基础上，一般还应具有以下功能：（1）支持绘图对象快速添加和删除；（2）支持绘图对象交互式快速拖放显示；（3）支持绘图对象显示属性快速更改；（4）支持绘图操作撤销和恢复；（5）支持横向、纵向比例尺快速设置；（6）支持多图件间通信联动；（7）支持采用绘图模板进行图件绘制；

(8)支持绘图参数保存和打开;(9)支持成果图件预览和排版打印等。

按照测井绘图模块开发需要考虑的关键问题以及实际应用需求,常见的测井绘图模块架构自下而上依次可分为数据层、支持层、显示层和输出层,如图 9-2-1 所示。

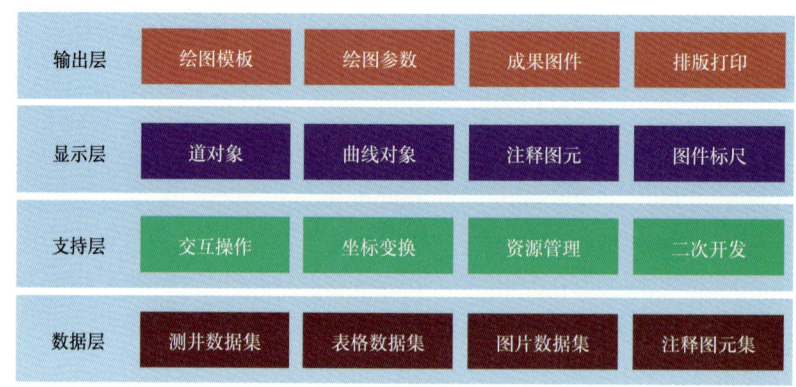

图 9-2-1　测井绘图模块软件架构

数据层主要对不同类型的数据进行整理和规范,为测井绘图提供统一的数据基础。测井绘图中常见的数据类型包括曲线数据、图片数据、表格数据以及注释图元等。

支持层为测井绘图提供交互操作、坐标变换、绘图资源管理、图件二次开发等功能的底层支持。

显示层为测井曲线、注释图元、图件标尺等绘图对象提供显示支持。显示层中各绘图对象的显示层次结构一般为:(1)基础画布图层,所有的绘图对象都在基础画布上绘制;(2)绘图对象图层,用于显示测井绘图中的具体绘图对象;(3)注释对象图层,用于显示直线、圆、矩形、文字等注释对象。

输出层提供图件的保存、输出、打印等功能,包括绘图参数存储、绘图模板制作、绘图图件导出、图件排版打印等。

在测井成果图的绘制过程中,对于同一种显示方式,其绘制的数据来源可能不同。如图 9-2-2 中所示的棒状图,数据可以来自常规一维测井曲线数据(图 9-2-2a),也可以来自离散实验分析数据(图 9-2-2b)。在测井绘图模块开发过程中,应尽可能降低数据表达、数据描述和应用操作的耦合度,简化程序设计。

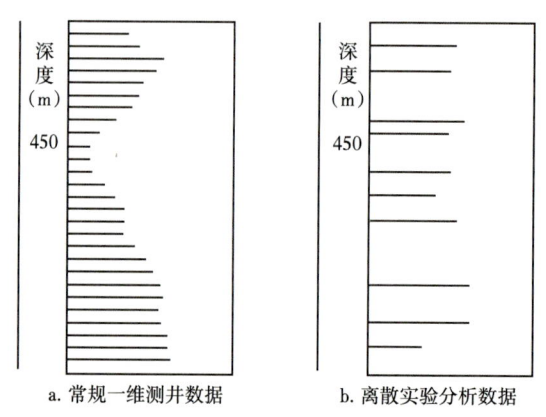

图 9-2-2　一维测井曲线和离散数据棒状图显示

在此，推荐采用 MVC 设计模式，可以屏蔽绘制对象的数据来源，有效提高测井绘图模块的可扩展性和代码重用性。MVC 全称 Model View Controller，是模型（Model）—视图（View）—控制器（Controller）的缩写，三者之间的关系如图 9-2-3 所示。其中，模型是组件的主体部分，表示业务数据或业务逻辑；视图是用户看到并与之交互的界面；控制器根据用户的输入，控制用户界面数据显示和更新模型对象状态。

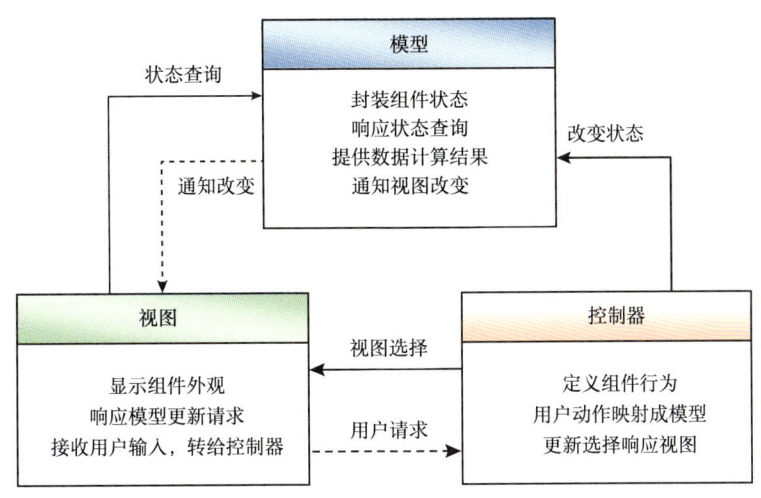

图 9-2-3　模型—视图—控制器三者之间的关系

在绘图对象组件开发过程中，模型设计非常重要。一般地，首先建立一个默认的模型（记为 DefaultModel），DefaultModel 基本满足绘图对象绘制的功能要求。随着该绘图对象组件应用范围的扩大，其他地方也可能用到，此时该绘图对象组件的数据来源和业务逻辑发生了变化，需要重新设计一个模型（记为 NewModel），在 NewModel 中实现新的业务逻辑和数据访问。NewModel 应用时，首先创建 NewModel 类的实例对象，将该对象通过接口函数设置给组件。然后，替换掉原有的 DefaultModel。由于 MVC 的三个部件相互独立，改变 Model 不会影响其他两个。按照 MVC 设计思想可以构造良好的低耦合组件，实现绘制组件的功能扩展和重用，大幅提高测井绘图模块的开发效率。

第三节　测井绘图对象绘制

目前，测井处理解释软件支持的常见绘图对象见表 9-3-1（王才志等，2014b；刘乃震等，2013；李长文等，2011）。表中的绘图对象按照其绘制的数据来源可分为控制对象、绘图对象、注释对象和其他四大类。控制对象包括绘图道和深度道，是以深度为索引的基本绘制单元。绘图对象是基于测井数据描述数据特征的一系列可视化图件，包括一维、二维等，必须绘制在特定的绘图道中，其与绘图道具有相同的起始深度、结束深度、深度比例和横向比例。注释对象是绘图文档中较为独立的绘制元素，可以在绘图文档的任何位置进行文字标注和图片注释。

表 9-3-1 常见绘图对象

绘图对象	子对象	绘图对象	子对象	绘图对象	子对象
控制对象	深度道	倾角绘图对象	正弦曲线	注释对象	矩形
	线性刻度道		倾角蝌蚪图		直线
	对数刻度道		倾角施密特图		折线
	倾角刻度道		方位玫瑰花图		多边形
一维绘图对象	常规曲线	离散绘图对象	井壁取心		椭圆
	填充曲线		岩心分析		文本
	累加曲线		录井剖面		图片
二维绘图对象	二维成像曲线		图片		岩性符号
	波形曲线		解释结论		录井剖面
	变密度曲线		层段标注		解释结论
	核磁共振曲线		交会图	其他	曲线蒙版
	二维核磁共振曲线		多边形		交互分层条
	阵列曲线		沉积旋回		…
	多臂井径曲线		试油结论		…

创建一个满足实际需要且外形美观的绘图文档之前,用户需明确以下信息:(1)绘图文档的深度区间及深度比例尺;(2)绘图文档中各个道的摆放位置;(3)曲线在道中的绘制位置;(4)每道的绘制属性,如宽度、外观显示(深度线、刻度线)、道头信息等;(5)每条曲线的绘制属性,如颜色、虚实、宽度和刻度等;(6)整个绘图文档的平面设计,如绘图区的大小和边界等。

一、道绘制

测井绘图的道对象也称为容器对象,是以深度为索引的基本绘制单元,用于放置深度道、空白道、线性道、对数道、倾角道等各种绘图对象。深度道、线性道、对数道、倾角道分别为带有深度刻度、线性刻度、对数刻度、倾角刻度的道,空白道没有刻度,如图 9-3-1 所示。

绘图道管理该道内所有绘图对象的大小、位置和排列方式,其主要绘制属性包括道类型、道宽、道标题栏高度、道体背景色、道头背景色、刻度线属性、深度线属性、道边线属性、深度线标尺等。绘图道可以将其他绘图道作为子道对象,实现绘图道之间的多级嵌套。

二、一维连续曲线绘制

一维连续曲线绘图对象绘制的曲线在深度上以相同的采样间隔进行连续采样,且单个深度点只有一个采样点,主要包括常规曲线、填充曲线、累加曲线等。实际绘制过程中按其类型放在相应的绘图道内。

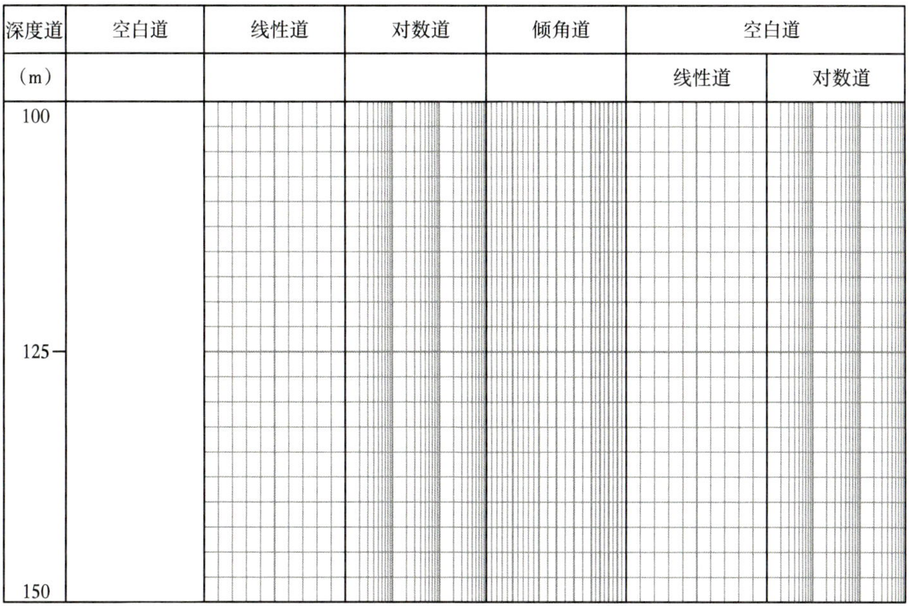

图 9-3-1 测井绘图的道对象

1. 常规曲线

测井过程中测量得到的一维连续测井数据，如自然伽马、电阻率等测井曲线，一般采用常规曲线进行绘制。常规曲线的绘图对象具有常规、方波、杆状、数字、符号、幅度填充等多种绘制方式，主要属性包括曲线单位、刻度类型、刻度范围、线型、颜色、比例尺、无效值处理方式等，如图 9-3-2 所示。

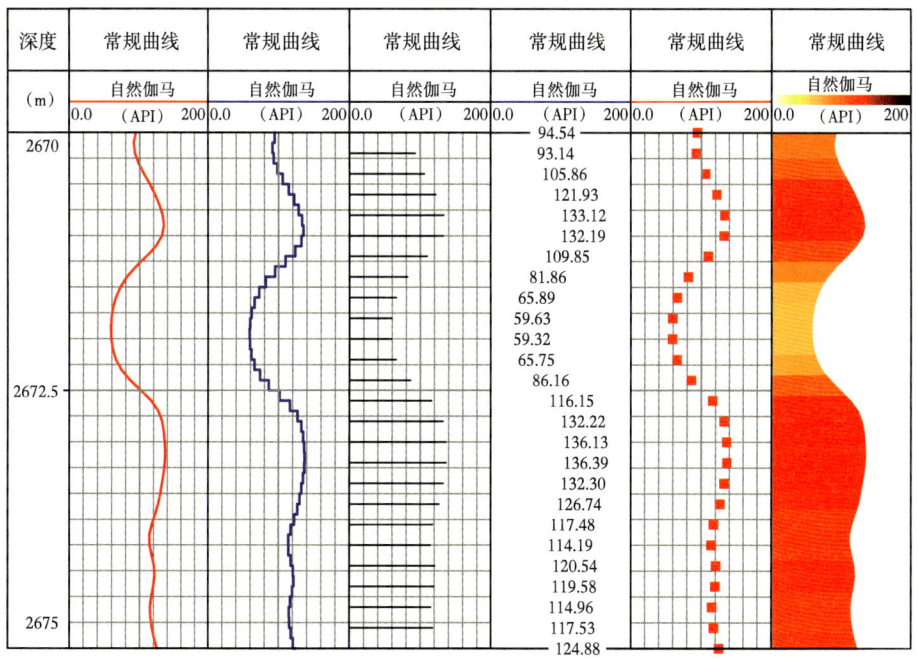

图 9-3-2 一维曲线的显示方式

2. 填充曲线

测井数据处理与资料综合解释过程中，将某些曲线以一定的形式进行填充显示，有助于更加直观地了解地层的相关信息，例如在碳酸盐岩地层中通过中子和密度曲线的填充来识别地层岩性等。

填充曲线的绘制属性主要包括曲线刻度类型、刻度范围、填充的控制条件、填充方式、曲线刻度标注、曲线头排列方式、无效值大小、无效值显示方式等。填充曲线的填充方式比较灵活，可以根据不同条件进行填充，如图 9-3-3 所示。

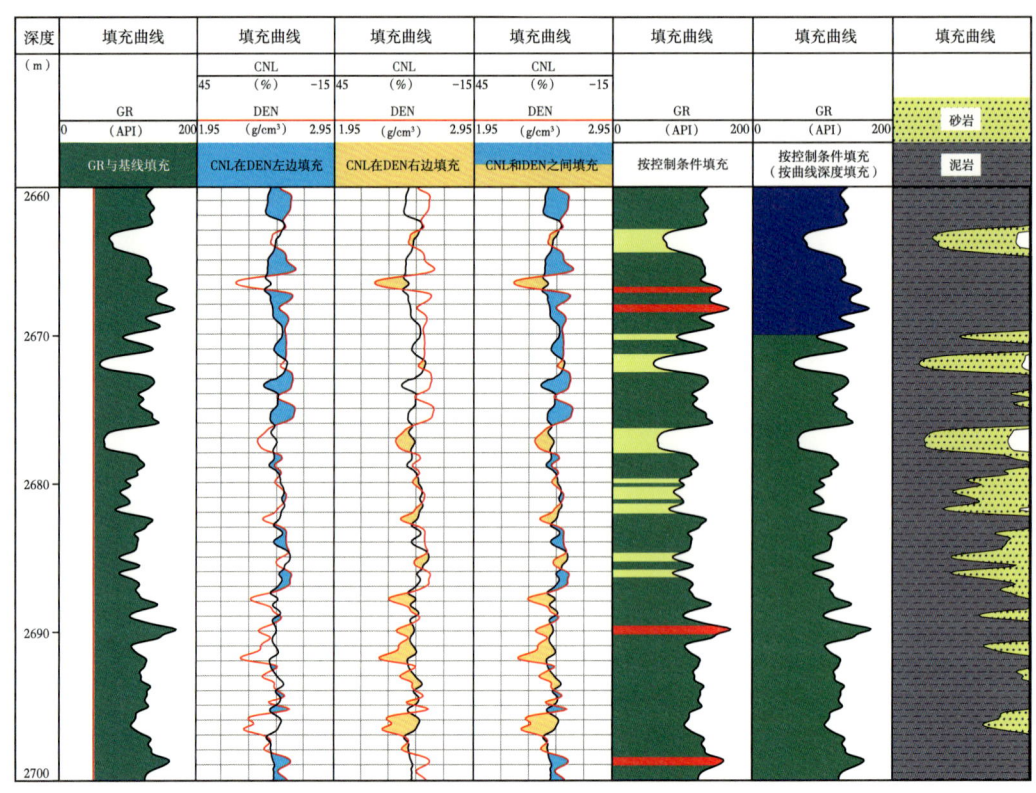

图 9-3-3　填充曲线绘制样式

3. 累加曲线

填充曲线最多只能对两条曲线进行填充显示，而累加曲线是多个填充曲线对象的累加显示，常用于地层岩性剖面或核磁共振测井不同区间孔隙度的绘制。

累加曲线的绘制属性主要包括曲线的累加顺序、刻度类型、左右刻度值、曲线头排列方式、是否显示填充边线、是否允许曲线越过刻度边界等。累加曲线绘图对象中所有曲线的左右刻度是一致的，曲线间的累加顺序可以自由调整，如图 9-3-4 所示。

三、二维连续曲线绘制

二维连续曲线绘图对象绘制的曲线在深度上以相同的采样间隔进行连续采样，且单个深点度上有多个采样点，主要包括成像曲线绘图对象、波形曲线绘图对象、变密度曲线绘图对象、核磁共振曲线绘图对象、二维核磁共振曲线绘图对象、阵列曲线绘图对象、立体成像曲线绘图对象、多臂井径曲线绘图对象等。二维连续曲线绘图对象一般放在空白道内。

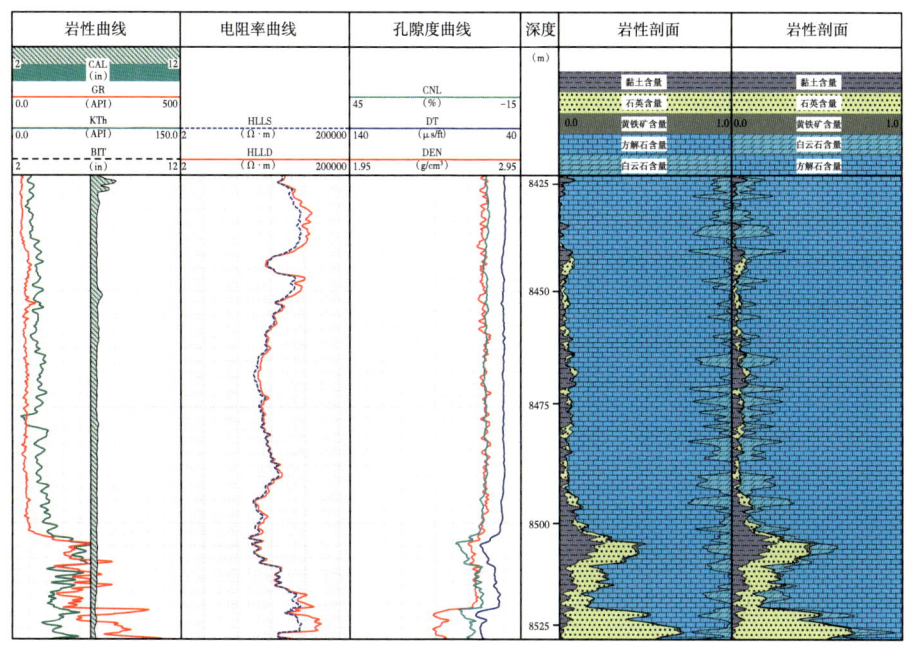

图 9-3-4 累加曲线绘制样式

1. 成像曲线

成像曲线将二维曲线以类似于图像的方式进行显示。例如，微电阻率扫描成像测井将测量得到的大量高分辨率地层电阻率参数值，经过数据恢复、图像生成、图像增强等一系列数字和图像处理，转换为用色标表示的反映井壁地层电阻率相对大小的二维图像，如图 9-3-5 所示。

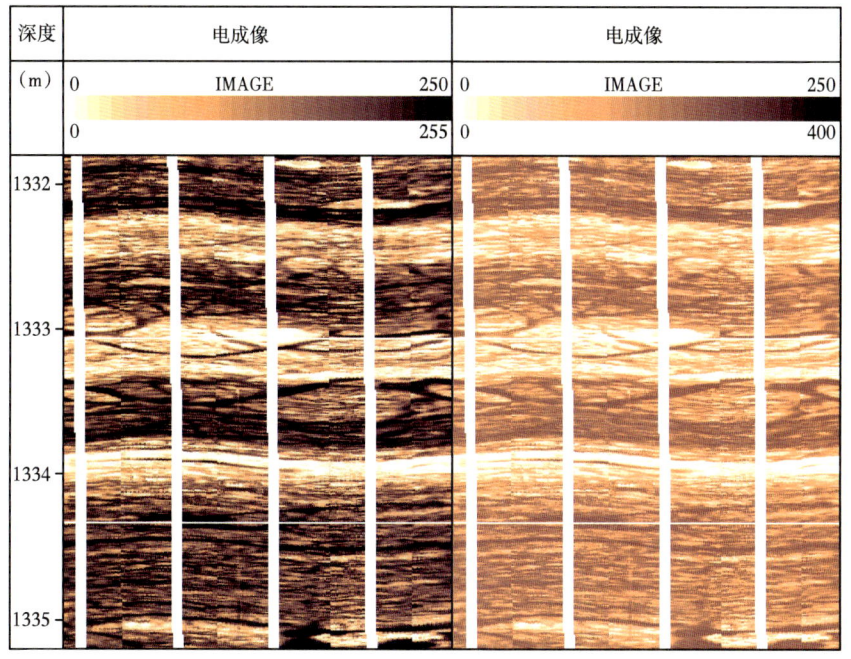

图 9-3-5 成像曲线绘图样式

- 97 -

成像曲线的绘制属性主要包括曲线横向采样点的左右刻度、横向采样点的采样间隔、图像的周向旋转角度、图像的展开方位、图像色标的左右刻度等。图像色标的左右刻度对图像显示的影响较大，图 9-3-5 中第 2 道和第 3 道为不同色标刻度下电成像测井资料的显示效果，可以发现，第 2 道能更好地反映图像色彩的细微变化，而色彩的变化往往指示地层岩性和物性的变化。

2. 波形曲线

波形曲线主要用于阵列声波测井或声幅测井等仪器测量的波形数据显示。波形曲线的横轴代表声波信号的采样时间，纵轴代表声波信号的幅度。利用波形曲线可以快速分析波形质量、识别模式波类型等。

波形曲线的绘制属性主要包括波形的起始时间和结束时间、波形时间采样间隔、波形幅度、波形的纵向显示高度、波形基线、填充类型、纵向抽稀量等。不同绘制属性的波形显示效果如图 9-3-6 所示。

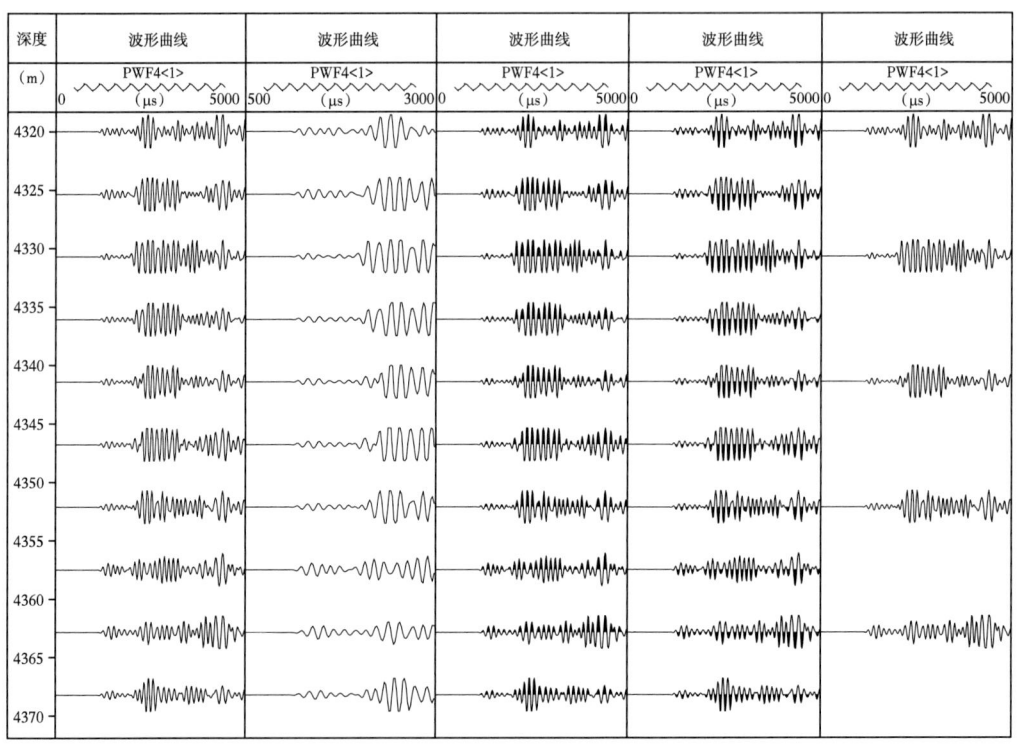

图 9-3-6　波形曲线绘图样式

3. 变密度曲线

变密度曲线是波形曲线的另一种显示方式，最早用于声幅测井测量的波形数据显示。在声幅测井中，分析变密度测井图上套管波、地层波和直达波的强弱程度，可以快速判断套管与水泥环、水泥环与地层的胶结质量。

变密度曲线的绘制属性主要包括波形的起始时间和结束时间、波形时间采样间隔、波形幅度、波形基线、填充类型等。测井软件中的变密度曲线绘图对象对早期曲线的变密度显示方式进行了扩展，波形可以正半周显示，也可以负半周显示，同时也支持整个信号显示，如图 9-3-7 所示。

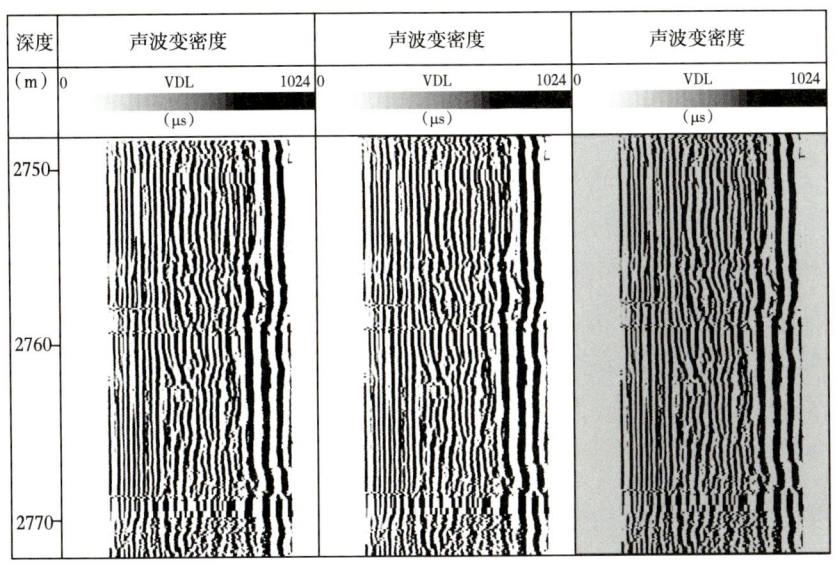

图 9-3-7 变密度曲线绘图样式

4. 核磁共振曲线

核磁共振曲线主要用于核磁共振测井 T_1、T_2 谱数据的显示。T_1、T_2 谱的横轴为弛豫时间，纵轴为信号强度。通过分析 T_1、T_2 谱的谱峰特征，可以对地层孔隙结构、地层流体性质等参数进行评价。

核磁共振曲线绘制时，横轴弛豫时间采用对数刻度，纵轴信号强度采用线性刻度，且一般使用填充。绘制属性主要包括绘制的起始数据列和终止数据列、曲线幅度、纵向绘制高度、填充边线属性、纵向抽稀量、谱峰是否遮挡显示等。不同绘制属性的 T_2 谱显示效果如图 9-3-8 所示。

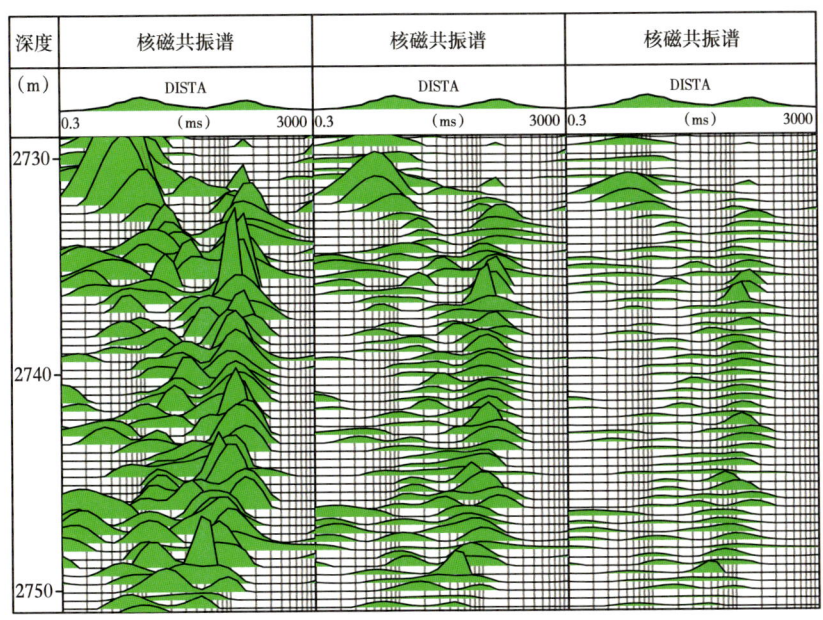

图 9-3-8 核磁共振曲线绘图样式

5. 二维核磁共振谱曲线

二维核磁共振谱曲线主要用于二维核磁共振测井数据的显示，其横轴为横向弛豫时间，纵轴为纵向弛豫时间。通过分析二维核磁共振谱的谱峰特征，可以对地层孔隙结构、地层流体性质等参数进行评价。

二维核磁共振谱曲线绘制时，横向和纵向弛豫时间均采用对数刻度，通过色标来反映信号强度。其绘制属性主要包括起始横向弛豫时间、终止横向弛豫时间、起始纵向弛豫时间、终止纵向弛豫时间、信号强度、色标类型、纵向抽稀量、是否显示标注线、是否标注深度等。不同绘制属性的二维核磁共振谱显示效果如图 9-3-9 所示。

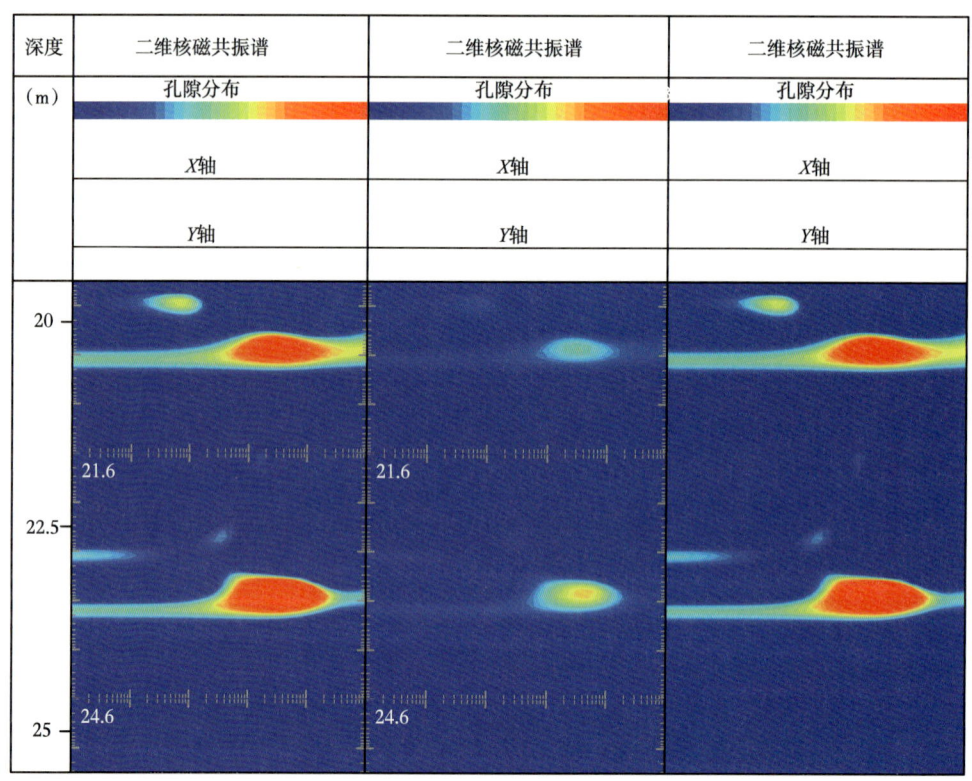

图 9-3-9　二维核磁共振谱绘图样式

6. 阵列曲线

由前面介绍可知，成像曲线、波形曲线、变密度曲线、核磁共振曲线的绘制对象均在单深度点有多个横向采样点。当需要分析横向上每一采样点数据随深度的变化时，采用阵列曲线可以将其拆分为多条一维常规曲线进行分别显示。

阵列曲线的绘制属性主要包括横向采样点数据的绘制范围、刻度类型、左右刻度值、曲线绘制方式等。常见的阵列曲线显示方式主要有两种：一种是将道对象根据曲线条数均分，每条曲线分别在均分的道内进行显示；另一种是将所有曲线按相同的左右刻度在整个道内进行显示，如图 9-3-10 所示。

7. 立体成像曲线

成像测井得到的图像反映井周 360° 范围内地层电阻率的变化。前面介绍的成像曲线是将井周图像以平面展开的形式进行显示。立体成像曲线可将图像以空间立体形式进行展示,从而快速分析地层倾角、裂缝、层理等构造的空间产状。

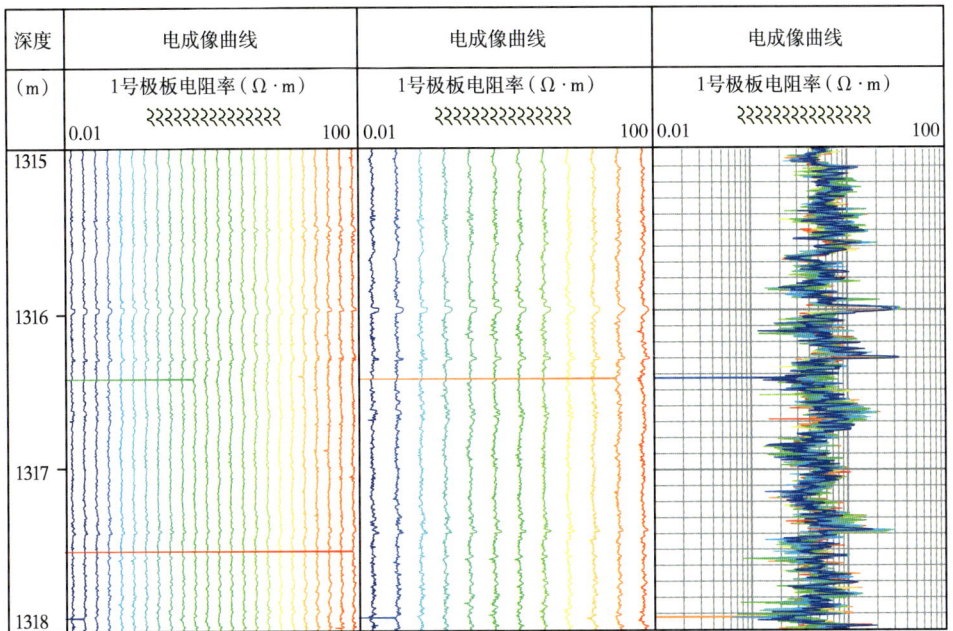

图 9-3-10 阵列曲线绘图样式

立体成像曲线的绘制属性主要包括图像的旋转角度、横向数据的绘制范围、弧高等。通过改变曲线绘制的弧高和旋转角度等属性,可以展示图像在不同视角的显示效果,如图 9-3-11 所示。

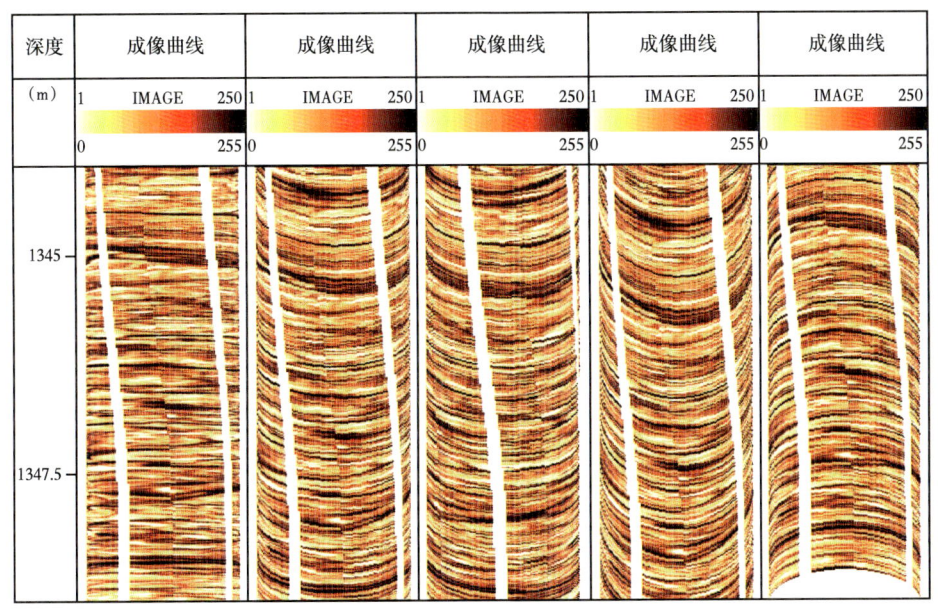

图 9-3-11 立体成像曲线绘图样式

8. 多臂井径曲线

多臂井径成像测井仪器可以测量得到多条井径曲线,代表井周不同方位的井眼半径。利用多臂井径曲线可将测量得到的多条井径曲线以三维立体效果进行显示,从而快速分析井眼质量。

多臂井径曲线的绘制属性主要包括视方位、钻头尺寸、深度间隔、横向间隔、极板臂数、曲线绘制弧高、是否显示网格、不同极板曲线线型等。通过改变曲线的观测方位等属性,可以展示曲线在不同视角的显示效果,如图9-3-12所示。

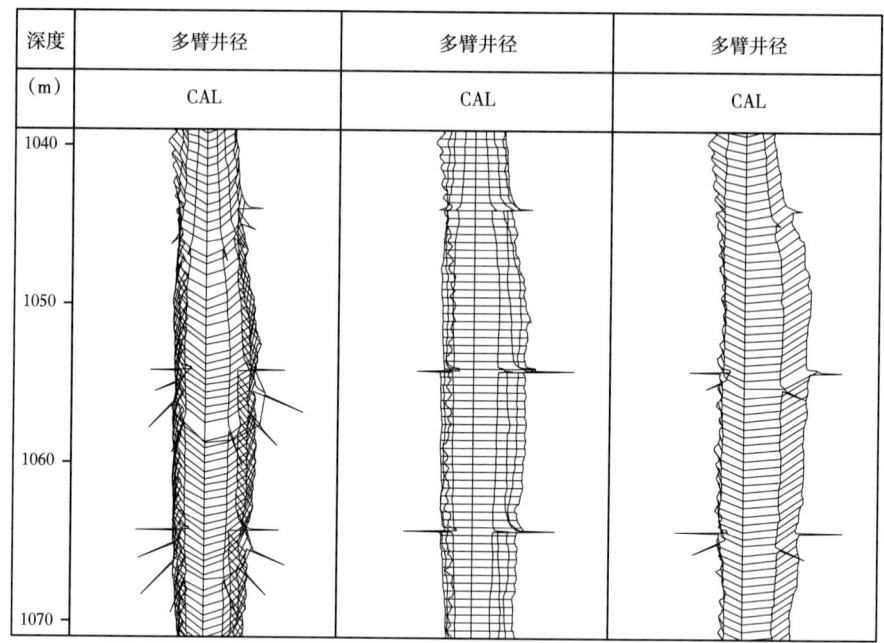

图9-3-12 多臂井径曲线绘图样式

四、倾角绘制

倾角主要用于裂缝、断层、层理等构造的产状显示,主要包括正弦展开线、蝌蚪图、施密特图、方位玫瑰图等。

1. 正弦展开线

当裂缝、层理等构造与井眼呈一定角度相交时,在成像测井图像上显示为正弦形状。正弦展开线绘图对象用于绘制在成像测井图像上提取的沉积构造的形态。通过分析正弦形状的宽度和高度,可以确定沉积构造的产状。

正弦展开线绘图对象的绘制属性主要包括井眼半径、构造类型、质量控制参数、是否显示低质量构造倾角等。正弦展开线绘制过程中,井眼半径对正弦展开线的形态影响较大。对于相同的构造倾角,井眼半径越大,正弦展开线的幅度也越大,如图9-3-13所示。

2. 蝌蚪图

蝌蚪图用于显示构造的倾角和方位,一般放在倾角道内。每个构造的倾角和方位用一个外观类似于蝌蚪的形状表示,"蝌蚪"的头部在倾角道上对应的值指示构造的倾角大小,"蝌蚪"的尾部与正北方位的夹角指示构造的方位。

蝌蚪图的绘制属性主要包括倾角的绘制范围、蝌蚪的头尾尺寸、是否显示倾角与方位、是否显示低质量倾角等。不同属性的蝌蚪图绘制效果如图9-3-14所示。

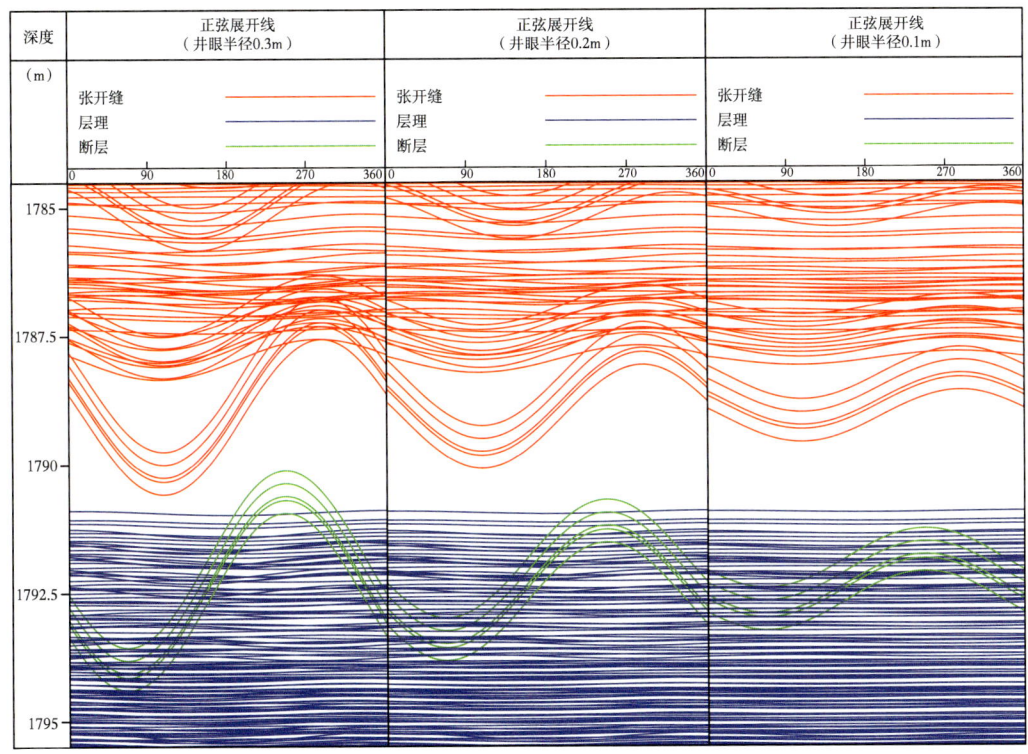

图 9-3-13 正弦展开线绘图样式

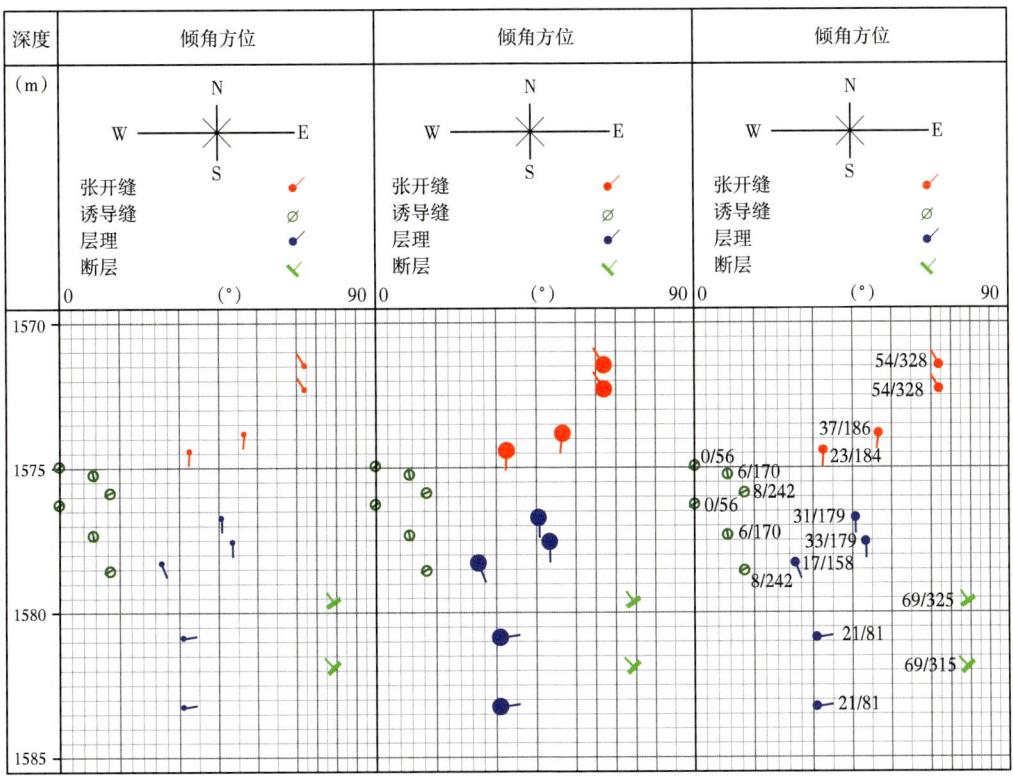

图 9-3-14 倾角蝌蚪图绘图样式

3. 施密特图

施密特图用于在极坐标系中显示某一井段构造的倾角和倾向的统计结果。在施密特图中，规定倾斜方位角为上北、下南、左西、右东，共分为360°。倾角大小用不同直径的同心圆表示，最初的绘制方法中圆心处为0°，最外侧的同心圆为90°或45°，改进的施密特图则相反。

施密特图的常用绘制属性主要包括周向等分数、倾角刻度线数、倾角统计范围、是否显示方位倾角数据点等。在施密特图中，可以对层理、裂缝、断层等构造的倾角分别进行统计，不同类型的统计结果用不同的填充颜色区分，如图9-3-15所示。

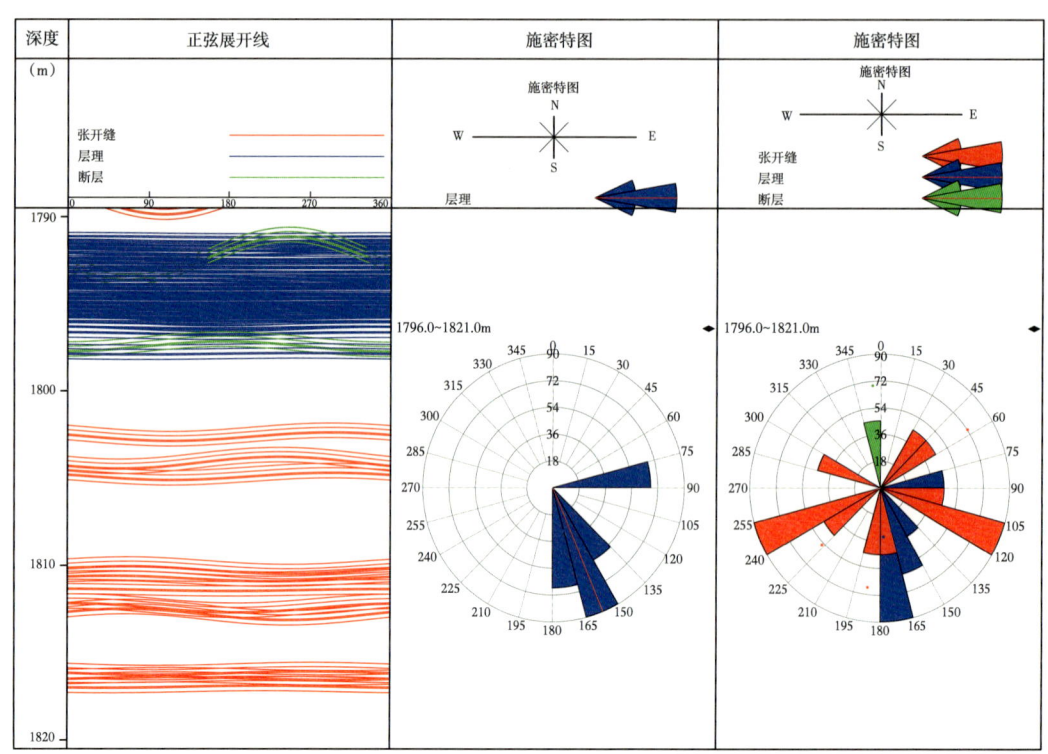

图9-3-15 施密特图绘图样式

4. 方位玫瑰图

方位玫瑰图是用统计法确定地层或构造的"优选倾斜方向"的极坐标图。与施密特图一样，方位玫瑰图上倾斜方位为上北、下南、左西、右东，按一定的步长进行等分，共360°。极坐标的半径代表频率数，即该方位范围内倾角出现的次数。绘制过程中，首先统计绘制深度范围内地层或构造倾角的倾斜方位，在给定步长范围内（以10°为例）倾角出现的次数标在对应的坐标位置上，将该圆圈与两条径向10°线之间的面积以一定的颜色进行填充，从填充面积的指向可以看出该深度范围内地层或构造的主要倾斜方位，如图9-3-16中第4道所示。

方位玫瑰图的绘制属性主要包括外圆刻度、刻度线数、周向等分数、是否显示镜像等。在方位玫瑰图中，也可以对层理、裂缝、断层等构造的倾角分别进行统计，不同类型的统计结果用不同的填充颜色区分，如图9-3-16所示。

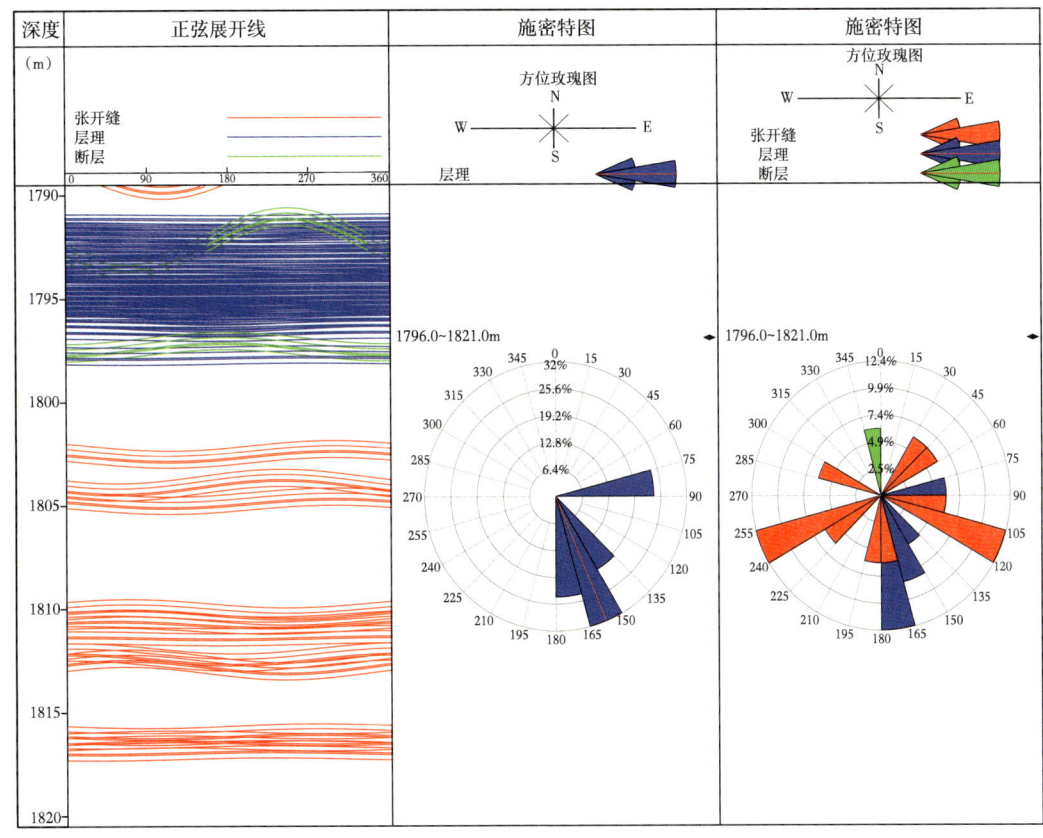

图 9-3-16　方位玫瑰图绘图样式

五、离散曲线绘制

离散曲线在深度上采样间隔不连续。实际应用中离散数据的类型很多，在此主要介绍离散曲线、录井剖面、解释结论、层段标注、交会图、沉积旋回、多边形、图片等常见离散数据的绘制。

1. 离散曲线

离散曲线的绘制对象在深度上采样间隔不连续，并且单深度点上只有一个采样点，例如岩心分析的孔隙度、饱和度、渗透率等数据的绘制。绘制属性主要包括曲线的左右刻度、单位、是否显示数据杆、绘制符号等，如图 9-3-17 所示。

2. 录井剖面

录井剖面主要用于显示录井得到的地层岩性、含油性、构造等相关信息。绘制属性主要包括岩性类型、含油性类型、含有物类型、构造类型、岩性绘制宽度、背景色等。录井剖面中不同岩性符号一般以不同的宽度来绘制，以便区分，如图 9-3-18 所示。

3. 解释结论

解释结论主要用于显示测井综合解释中地层流体性质的分析结果，其绘制属性主要包括解释符号的绘制宽度、是否显示层号、层号的对齐方式等。一般以不同的填充颜色和不同的符号来表示不同的流体类型，如图 9-3-19 所示。

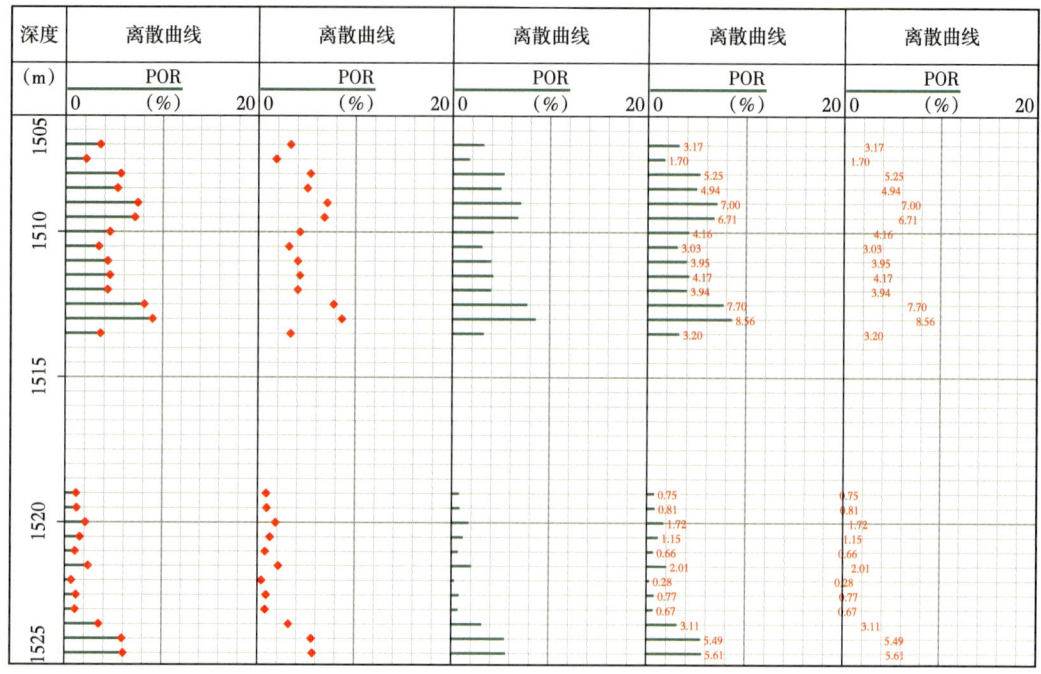

图 9-3-17 离散曲线绘图样式

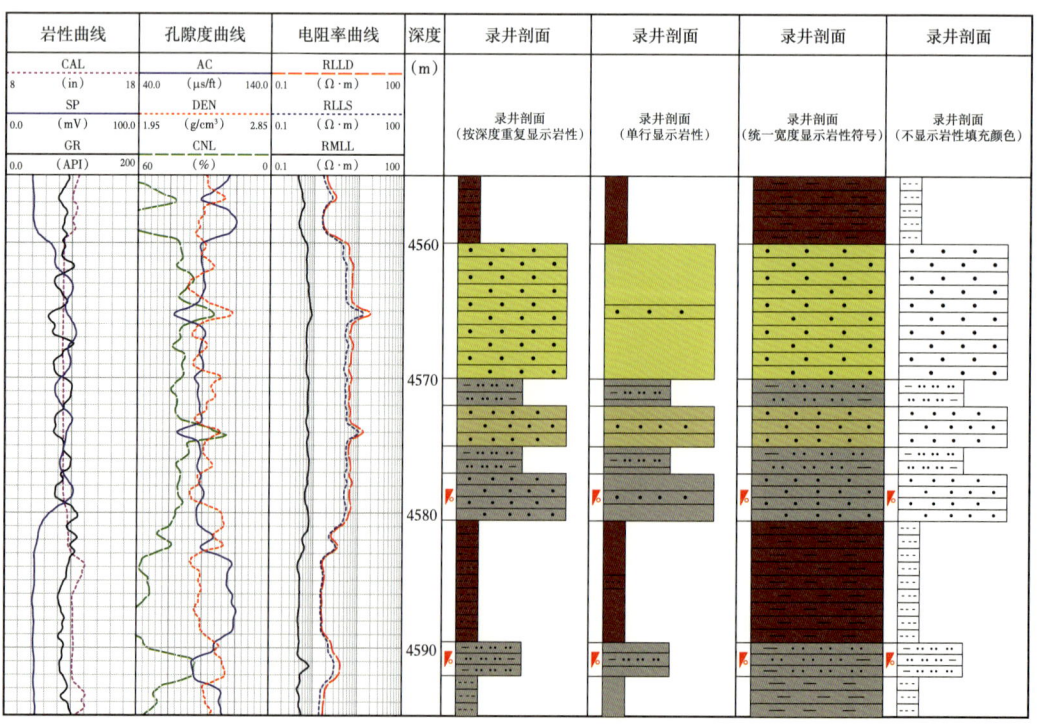

图 9-3-18 录井剖面绘图样式

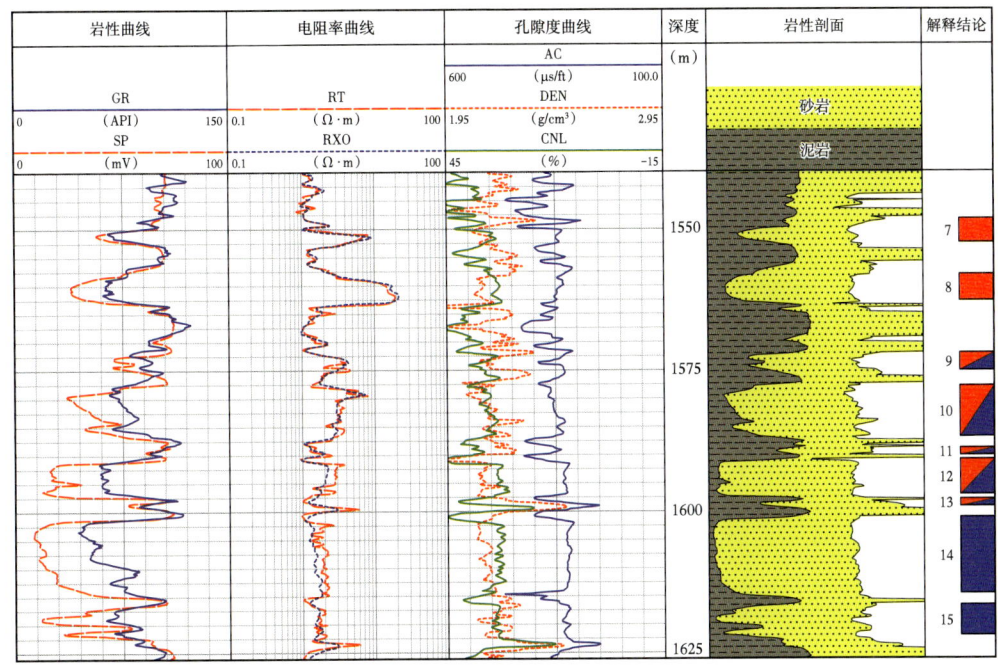

图 9-3-19 解释结论绘图对象

4. 层段标注

层段标注主要用于以文字标注的方式显示层段的相关信息，例如地层分层、地层岩性、解释结论等。绘制属性主要包括标注层段的起始深度、结束深度、标注文本、填充颜色等内容，如图 9-3-20 所示。

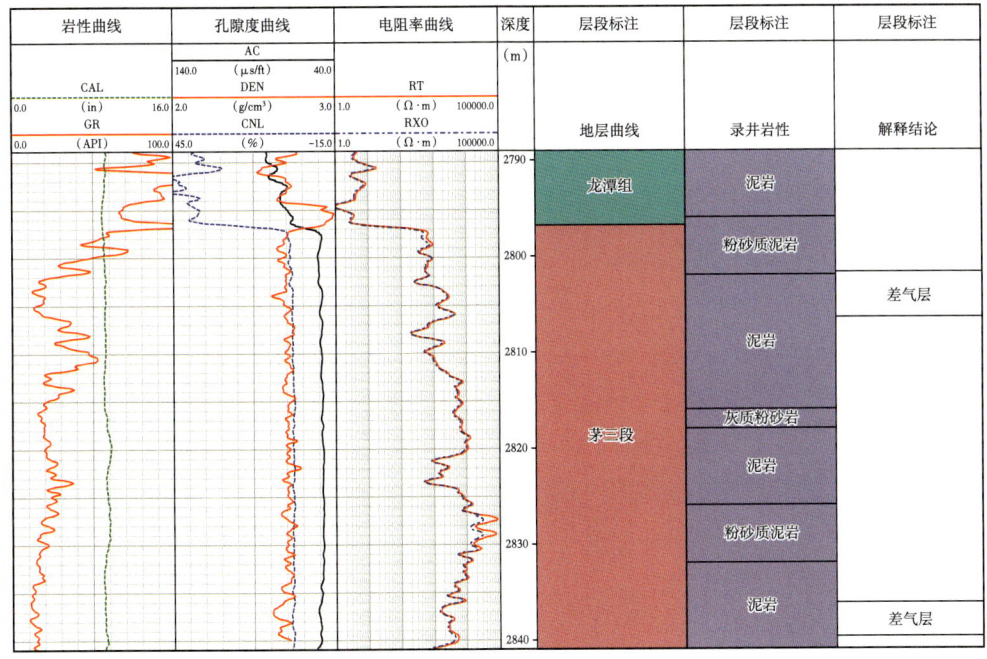

图 9-3-20 层段标注绘图对象

5. 交会图

交会图用于一定深度范围内数据的统计分析显示和交会分析显示，其绘制属性主要包括统计和交会分析数据的起始深度和结束深度，如图9-3-21所示。

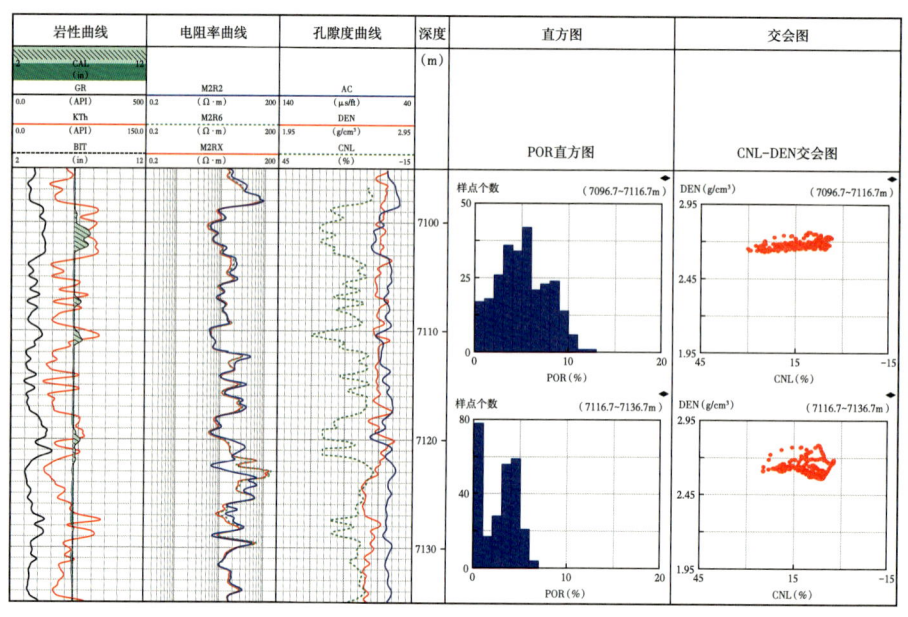

图 9-3-21　交会图绘图对象

6. 沉积旋回

沉积旋回用来显示地层沉积过程中的旋回变化，一般以正三角表示正旋回，倒三角表示反旋回，如图9-3-22所示。绘制属性主要包括旋回的起止深度、旋回类型以及填充颜色等。

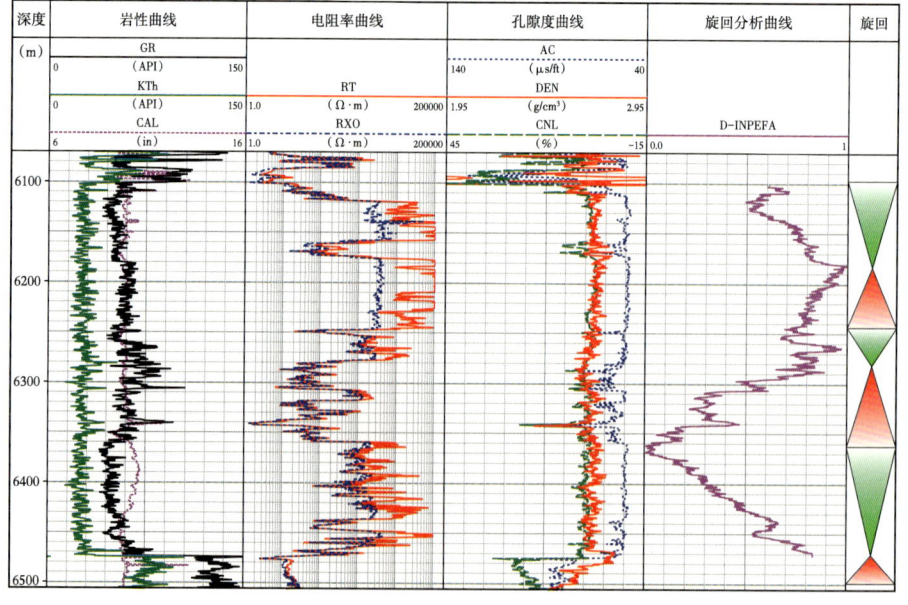

图 9-3-22　沉积旋回绘图对象

7. 多边形

利用电成像测井资料分析地层缝洞发育情况时，刻画出的缝洞体的边缘往往是不规则的。利用多边形可以对缝洞体的形态进行有效显示，如图 9-3-23 所示。绘制属性主要包括多边形的边线属性、区域背景色以及区域填充样式等。

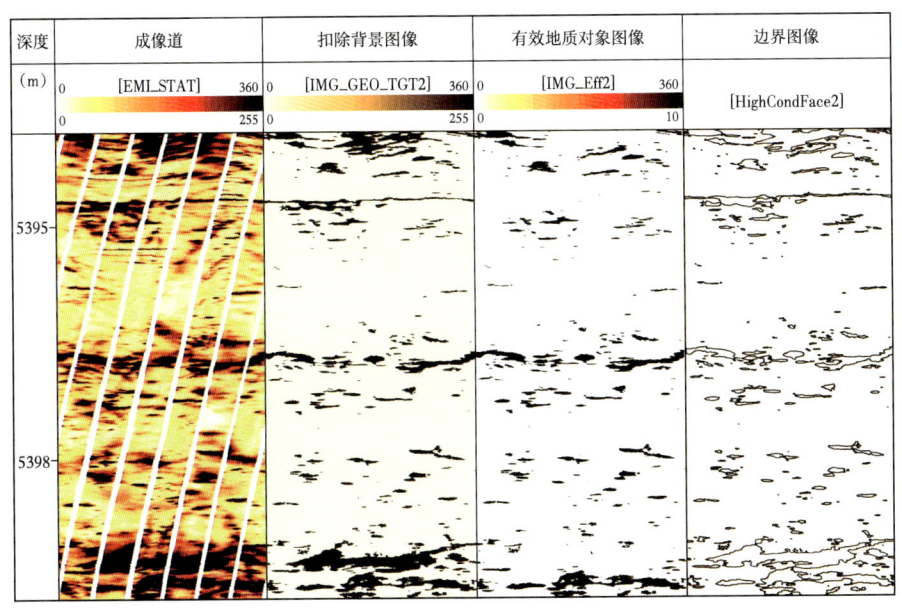

图 9-3-23　多边形绘图对象

8. 图片

图片主要用于岩心、薄片分析等结果的显示，如图 9-3-24 中所示。绘制属性主要包括图片绘制的起止深度、是否允许重叠、图片的旋转角度等。

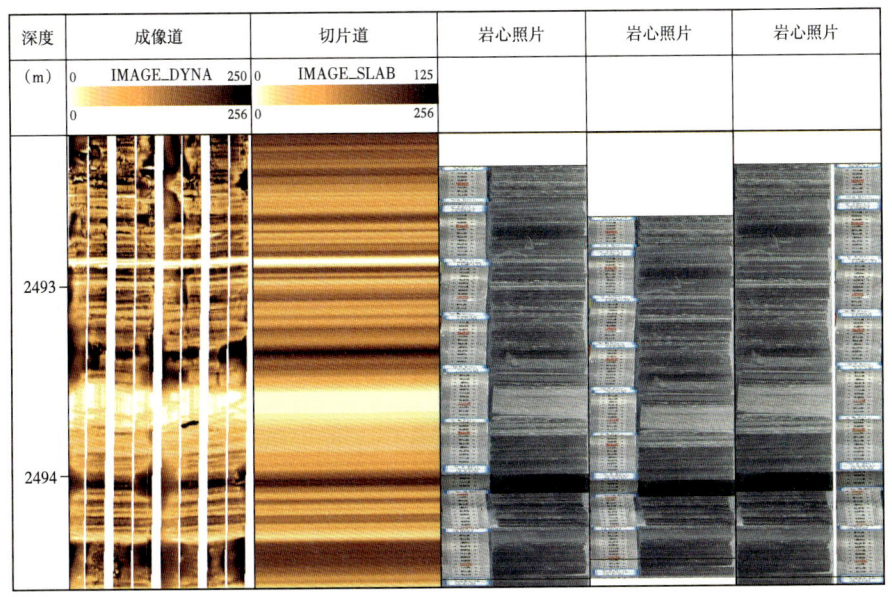

图 9-3-24　图片绘图对象

第十章 测井处理程序开发

测井处理程序用于计算储层参数、提供测井分析、解释评价功能。针对不同开发语言，提供方便、快捷的应用程序集成开发方案和框架，快速和高效地扩展集成测井处理解释软件，对于提高软件平台的可扩展性和适用性具有重要意义。本章将论述不同类型测井处理程序的集成方法，共分三个层次，分别是：不同语言开发的处理解释程序的挂接集成、利用组件开发交互式应用程序、平台插件式的扩展开发。

第一节 测井处理程序分类

由于处理解释应用类型很多，本节简单介绍目前最常见的各种处理解释程序及其具有的特点，并介绍在用的测井软件平台的各种应用程序集成方案，为技术人员进行应用集成提供参考和借鉴。

一、测井处理程序分类及特点

测井技术经过多年的发展，从工作站到微型计算机开发了很多测井软件系统，测井专业技术人员运用不同编程语言和开发工具开发和积累了大量测井资料处理解释方法，包括：

（1）常规测井处理程序，如单孔隙度分析 POR、复杂岩性分析 CRA、黏土分析 CLASS、泥质砂岩分析 SAND，以及技术人员开发的类似常规测井资料分析程序。这些程序基本上是单深度点储层参数计算，程序相对简单，除了修改处理参数外，没有交互操作功能。

（2）生产测井资料分析（套管井资料处理）程序，如地应力分析、同位素注入剖面、多参数注入剖面组合测井资料处理，以及连续流产出剖面、三相集流产出剖面等。

（3）针对成像测井系列测井资料的处理，包括阵列感应、地层倾角、声电成像、核磁共振、元素俘获能谱和偶极声波等高新测井资料处理方法。这些程序计算过程复杂，步骤多，具有复杂的交互处理功能。

已有的这些应用程序在编程语言、程序结构和处理过程等方面存在着较大的差异，主要表现在：

（1）使用的编程语言种类多。已有的这些程序主要采用 Fortran、C/C++、C#、Java、MATLAB 或 Python 等语言编写。

（2）采用的系统结构设计及操作方式差别大。根据不同的测井解释模型，它们在源程序的结构设计和处理方式上多种多样，有简单的没有交互界面的纯算法处理程序，也有带人机交互界面和多模块组合的特殊应用系统。

二、已有测井处理软件集成方案

应用集成开发技术，就是把分散的处理解释方法纳入统一的集成管理平台，并为用户提供统一、方便的可视化交互界面与分析工具。它的基本功能就是扩充和添加测井处理解释方法，允许不同测井技术人员根据实际要求编写应用程序，添加到平台中，从而逐步丰富测井软件平台的测井资料处理解释能力。

目前，国内外应用广泛的测井处理解释软件很多，国内比较有代表性的有 Forward、LEAD 和 CIFLog；国外比较有代表性的有斯伦贝谢公司的 Techolog、见克休斯公司的 eXpress、哈里伯顿公司的 Petrosite PRO 以及帕拉代姆公司的 Geolog 等。已有的这些测井软件产品都提供了不同的应用开发和扩展机制，以方便用户添加新的处理解释功能，或把已有的处理解释程序融入平台。

1. CIFLog（王才志等，2014b）

CIFLog 是基于 Java-NetBeans 前沿计算机技术开发的新一代测井处理解释一体化软件平台。在应用程序快速集成开发方面，平台建立了一套完整的、符合各种应用程序挂接的可视化应用集成环境，设计并实现了应用程序代码生成、参数配置以及集成处理整个过程配套的交互界面与分析工具，形成了一套规范化的应用程序开发模式及测井资料处理操作流程；增加了二次开发工具包 SDK（Software Development Kit），为测井技术人员提供了 Fortran、C/C++、C#、Java、MATLAB 和 Python 等主流编程语言的二次开发接口。同时，在应用系统开发方面，为了满足裸眼井、套管井和水淹层等测井特殊应用模块的高效开发，平台建立了可扩展的框架结构，制定了标准化接口，提供了丰富的组件库，方便用户实现应用系统的组件式快速开发。CIFLog 是目前在用测井软件中提供二次开发语言最多、可扩展性最好的软件平台。

2. Forward（金勇等，2000）

为帮助用户快速开发测井处理程序，基于统一数据底层平台 WellBase，Forward 提供了软件开发工具包 SDK，为程序开发人员提供了大量的 Fortran 和 C++ 输入输出接口函数，并分类进行了面向对象封装，可满足各种层次开发人员的编程需要。WellBase 支持 3700 模式（85 机、PE 机使用的测井 Fortran 处理程序）和 Forward 模式（Forward for SUN 1.0 使用的测井 Fortran 处理程序）的 Fortran 应用程序，以往采用这两种模式编写的 Fortran 应用程序不需要任何修改，就可以编译生成 WellBase 应用。另外，Forward 还提供了 appwzd 工具自动生成上述两种模式 Fortran 应用程序框架，用户只需简单输入自己的计算公式便可编译生成 Forward 平台上的应用程序，并自动享有平台完善的数据管理和图形显示功能。

3. Techolog

Techlog 集成了 Python 编辑器，允许用户利用 Python 脚本语言编写应用程序，允许访问平台中所有的数据目标项（井、曲线、属性等）、岩石物理计算方法（泥质含量、孔隙度和饱和度方程）和图形目标（访问预定义的模板或建立新的模板）。用户可以自由地增加方法和扩展特定的知识库，并整合到应用模块中使用。Python 脚本能够访问用 C、C++ 或 Fortran 编写的代码，也可以通过网络访问 Python 公共的工具和库函数等。同时，平台还提供了大量的内置脚本，可以直接从 Python 编辑器单独运行，通过 Python AWI

也可以整合到应用工作流中,并且能够和图形进行交互。

4. Geolog(闫伟林等,2002)

Geolog 集成了 Loglan(Logging language 的缩写)测井软件开发工具包和 Tcl/Tk 开发环境,用户可以根据需要开发自定义功能。Loglan 是 Geolog 提供的测井应用程序设计语言,具有特定的语法规则和程序运行方式,用户可以根据需要创建和修改 Loglan 程序。

第二节 不同语言混合编程开发方法

本节首先介绍 3700 模式处理程序的集成方法,这种程序框架结构基本一致,在油田广泛使用,积累了大量的处理程序;然后介绍不同语言之间的混合编程及实现技术。

一、3700 模式处理程序

3700 模式处理程序是常规测井解释程序的经典模式,基本上是按照固定的解释模型,采用有限的几种测井资料分别计算储层参数来进行地层评价及油气分析,比较有代表性的有 POR、CLASS 和 CRA 等。此类分析程序有一个通用的结构和执行过程,主要特点是:基于命令行的批处理方式、解释模型简单通用、没有人机交互处理、采用逐点方式读写测井数据、在整个解释井段内连续计算处理、使用参数文件传递处理参数。按照这一通用结构编写的处理程序,可以很方便地对所需的数据进行输入、输出操作,目前国内各测井公司仍广泛使用,开发和积累了大量成熟、先进的特色分析程序。下面给出了该类程序的一般代码形式(以 Fortran 语言为例)。

```
CHARACTER*8 NAMEC, NAMEO, NAMEI, IPARM*128, IFLNM*128
COMMON /HD/DEP, DEPO, SDEP, EDEP, SSDEP, EEDEP, RLEV
COMMON /DSKID/IFLNM, IPARM
COMMON /INPC/NOI, NAMEI(1)
COMMON /OUTC/NOO, NAMEO(1)
COMMON /CONC/NOC, NAMEC(1)
COMMON /INP /CAL
COMMON /OUTP/CALC
COMMON /CON /BITS

      CALL IGETARG(1, IFLNM)  // 命令行第一个参数为 数据文件全路径名
      CALL IGETARG(2, IPARM)  // 命令行第二个参数为 参数卡文件全路径名
      CALL PARAME    // 读入输入或输出曲线的重定向,确定处理井段
      CALL INHEAD    // 初始化输入和输出曲线

10    CONTINUE       // 循环主体
      IF(DEP .GE. EDEP) CALL VPARAM   // 转换下一段参数
```

```
CALL INDATA           // 读 DEP 深度点上的输入曲线数据
// 以下为用户算法
CALC = CAL-BITS
// 以上为用户算法
CALL OUTDATA          // 写 DEPO 深度点上的输出曲线数据
IF（DEP.LE.EEDEP）GO TO 10   // 继续下一个采样点
CALL OUTHEAD          // 输出曲线保存并关闭井文件
STOP
END


BLOCK DATA
CHARACTER*8 NAMEC，NAMEO，NAMEI，IPARM*128，IFLNM*128
COMMON /HD/DEP，DEPO，SDEP，EDEP，SSDEP，EEDEP，RLEV
COMMON /DSKID/IFLNM，IPARM
COMMON /INP /CAL
COMMON /OUTP/CALC
COMMON /INPC/NOI，NAMEI（1）     // 输入曲线
COMMON /OUTC/NOO，NAMEO（1）    // 输出曲线
COMMON /CONC/NOC，NAMEC（1）    // 参数
COMMON /CON /ZZ（1）           // 参数值
DATA NOI，NOO，NOC/1，1，1/
DATA NAMEI/'CAL'/             // 输入曲线名
DATA NAMEO/'CALC'/            // 输出曲线名
DATA NAMEC/'BITS'/            // 参数名
DATA ZZ/21./        // 隐含参数
DATA NOI，NOO，NOC/1，1，1/
END
```

该程序对测井数据单深度点进行储层参数计算，只要准备好独立的数据访问接口，通过外部传递参数及输入数据，就可以返回处理结果。这是应用集成开发最简单的方式之一。利用编译程序得到二进制可执行文件进行集成，几乎不需要改变现有的遗留程序。

如果需要保证不改变原有编程语言、用最小的工作量将处理程序有效集成到测井软件平台中，则要考虑以下三方面内容。

1. 平台与处理程序之间的数据传递

一个 3700 模式处理程序主要通过固定的公用服务接口和全局变量实现数据通信，具体说明见表 10-2-1。

为了解决处理程序与平台之间输入/输出数据的传递问题，需要在平台中实现上述所有的公共变量及数据接口，采用该模式编写的应用程序无须改动就可以直接进行集成。

表 10-2-1 全局变量和公用接口说明

类型	接口函数	用途
全局变量	DEP、DEPO	当前曲线数据输入、输出深度
	SDEP、EDEP	当前处理层段的起、止深度
	STDEP、ENDEP	处理井段的起、止深度
	RLEV	处理用采样间隔
	IFLNM	数据文件全路径名
	IPARM	参数卡文件全路径名
	NOI	输入曲线条数
	NAMEI	输入曲线名
	NOO	输出曲线条数
	NAMEO	输出曲线名
	NOC	参数个数
	NAMEC	参数名
公共服务接口	INHEAD	程序初始化，启动 Java 虚拟机
	PARAME	打开由 IFLNM 指定的数据文件及 IPARM 指定的参数文件，读入要重定向的输入或输出曲线及参数卡
	VPARAM	读入下一井段处理参数
	INDATA	读入由 DEP 指定的曲线数据
	OUTDATA	输出由 DEPO 深度点指定的曲线数据
	OUTHEAD	保存处理结果、发送数据更新消息并关闭数据文件

2．参数卡文件

这类文件主要用于存放解释深度及解释参数，以命令行参数形式传递给处理程序。这类文件在每次处理前必须先填好，才能运行处理程序，其通用格式说明如下：

（1）曲线输入重定向：如 DEN ＜ DEN1，用曲线 DEN1 代替 DEN 作为输入曲线。

（2）曲线输出重定向：如 POR ＞ POR1，程序运行完成后，生成 POR1 曲线。

（3）处理层段分层：一对深度数据，中间以","或空格分隔。

（4）层段处理参数：采用自由格式，存在续行时应以","结尾，结束行不能有","。当前处理层段的参数在没有设置时，继承上一相邻层段的处理参数。

（5）处理井段：所有处理层段的最小和最大深度构成了处理井段。

应该说明的是：（1）同一参数可在不同井段出现；（2）参数赋值顺序不限；（3）不同井段重新赋值的参数个数不一定相同；（4）深度段可以不连续，但是应该由浅向深进行分层，保证深度值从小向大逐步过渡。

典型的参数卡格式样板如下：

DEN＜DEN1，AC＜AC1，GR＜GR1
POR＞POR1，SW＞SW1，SH＞SH1
700，750
GMN3=36，GMX3=71，BITS=21.5，RW=0.03，RMF=0.1，
SHCT=0，PFG=1
750，800
GMN3=55，GMX3=74，SHCT=100

处理程序具有完全相同的执行过程，可以通过创建一个通用处理框架统一整合这些程序。在设计并实现通用集成处理界面时，需要考虑以下几个方面内容：

（1）交互式图形操作界面；
（2）可视化分层及参数编辑；
（3）连续和不连续的分层精细解释；
（4）实时跟踪显示处理结果及输出信息。

二、不同语言混合编程

目前，已有的处理程序基本采用Fortran、C/C++或C#等语言编写，平台与处理程序使用的开发语言可能会不同。由于不同编程语言在语言特性、规范等方面存在差异，因此，首先要解决的问题就是不同编程语言之间如何实现相互调用。

一般来说，编程语言之间直接调用最好的语言是C语言，因为它具有比较统一的应用二进制接口，很多其他语言都有与C进行相互调用的接口，见表10-2-2。

表10-2-2　C与其他语言之间的混编技术

序号	编程语言	混编技术
1	Fortran与C	静态库或动态库
2	Java与C	JNI（Java Native Interface，Java本地接口）
3	C#与C	DLL动态库
4	Python与C	DLL动态库（利用ctypes）
5	C++与C	两者完全兼容

值得注意的是，由于不同语言产生的背景不同，因此它们在调用约定、命名约定、参数传递及数据类型等方面存在差异。所以，在进行不同语言混合编程时，必须了解造成这些差异的原因并找出对应的解决办法。

处理程序与软件平台是两个独立的应用程序，分别运行在不同的进程空间中，它们各自的数据是不能够直接访问的。因此，为了解决处理程序与平台之间输入/输出数据的传递问题，就现有的技术来看，较常采用的方式有以下几种。

1. 文件共享

在硬盘上建立一个文件，某个应用程序将需要传递的数据、参数等信息写入该文件，另一个应用程序以共享方式打开这个文件并读取其中内容，这便是最简单的一种数

据交换方式。但它的缺点也是显而易见的：只能采取轮询的方式获取数据，效率低，网络映射的驱动器绝对不能变动或取消，所以是一种可靠性差、安全性不高的通信方式。

2. 套接字 Socket

Socket 是建立在传输层协议（主要是 TCP 和 UDP）上的一种套接字规范，定义了两台计算机之间进行通信的规范（也是一种编程规范）。一个 Socket 可以看作是一个双向的节点，一个应用程序可以通过它先与另一个程序建立连接（建立在一个双方都认可的端上），之后便可以彼此交换数据。

Socket 通信是典型的 C/S（Client/Server，客户/服务器）方式，客户端通过 Socket 来建立与远程服务器的连接，接着向服务器发送请求，之后服务器处理请求，再通过 Socket 将结果返回给客户端。因此，Socket 可看作是通信线路两端的收发器，网络上的任何两个程序可通过 Socket 来收发数据，如图 10-2-1 所示。

图 10-2-1 Socket 通信示意图

随着 TCP/IP 传输协议在 Internet 上的广泛应用，Socket 也随之获得了更广泛的应用。Socket 的主要优点就是内核简单、可移植性好，Socket 应用程序无论在哪种平台间都能互相进行通信，大大减少了异构网络的编程工作量，并且保证了不同网络平台间的通信质量。因此，如果要在多个平台间互相通信，Socket 确实是最佳的选择。

3. Pipe 管道

Pipe 是一种最基本的、基于内存的系统进程间通信形式，所有 Linux 系统都提供此种通信机制。它由内核管理一个缓冲区，一端连接一个进程的输出，另一端连接一个进程的输入。但是，管道是半双工的，即一个管道上的数据只能在一个方向上流动，如果要实现双向通信，必须在两个进程之间分别建立两个单向管道。同时，一个普通的管道仅可被具有公共祖先的两个进程共享，并且该祖先必须已经建立了供它们使用的管道。

4. 剪贴板（Clipboard）

Windows 提供了一系列 API 函数使应用程序安全地打开剪贴板读写其中的数据。它的缺陷也是显而易见的：当有新的数据放入剪贴板上时，则先前的数据就会被覆盖掉，因此这种方式用于程序间的通信不够安全。

以上介绍的只是现今流行的一些数据通信方法，它们各有各的优缺点。所以采用何种数据通信方法实现应用程序之间的数据交换，需要根据具体应用环境进行综合分析选择。

三、应用集成开发环境

目前，测井技术人员熟悉的编程语言种类多，例如 Fortran、C/C++、C#、Java、Matlab 和 Python 等。为了让用户不受编程语言和开发工具的限制，方便快速地开发新的处理程序，可以通过创建一个应用集成开发环境来实现快速生成、编译和连接各种语言应用程序。具体实现时，需要考虑以下几个方面的内容：

1. 软件开发工具包 SDK

为不同语言开发提供二次开发接口,允许访问平台接收所有的数据对象(井、曲线、表格、属性等),从而满足各种层次开发人员的编程需要,见表 10-2-3。数据接口的设计要遵循所依赖平台中的数据逻辑结构,实现对各级数据对象的访问和操作。

表 10-2-3　数据开发接口函数

序号	接口函数	序号	接口函数
1	创建井文件	17	判断曲线是否存在
2	打开井文件	18	判断表格是否存在
3	关闭井文件	19	获取曲线属性
4	获取井属性	20	修改曲线深度范围
5	获得井文件中一维曲线个数	21	读一维曲线数据
6	获得井文件中二维曲线个数	22	写一维曲线数据
7	获得井文件中三维曲线个数	23	读二维曲线数据
8	获得井文件中表格个数	24	写二维曲线数据
9	获得井文件中文档个数	25	读三维曲线数据
10	新建曲线	26	写三维曲线数据
11	新建表格	27	获得表格行数
12	新建文档	28	获得表格列数
13	删除曲线	29	读表格记录
14	删除表格	30	写表格记录
15	删除文档	31	读文档
16	判断井文件是否存在	32	写文档

2. 应用程序代码编辑器

为用户提供一个可视化源代码编辑界面,支持 Fortran、C/C++、C#、Java 和 Python 等主流编程语言,内置不同语言对应的编译器。用户可以选择熟悉的编程语言,根据实际要求添加自己的代码便可编译生成可执行程序,大大提高了用户的开发效率。

为了满足不同层次开发人员的编程需要,代码编辑器提供两种编程方式:一是少编程方式,编辑器自动生成应用程序框架,用户只需要按照规定格式声明输入、输出曲线和处理参数,然后输入自己的计算公式便可编译为可执行文件,该方式简单方便,缺点是处理程序具有特定结构和程序运行方式;二是完全编程方式,用户可以根据需要开发自定义功能,该方式没有固定格式要求,用户可以自由地编写复杂应用程序,缺点是要求用户具有一定的编程基础。

第三节 组件式开发方法

组件式开发方法是应用集成开发最复杂的方式之一。通过开发各种各样功能专一的组件，将它们按照功能要求组合起来，从而形成复杂的测井应用系统。该方法的优点是可以充分利用平台已有的可用软件资源作为组件进行系统集成，极大地提高应用开发效率；缺点是平台提供的组件要规范且种类丰富，能够满足不同层次开发需求，同时开发人员必须使用平台开发语言进行系统开发。

一、技术实现

组件，就是对数据和方法进行简单封装，并使其成为具有特定功能的对象，在以后开发过程中能够重复使用。在开发过程中，要根据实际应用和不同粒度的组合需要来规划组件的功能，同时需要制定统一的开发规范和标准，保证独立开发的组件符合给定的规则，以可预知的方式进行交互并能够配置到公共的运行环境中。

在设计组件时，需要遵循以下几个规范：

（1）组件结构类型是父子关系结构，一个组件可以包含任意层次的子组件；

（2）通过公共功能接口，实现对组件的控制；

（3）组件的开发要符合模型—视图—控制器（MVC）设计模型，以保证外部提供的数据模型在组件中可以使用；

（4）组件要提供事件分发功能，实现与其他组件之间有效的协同。

按照上述开发规范，图10-3-1给出了组件的基本结构（王才志等，2014c）。

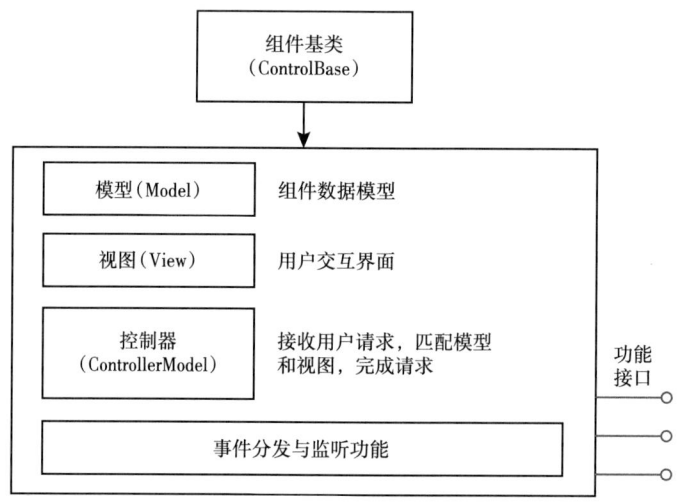

图10-3-1 组件设计结构

在设计组件时要注重宏观层次上的划分。组件按照功能一般分为基础组件和业务组件。其中，基础组件是指一般不会变化的功能，例如网络请求、图片加载、工具类、日志、权限等；业务组件主要针对平台特定的业务功能，例如绘图组件、文本编辑组件、数据组件等。表 10-3-1 给出了开发应用系统时比较常用的一些组件。

表 10-3-1 应用系统开发时常用组件

类型	序号	组件/工具类	类型	序号	组件/工具类
基础组件	1	选择井文件	业务组件	1	输入曲线面板
	2	进度条		2	输出曲线面板
	3	无效值过滤器		3	绘图面板
	4	特殊字符选择面板		4	信息输出面板
	5	曲线选择工具		5	打开/保存处理卡
	6	表达式解析器		6	层段编辑器
	7	文件路径解析器		7	参数表格
	8	XML 解析器		8	文本编辑器

二、组件之间的消息通信

组件与组件之间、组件与应用程序之间经常需要进行数据更新、协调和控制，这就需要在低耦合度的前提下，保证彼此之间消息传递的通畅和对消息的及时响应。要实现组件之间的消息传递，通常采用事件监听机制，也就是等待某个事件的发生，当这个事件发生之后，对其做出一个响应。

具体实现时，通过建立基于事件订阅/发布模式的通信控制中心实现组件间的消息通信，如图 10-3-2 所示。

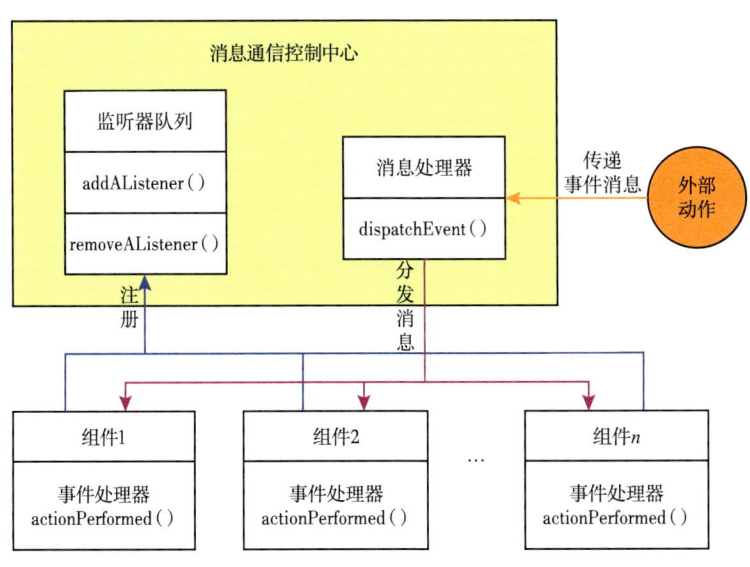

图 10-3-2 组件间消息通信机制

具体实现时，组件间的消息通信分为以下 6 步完成：

（1）建立消息控制中心类 Communication，分别添加事件注册方法 addAListener（）

和移除方法 removeAListener（）。

（2）建立事件对象类 AEvent，定义事件需要的相关信息。

（3）建立事件监听器类 AListener，组件实现事件监听器 AListener，添加事件处理器，实现接收到消息以后的处理方法 actionPerformed（）。

（4）组件实例化步骤（2）中的事件监听器对象。通过调用 Communication 类中的 addAListener（）方法将监听器注册到消息控制中心的监听器队列中。

（5）产生外部动作，将需要发送的消息封装到事件对象类 AEvent 中，并传递给消息控制中心。控制中心接收后调用 dispatchEvent（）方法，将消息分发给监听器队列中的每个组件。

（6）组件监听器接收到事件对象后，激活事件处理器，具体的消息处理在事件处理器 actionPerformed（）方法中进行。

通过上述步骤，消息控制中心有效地实现组件之间的实时响应与协同，组件之间完全解耦。各个组件之间的松散耦合，保证了平台良好的独立性和扩展性，便于组件的并行开发。

第四节　插件式开发方法

支持插件化应用的开发框架能给程序带来强大的生命力，也是目前很多系统、程序追求的重要方向之一。目前在用的 CIFLog 测井软件系统支持插件化应用开发，基于 CIFLog 软件二次开发了多个满足不同油田需求的属地化测井处理解释系统，实现了 CIFlog 平台的升级、完善，全面提升了各属地化系统性能。

插件化开发的模块，遵循程序接口完成相应的编写，再规范接口插件的过程，从而达到拓展程序功能的目的。它可以实现快速集成，也就是所谓的热插拔操作，也可以对已经开发好的系统进行扩展，不会影响已有的功能，不再使用的模块通过修改配置移除即可。

当前软件开发中运用的插件技术主要有以下两种类型：

（1）组件对象的模型插件。该技术简称为 COM，利用该模型可以直接定义程序接口，无须了解插件实现过程，同时也能达到不同插件间通信的目的。此类插件也是目前市面上使用最广泛的插件类型。

（2）脚本插件。将插件逻辑运用编程语言转换为脚本代码（这里的编程语言可以是通用语言，也可以自行开发），目前脚本插件的主要语言形式为 XML，在利用过程中具有简便、易于操作等优势，同时也使得脚本插件具备一定的风险漏洞。

使用插件技术能够在分析、设计、开发、项目计划、协作生产和产品扩展等很多方面带来优势：

（1）结构清晰、易于理解。由于借鉴了硬件总线的结构，而且各个插件之间是相互独立的，所以结构非常清晰、也更容易理解。

（2）易修改、可维护性强。由于插件与宿主程序之间通过接口联系，就像硬件插卡一样，可以被随时删除、插入和修改，所以结构很灵活，容易修改，方便软件的升级和维护。

（3）可移植性强、复用力度大。因为插件本身就是由一系列小的功能结构组成，而且通过接口向外部提供自己的服务，所以复用力度更大，移植也更加方便。

（4）结构容易调整。系统功能的增加或减少，只需相应的增删插件，而不影响整个体系结构，因此能方便地实现结构调整。

（5）插件之间的耦合度较低。由于插件通过与宿主程序通信来实现插件与插件、插件与宿主程序间的通信，所以插件之间的耦合度更低。

（6）可以在软件开发的过程中修改应用程序。由于采用了插件的结构，可以在软件的开发过程中随时修改插件，也可以在应用程序发行之后，通过补丁包的形式增删插件，通过各种形式达到修改应用程序的目的。

（7）灵活多变的软件开发方式。用户可以根据资源的实际情况来调整开发的方式，资源充足可以开发所有的插件，资源不充足可以选择开发部分插件，此外，也可以请第三方厂商进行开发，用户也可以根据自己的需要进行开发。

图 10-4-1 给出了 CIFLog 插件式开发的一个实例。可以看出，通过插件式开发，平台提供的公共接口可以方便地扩展出属地化系统功能，而平台原有的功能则全部被继承下来，此外对不需要的模块则进行卸载，发包后就形成了功能完整的属地化应用系统。

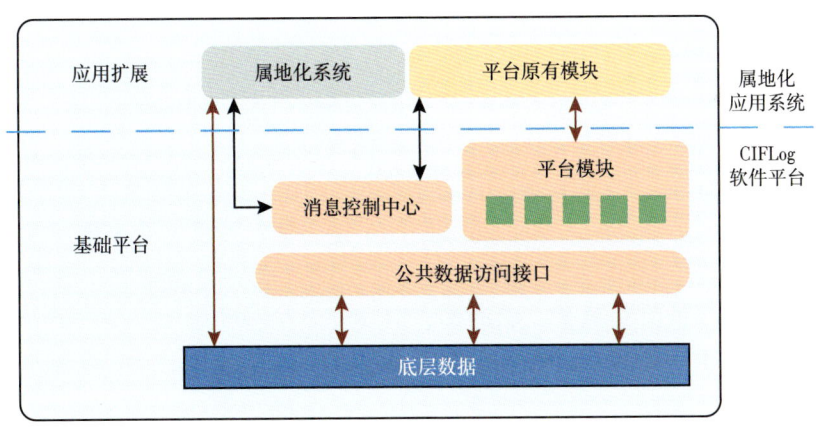

图 10-4-1　CIFLog 插件式开发

第十一章　单井测井处理解释

利用测井资料对地层进行评价解释，求取准确的储层参数（如矿物含量、孔隙度、渗透率、饱和度以及泥质含量等），是测井解释人员的主要任务之一。单井测井处理解释包含的内容较多，包括针对每种测井仪器类型（如声电成像、核磁共振、阵列声波等测井仪器）的处理解释方法、针对不同储层（如火成岩、碳酸盐岩、碎屑岩等）的处理解释方法、水淹层测井处理解释方法、生产测井处理解释方法等。由于相关内容在《地球物理测井学》系列丛书其他分册中已进行了介绍，在此仅介绍单井常规测井处理、最优化处理、成像系列处理等。

第一节　常规测井处理方法

一、常规处理基本参数与流程

自然界中只有部分岩层能够储集油气。在石油科学中，把能够储存油气且通过现有技术手段开采的岩性称作储层。储层包含两个基本特征：一个是孔隙度，它主要反映储集流体的空间特性；另一个是渗透率，它反映的是流体在一定压差下透过岩层的能力。对于油气储层而言，还包含另外两个指标：一个是含油饱和度，它主要反映储集空间中油气所占的比例；另一个是储层厚度，它反映储层顶底界面的厚度。随着勘探开发对象的日益复杂，仅仅评价孔隙度、渗透率、饱和度以及厚度这4个参数已经无法满足对复杂储层的评价要求，此时，还需要评价其他参数，如裂缝孔隙度、孔隙结构指数、岩性、岩石力学等。

为了利用计算机对测井资料进行定量计算，从而得到储层评价的参数，需要用户编制相应的软件。简单来说，就是根据储层的特点，采用适当的数据处理方法，建立相应的解释处理模型，编制相应的程序代码，对测井资料进行处理和解释。由于储层类型的多样性，需要针对每一类储层建立相应的解释模型，才能达到准确评价储层的目的。在油气测井处理解释领域中，主要从岩性、储集空间特征和流体特征等角度来建立相应的解释模型。根据岩性进行分类的解释模型主要包括纯岩石模型、泥质砂岩模型、碳酸岩模型、火成岩模型等。按储集空间特征分类的解释模型主要包括单孔隙性、双重孔隙性和多重孔隙性等。按孔隙流体性质与特征的解释模型主要包括含水模型、含油模型、含气模型、油气混合模型以及阳离子交换模型等。

一般而言，所有测井资料均需要专门的程序进行预处理，以确保各类测井资料的一致性、准确性和完备性。在用计算机进行定量处理之前，还需要了解所处理井的地质情况、测井项目、井下条件（如钻井液性能、井筒条件等）。此外，还需要选择合理的解释模型和解释参数。完成上述过程后，方能利用软件提供的专门程序进行处理。对于一些历史井资料，可能还需要将原始的磁带数据、数字化仪器所测数据进行数字化处理后才可以利用新的解释程序来处理。测井资料计算机处理的一般流程如图 11-1-1 所示。

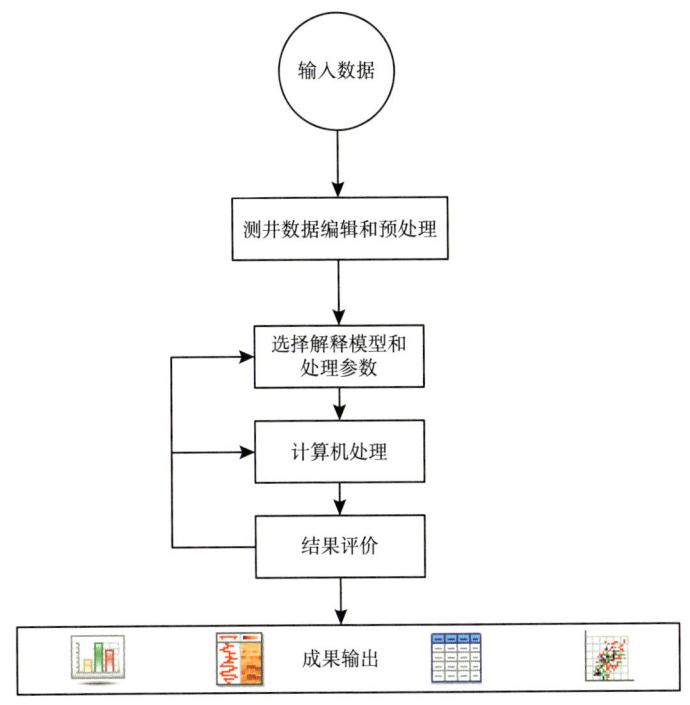

图 11-1-1 测井资料计算机处理流程

二、经典常规处理方法介绍

测井资料计算机处理解释的基本过程，可用如图 11-1-1 所示的测井资料数字处理框图来简要说明，主要环节如下。

1. 测井数据编辑和预处理

用于数字处理的所有测井资料，都必须使用专用程序进行资料预处理后，方能用计算机进行分析计算。一般的数据预处理包括曲线数字化、深度平差、数据纠错、曲线滤波、曲线校深、曲线拼接、环境校正等。

2. 选择解释模型和处理参数

对预处理后的测井数字资料进行实际计算机处理之前，需要根据解释井的地质情况、测井内容、井筒条件，同时结合区域地质、地球物理等资料，选择合理的解释模型，并确定用于定量计算所必须使用的处理参数。如利用频率直方图、交会图等大致确定处理层段岩性、物性条件，利用电阻率资料并结合区域经验初步判定含油气情况，从而为实际计算机处理提供必要的数据和参数准备。

3. 测井数据的计算机处理

选择解释模型和处理参数后，利用处理平台提供或用户自行开发的测井分析程序，将输入的数据和参数，按深度逐点进行计算。在特殊情况下，还可以利用环境校正程序对测井数据进行必要的环境校正，也可以利用自编或系统提供的分层程序初步划分解释层段。

4. 成果输出

经过计算机处理后的结果，可以按指定的格式、比例尺等绘制在屏幕上或输出到绘图仪。通常这些工作是利用绘图程序来实现的，输出的图件格式一般有位图格式和矢量图格式。为了便于理解，本书从岩性分类的角度来介绍各类解释模型，主要包括纯岩性模型、黏土模型和复杂岩性模型。

1）纯岩性模型 POR

纯岩性骨架矿物颗粒（如石英、长石、石灰岩、白云岩等）的物理性质比较接近，且与孔隙中水或钻井液的物理性质有较大差别。例如，骨架颗粒几乎不导电，而地层水或大多数钻井液是导电的；骨架颗粒的密度、中子、声波等也与地层水有明显的差别。因此，一般将岩石体积分成岩石骨架和孔隙两部分。

纯岩性地层的孔隙度通常可用孔隙度测井计算出来。孔隙度计算公式可以使用理论公式，也可以根据取心分析的孔隙度模型进行计算得到。

计算纯岩性地层渗透率的方法大多是以孔隙度和束缚水饱和度为基础的统计方法，此外也可以根据岩心分析的孔渗关系模型计算得到。理论与实践表明，渗透率与孔隙度及束缚水饱和度存在较好的相关性。图11-1-2是纯岩性模型计算机处理过程。

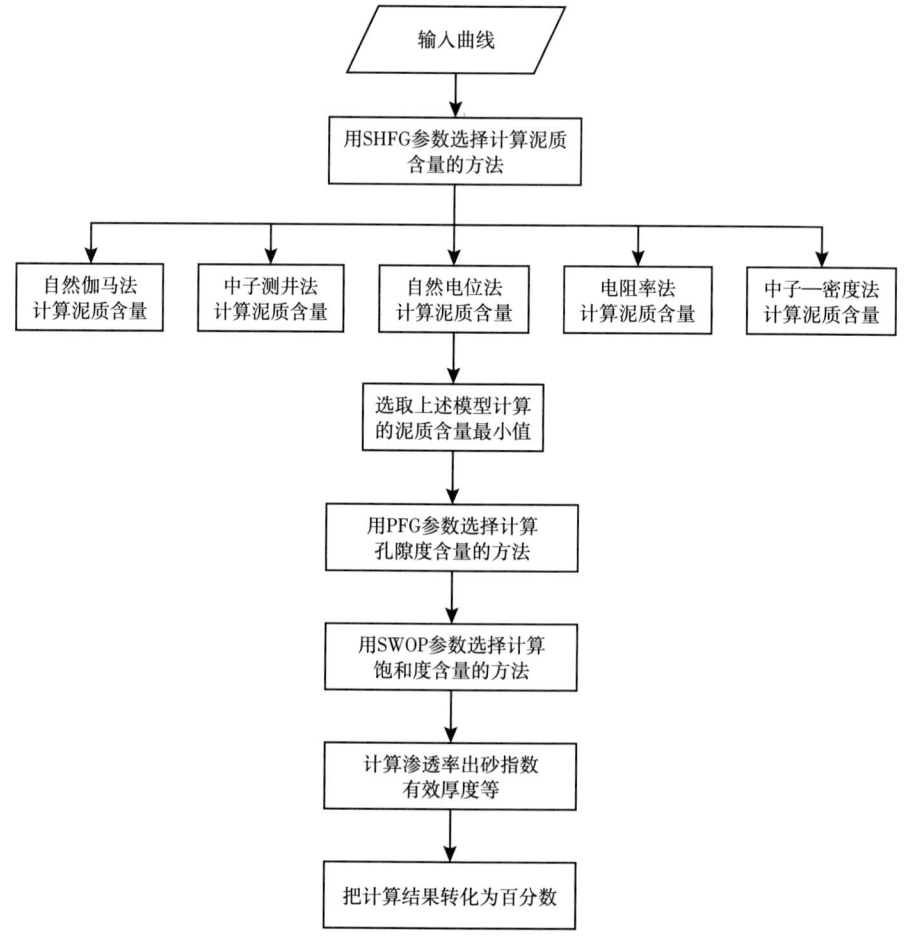

图 11-1-2　纯岩性模型计算机处理过程

纯岩性地层的饱和度一般采用阿奇公式计算得到，也可以根据密闭取心建立的饱和度模型计算得到。

纯岩性模型设计的计算机程序，最少需要两条输入曲线，一条是测井孔隙度曲线，另一条是深电阻率曲线。所需要的基本参数有地层水电阻率、阿奇参数、纯泥岩和纯岩性基线等。根据这两条输入曲线和基本参数，可以逐点计算得到地层的孔隙度、渗透率和饱和度。在包含冲洗带测量电阻率的情况下，还可以计算出冲洗带饱和度。另外，根据工程评价的需要，也可以通过计算得到出砂指数、累计油气体积、井径差值等工程数据。

2）黏土模型 CLASS

目前国内使用较多的黏土分析程序是从美国 Atlas 公司引进的 CLASS 程序。该程序主要适用于砂泥岩地层，采用交会图法计算孔隙度和黏土成分，利用双水模型计算饱和度。具体来说，它利用中子、密度、能谱等测井资料计算泥质砂岩地层的泥质含量、束缚水含量、阳离子交换能力、地层孔隙度，并分析黏土的分布形式等参数，还可以结合双水模型和 Waxman-Smits 模型来计算含水饱和度。

黏土分析解释模型可以用 8 种方法计算泥质含量，分别是自然伽马、自然电位、中子寿命、深电阻率、能谱钾、能谱钍、中子伽马计数率和钾钍乘积指数，计算原理与 POR 程序类似，利用混合流体模型计算地层的总孔隙度和有效孔隙度，利用不同分布形式的黏土对地层孔隙度的影响来确定黏土的分布形式。该程序将 Waxman-Smits 模型和双水模型结合起来，计算地层的饱和度。图 11-1-3 是黏土分析程序的计算流程图。

黏土分析模型设计的计算机程序，输入曲线最少需要 6 条，分为三类。第一类是反映地层泥质特征的测井曲线，如自然伽马、能谱钾、能谱钍这三条曲线；第二类是反映地层孔隙特征的曲线，如中子和密度测井曲线；第三类是深电阻率曲线，它的输出曲线主要包括黏土分布形式及相对体积含量、阳离子交换能力、孔隙度、渗透率、残余烃及可动烃的孔隙体积等，也可以计算出一些工程参数。

3）复杂岩性模型 CRA

骨架由两种或两种以上的矿物成分组成的岩层，称为复杂岩性地层。一般测井的复杂岩性程序能够解释常见矿物中任意两种矿物或泥质组成的岩层。该模型可以采用与泥质砂岩模型相同或修改后的模型来计算泥质含量，至少需要两条孔隙度曲线来计算总孔隙度或有效孔

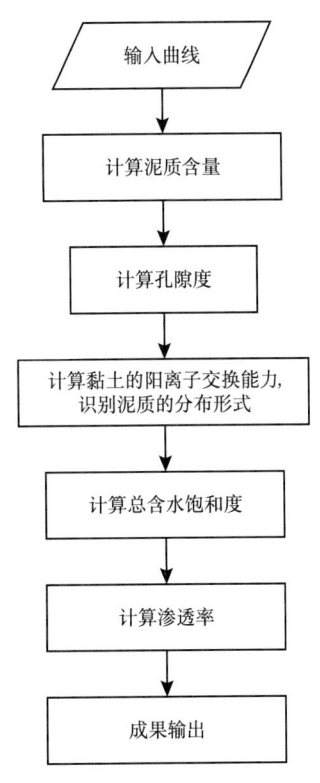

图 11-1-3 黏土分析程序的计算流程图

隙度，需要地层真电阻率曲线来计算原状地层饱和度。在提供冲洗带电阻率的情况下，它还可以计算可动油气相对体积等。总之，测井资料越完整，岩性组合及流体性质越明确，计算的可靠性就越高。

目前，国内使用较多的复杂岩性分析程序是从美国 Atlas 公司引进的 CRA 程序。它可以采用多种方法计算泥质含量，也可以利用交会图技术求取孔隙度和岩性成分，还可以利用五种模型计算饱和度。在国内，大多数经过油气田以及测井公司改编后的 CRA 程序仍普遍使用。

该模型至少需要两条孔隙度测井曲线，包括一条深探测电阻率曲线和一条泥质指示曲线。输出的主要曲线包括泥质含量、岩石骨架矿物相对体积、总孔隙度、有效孔隙度、次生孔隙度、含水饱和度和渗透率等。在输入冲洗带电阻率曲线的情况下，还可以计算输出可动油相对体积等参数。与其他程序类似，该程序还可以得到各井眼体积、井径差值等工程参数。

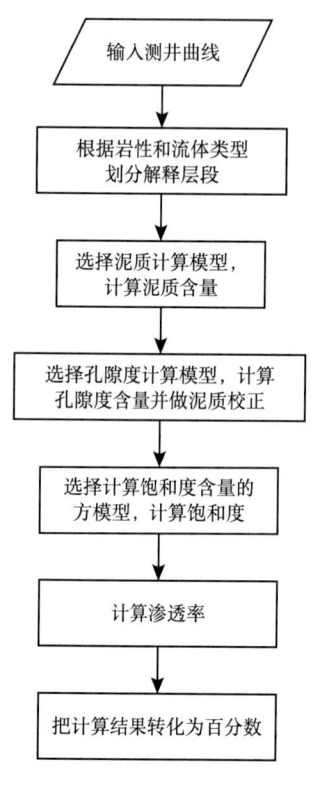

图 11-1-4　CRA 程序的计算流程图

CRA 程序可以通过多种方法计算泥质的相关体积。改进后的 CRA 程序也可以利用交会图法求取地层的泥质含量。它采用中子—密度或中子—声波法求取孔隙参数，还可以采用 6 种方法计算饱和度参数。此外，它还能够解释四种矿物中的任意两种矿物组合以及泥质组成的地层。

使用 CRA 程序进行处理时，首先要划分解释处理层段，划分层段是为了更准确地选择岩石矿物组合。一般而言，划分层段的原则是：把岩性及矿物组合、流体性质、泥质类型相同或相近的地层划分为一个解释层段。在一个解释层段内使用相同的岩性和孔隙度参数来处理，这样计算得到的储层参数更能反映地层的真实情况。需要指出的是，利用 CRA 程序解释地层时，一般低、中等孔隙度的碳酸盐岩地层所得效果更好。

确定了解释模型（矿物对）和解释参数后，就可以利用计算机对数据进行逐点解释处理。逐点解释指的是按一定步长取解释点，对每一个解释点求取泥质含量、孔隙度、矿物参数、含水饱和度等地质参数。图 11-1-4 是 CRA 程序的计算流程图。

第二节　最优化处理方法

测井最优化处理解释方法基于最优化思想，利用常规测井资料反演骨架矿物与流体组分含量等地层参数。目前测井软件的最优化处理解释模块可以将常规测井资料与元素俘获能谱测井资料相结合，进一步提高地层骨架矿物与流体组分含量等参数的计算精度。测井资料的最优化处理一般包括四个部分：预处理、单模型优化处理、多模型组合优化处理及后处理。下面依次介绍测井处理解释软件中上述四个部分的主要功能。

一、预处理

预处理是整个多矿物最优化处理的基础，其主要功能是根据输入的井眼和地层初始参数，如地层水电阻率、钻井液滤液电阻率、地层温度及地温梯度等，获得随深度变化的地层矿物和流体的响应参数。同时，在预处理过程中也会对地层水电阻率、钻井液滤液电阻率等随温度和压力变化的参数进行相关校正。

预处理子模块的处理结果如图 11-2-1 所示。图中第 2 道为地层温度，第 3 道为冲洗带和原状地层的地层水电阻率，第 4 道为冲洗带和原状地层的地层水矿化度，第 5 道为不同组分的测井响应，第 6 道为与地层侵入带有关的参数。

在预处理子模块中，由于流体的矿化度与电阻率可以通过相互计算得到，因此实际处理过程中地层水或钻井液滤液的矿化度与电阻率这两个参数可以任意设置其一。例如，地层水矿化度参数存在时，地层水电阻率可以不填写；钻井液滤液矿化度参数存在时，钻井液滤液电阻率可以不填写，反之亦然。另外需要注意的是，如果不同地层的地温梯度或地层水参数变化较大，则需要在预处理模块中进行分层段处理。

图 11-2-1　最优化预处理子模块处理成果图

二、单模型优化处理

与传统的 POR、CLASS、CRA 等计算程序不同，最优化处理可以根据待处理的地层情况构建针对性的解释模型，也就是地层模型的构建。地层模型构建主要包括选择测井方程与地层组分、确定模型参数值、定义约束条件等。地层组分是解释人员根据研究区地层实际情况建立的岩石矿物、流体组成，即最优化处理的待求解变量。测井方程是用户的输入部分，测井方程的选择对最优化计算结果有着重要的影响，特别是电阻率测井，应根据待处理地层特点选取合适的测井方程（如 Archie 模型、Waxman-Smits 模型、双水模型等）。约束条件则是对地层待求变量取值范围的进一步限定。

设置地层模型参数值过程中，参数可以为常数，也可以为曲线。例如，地层模型包含地层水电阻率时，可以将预处理子模块中得到的地层水电阻率曲线作为模型的输入。地层模型中包含黏土矿物相关参数时，需要注意参数面板上设置的是干黏土参数还是湿黏土参数。此外，在地层模型中，可以根据实际情况或地区经验定义最优化处理的约束条件，约束条件的定义方式一般如下所示：

$$U_1 \leqslant \Sigma V_i C_i \leqslant U_2 \tag{11-2-1}$$

式中：V_i 为地层组分的体积含量；C_i 为地层组分对应的系数；U_1 为约束的下限值；U_2 为约束的上限值。

确定最优化模型及相关处理参数以后，即可对单模型进行最优化处理，这也是整个多矿物最优化处理的核心。从数学角度讲，多矿物最优化处理是一个复杂的多维多变量极小化问题。多年来，国内外学者对此进行了深入的研究，提出了不同的求解算法，包括最速下降法、牛顿法、共轭梯度法、Levenberg-Marquardt 等。图 11-2-2 是实际井的单模型最优化处理结果。图中第 8 道为利用最优化方法计算得到的地层矿物与流体组分，第 2 道到第 7 道为最优化处理过程中重构的测井曲线与实测测井曲线的对比。重构曲线与实测曲线越接近，代表反演结果的质量越好。

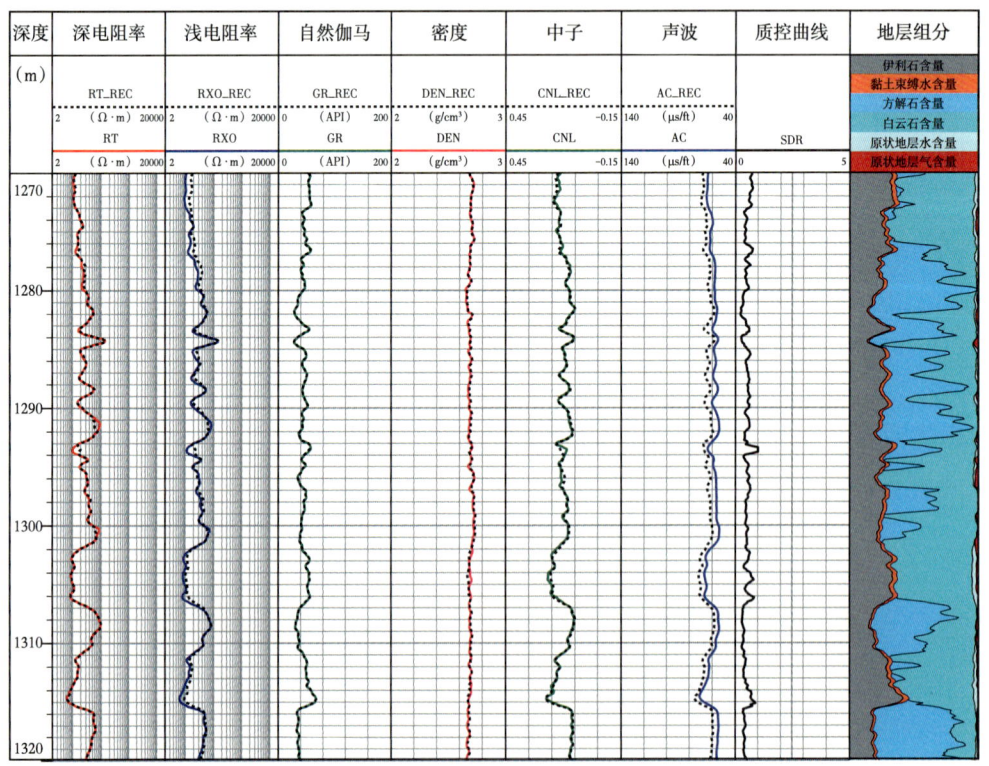

图 11-2-2　单模型优化处理成果图

单模型优化处理过程中，可以根据实际情况将井段分为多个层段进行处理，不同处理层段可以采用不同的模型，但是单个处理层段只能采用单一模型。此外需要注意的是，不同类型的测井方法受井眼环境变化的影响是不一样的。井眼条件较差时，在解释模型中应尽量避免使用密度、中子等受井眼影响较大的测井曲线，或至少应降低这些测井曲线在最优化反演目标函数中的权重。

三、多模型组合处理

在模型组合处理子模块中，地层模型的构建方法与在单模型优化处理子模块中相同。此外，与单模型优化处理子模块中不同的是，在模型组合处理子模块中单个层段可以采用多个模型进行组合处理。

采用多模型组合处理首先要进行模型组合的构建。模型组合的构建主要包括选择组合内包含的模型、确定模型权重以及模型组合方式等。组合中模型的权重可以设置为常数，也可以按照一定的条件进行计算。模型组合将单模型的计算结果，根据组合内模型的权重按照组合方式进行组合后输出。常见的组合方式主要有平均值组合、最大值组合、最小值组合。例如，某组合包含两个地层模型（MODEL1 和 MODEL2），组合中 MODEL1 的权重为 0.6，MODEL2 的权重为 0.4，采用不同组合方式的计算结果分别如下所示：

（1）平均值方式：模型 1 和模型 2 的结果采用加权平均的方式进行组合，组合的最终计算结果为（MODEL1×0.6+MODEL2×0.4）/（0.6+0.4）。

（2）最大值方式：组合的最终计算结果取 MODEL1 的计算结果。

（3）最小值方式：组合的最终计算结果取 MODEL2 的计算结果。

建好的模型组合可以保存到系统模型组合库中。下次建立地层模型组合时，需要的模型组合可以从系统库中直接导入。

实际井资料的组合处理结果如图 11-2-3 所示。该层段的模型组合中包含 3 个模型：模型 1、模型 2 和模型 3。模型 1 的权重为 0.5，模型 2 的权重为 0.5，模型 3 的权重为 1.0，采用平均值的方式进行组合，组合结果如图中第 8 道所示。

四、后处理

后处理子模块用于计算地层孔隙度、流体饱和度、渗透率等相关参数，主要包括地层总孔隙度、地层有效孔隙度、原状地层和冲洗带地层含水饱和度、原状地层和冲洗带地层可动水饱和度、原状地层和冲洗带地层束缚水饱和度、地层空气渗透率、地层固有渗透率等。

地层孔隙度和流体饱和度可由前面子模块中得到的地层组分含量快速计算。例如，地层总孔隙度由冲洗带可动水孔隙度、冲洗带不可动水孔隙度、冲洗带含油孔隙度、冲洗带含气孔隙度、冲洗带黏土束缚水孔隙度相加即可得到。计算地层渗透率时，程序综合考虑了不同矿物的含量及其渗透系数对地层渗透率的贡献。

实际井资料的地层孔隙度、饱和度和渗透率计算结果如图 11-2-4 所示。图中第 5 道为地层的总孔隙度和有效孔隙度，第 6 道为原状地层含水饱和度和冲洗带地层含水饱和度，第 7 道为气的渗透率。

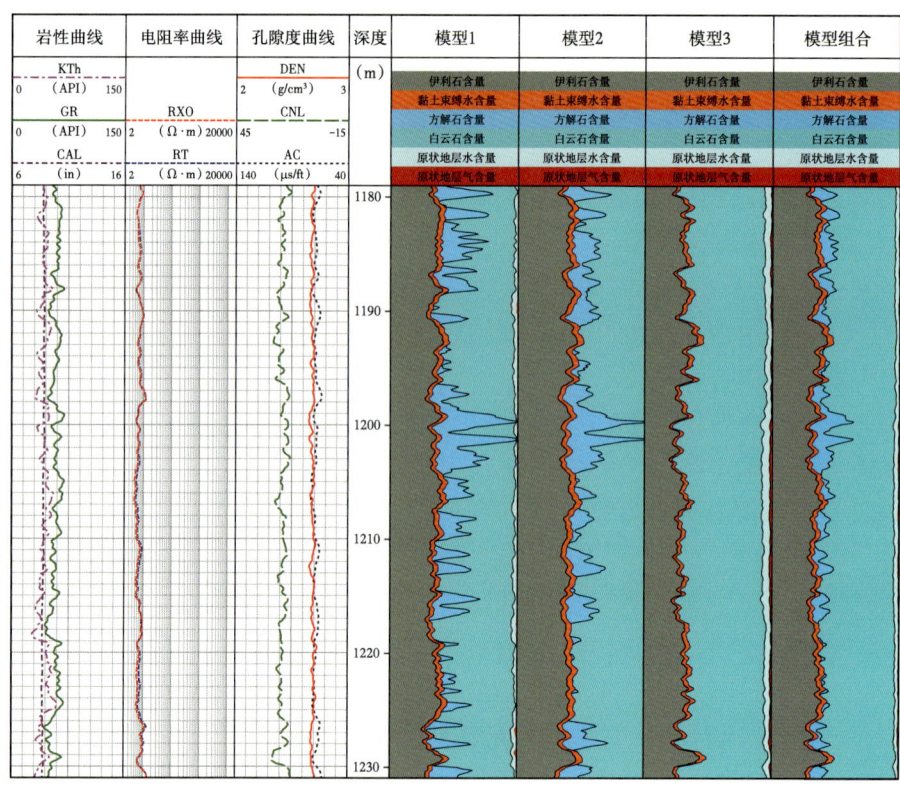

图 11-2-3 多模型组合处理成果图

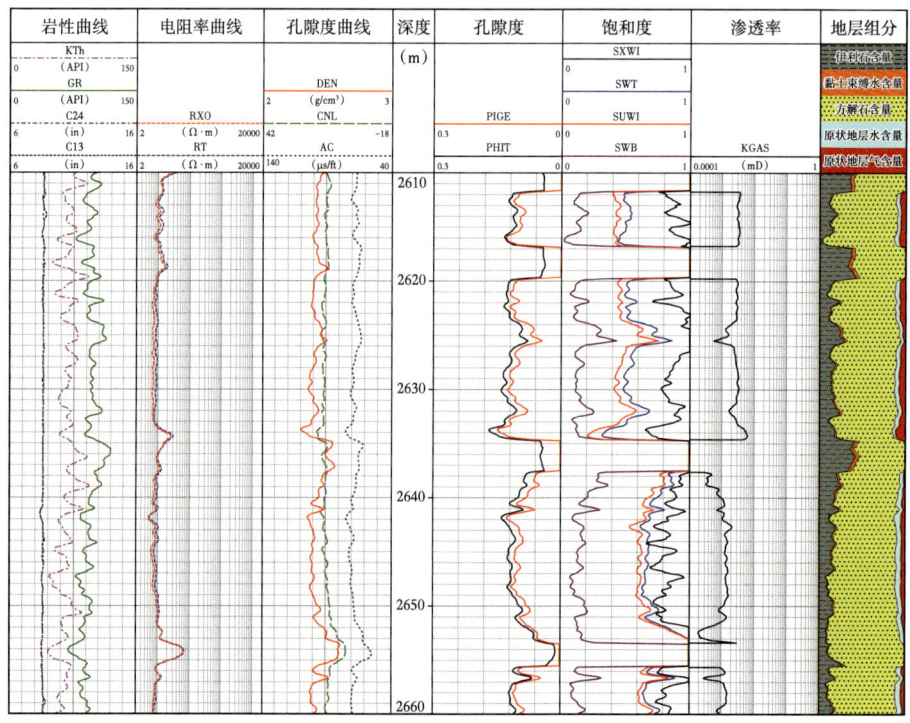

图 11-2-4 后处理子模块储层参数计算成果图

第三节 微电阻率成像测井处理

微电阻率成像测井(简称电成像)是应用最为广泛的成像系列之一,在缝洞识别、沉积构造分析等方面具有广泛应用。现阶段,国内应用的电成像测井仪器主要包括斯伦贝谢公司的FMI、阿特拉斯公司的STAR-Ⅱ、哈里伯顿公司的EMI/XRMI、中国石油集团测井有限公司的MCI、中海油田服务有限公司的ERMI等。尽管不同电成像测井仪器在仪器结构、极板/电极数量、电极布置方式等方面存在差异,但其数据处理与分析的总体思路是一致的,都包含以下三个步骤:预处理、图像处理和储层评价。

一、预处理

在进行解释评价和定量计算之前,必须对电成像测井数据进行预处理,它是电成像测井资料处理的首要工作。电成像测井数据校正是为了消除仪器在测量过程中所受到的各种干扰,使测量结果尽可能地接近真实值,否则将导致测井深度指示错误和地层倾角计算错误。电成像测井的预处理主要包括加速度校正、图像均衡化及微锯齿精细校正。

1. 加速度校正

加速度校正就是恢复原始采样数据所对应的真深度,消除仪器非匀速运动所产生的误差。在电成像测井仪上安装有加速度计,在测井过程中能够将仪器探头加速度和测井采样时间间隔记录下来。速度校正是利用电缆深度(DEPTH)、仪器探头加速度(GAZF)、测井采样时间间隔(ETIM)等测井记录信息,计算出测井仪器探头的真实深度,并将测井曲线数值和仪器探头的真实深度对应起来的过程。加速度校正的实现过程分为两步:第一步是计算出测井仪器探头的真实深度;第二步是利用探头深度与电缆深度的差异,对测井曲线进行拉伸或压缩校正。

2. 图像均衡化

图像均衡化即对电成像数据进行统计分析校正,通过使用增益及K因子将原始极板数据转换成视电阻率,并对所有纽扣电极进行统计校正,使每个极板测量值的平均值和标准偏差保持一致。同时确定并关闭死电极,剔除死电极数据,消除噪声和其他异常,使得校正后的图像所反映的地层特征更清晰。统计校正是校正测量的电阻率值,在进行几何校正、重采样数据前必须进行统计校正。由于每个极板供电电压的差异,使每个极板的测量值会有一些偏差,因此需要进行均衡化处理来消除偏差。经过图像均衡化处理后,原始极板数据被转换成视电阻率,所得图像表示井壁地层电阻率的变化特征。

3. 微锯齿精细校正

在实际测井测量过程中,若仪器在井下运动速度与电缆提升速度一致,则对于第二排电极,将会在一个采样间隔后测量到与第一排电极相同的地质特征信号,此时电成像测井图像正常。若仪器运动速度小于电缆提升速度(通常对应于仪器遇阻、遇卡井段),则下一排电极将会在晚于一个采样间隔后测量到与上一排电极相同的地质特征信号。反之,若仪器运动速度大于电缆提升速度,则下一排电极将会早于一个采样间隔前测量到与上一排电极相同的地质特征信号,此时上下排电极测量信号不一致,利用该数据加速度校正处理得到的电成像测井图像特征边缘将会产生明显的微锯齿现象。综上,电成像测井图像微锯齿现象产生的根本原因是仪器运动速度和电缆提升速度不一致,两者差别越大,微锯齿现象越明显。因此,可基于仪器运动相对速度对微锯齿图像进行校正。

此外,电成像测井预处理通常还包括坏电极校正、几何深度校正、增益校正等。下面以 FMI 仪器为例对这一环节的处理过程进行简要说明。图 11-3-1 中第 1 道是仪器记录的帧时间曲线;第 2 道是仪器测量记录的加速度曲线。通过帧时间曲线、加速度曲线以及仪器运动速度,计算得到真加速度曲线、井下运动速度以及深度校正曲线。

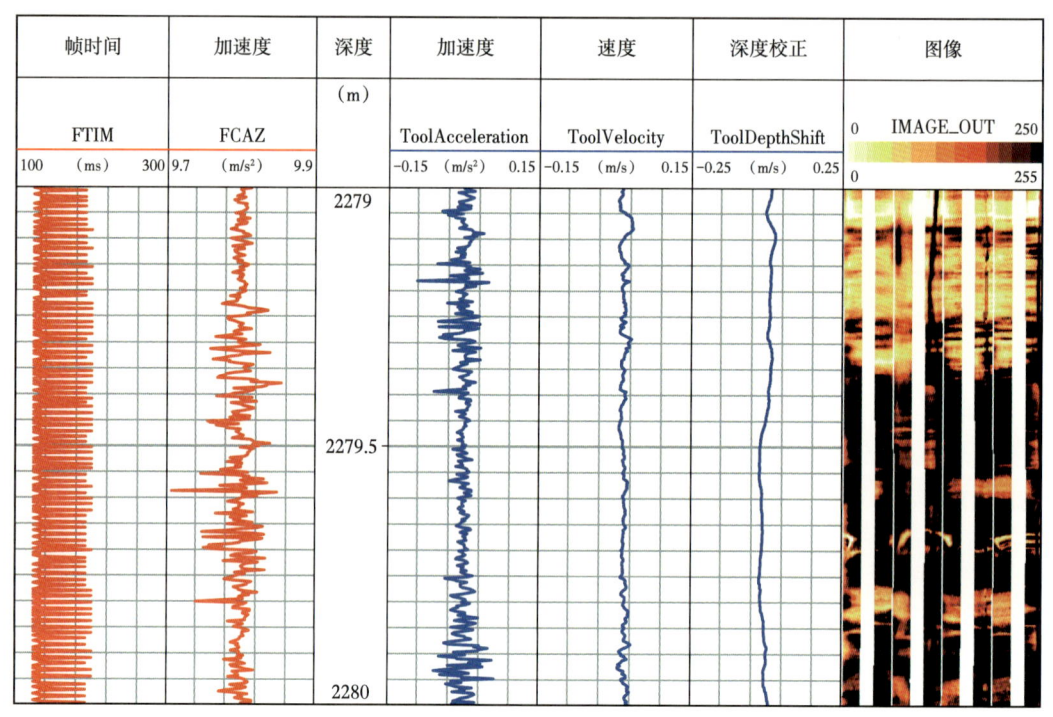

图 11-3-1　FMI 成像测井校正成果图

二、图像处理

电成像测井资料经过预处理后,数据类型变为单通道图像数据,此时的图像对比度较低,图像质量较差,需使用图像处理方法生成利于肉眼观察的图像。电成像测井的图像处理主要包括图像增强和全井眼图像生成。

1. 图像增强

电成像测井图像增强分为静态增强和动态增强。静态增强图像是将经过预处理后的原始图像所生成的井壁电导率图像采用全井段同一配色,并对不同电导率范围给定不同颜色。图像反映了全井段地层微电导率的变化,颜色暗部分代表高电导低电阻地层特征,颜色较亮部分代表低电导高电阻地层特征,因而静态图像可以进行全井段地层对比。

动态增强图像是为了解决有限的颜色刻度与全井段大范围的电导率变化之间的矛盾。具体做法是由静态图像的全井段统一配色改为滑动窗口配色处理,窗长一般选择

0.5m，因此动态增强图像充分体现了微电阻率图像的高分辨率，能够显示地层局部细微特征。动态增强图像常用于识别地层的结构、构造，如裂缝、层理、断层、结核、砾石颗粒等，但由于动态增强图像是按选定窗口进行配色处理，相同颜色在不同井段可能对应着不同的电导率值，或者是不同的地层特征，因此动态增强图像不能用于大范围的地层对比。

图 11-3-2 是某井图像增强处理效果，两种方法配合使用会取得较好的地质应用效果。

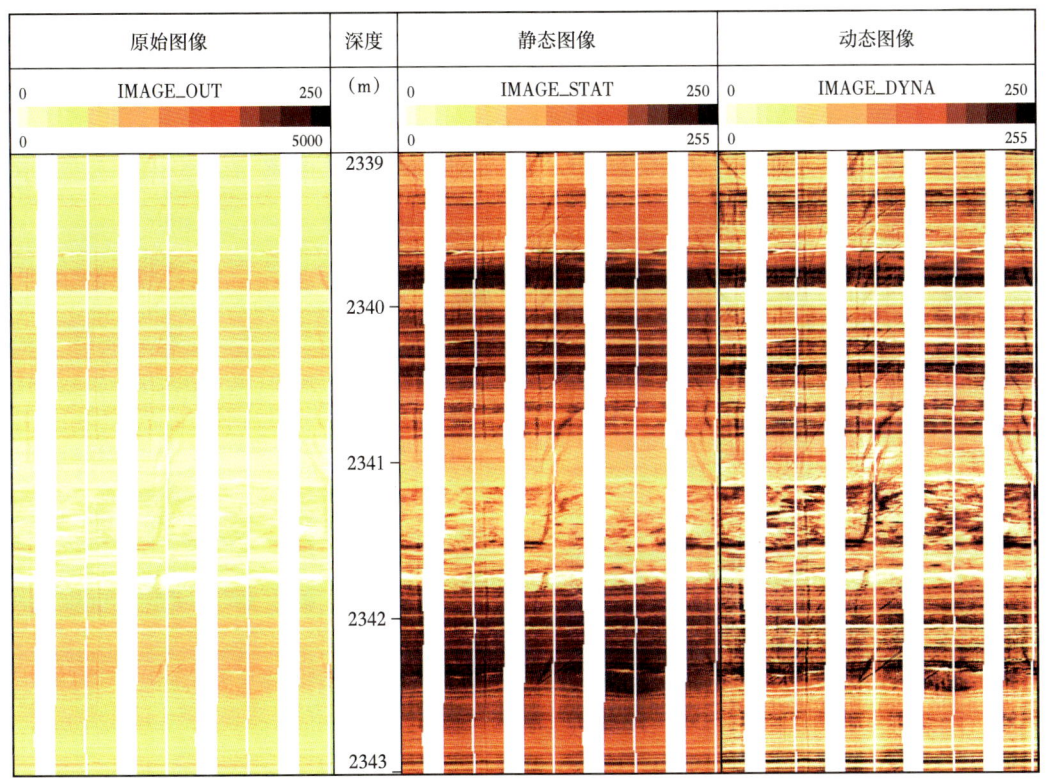

图 11-3-2　图像增强的应用实例

2. 全井眼图像生成

电成像测井仪器采用极板测量，在测量时极板处于张开状态，导致在沿井壁扫描时有部分井壁未能被测量，从而覆盖率不能达到100%，在电测井图像上产生白色条带。通过全井眼图像处理可以修复空白条件部分，更为直观和清晰地反映井壁的结构和特征。现阶段全井眼图像生成的主要方法为多点地质统计法（Filtersim）和深度学习方法。

图 11-3-3 为全井眼处理前后图像效果对比，从图中对比可见，通过全井眼处理能够有效去除原图像中极板空白部分，处理后地质特征更为连续，符合解释人员视觉习惯。

三、储层评价

基于电成像测井图像处理结果可以对储层缝洞、沉积构造特征进行定性识别和参数定量计算，下面从定性法分析和定量计算两个角度阐述电成像测井储层评价的主要功能。

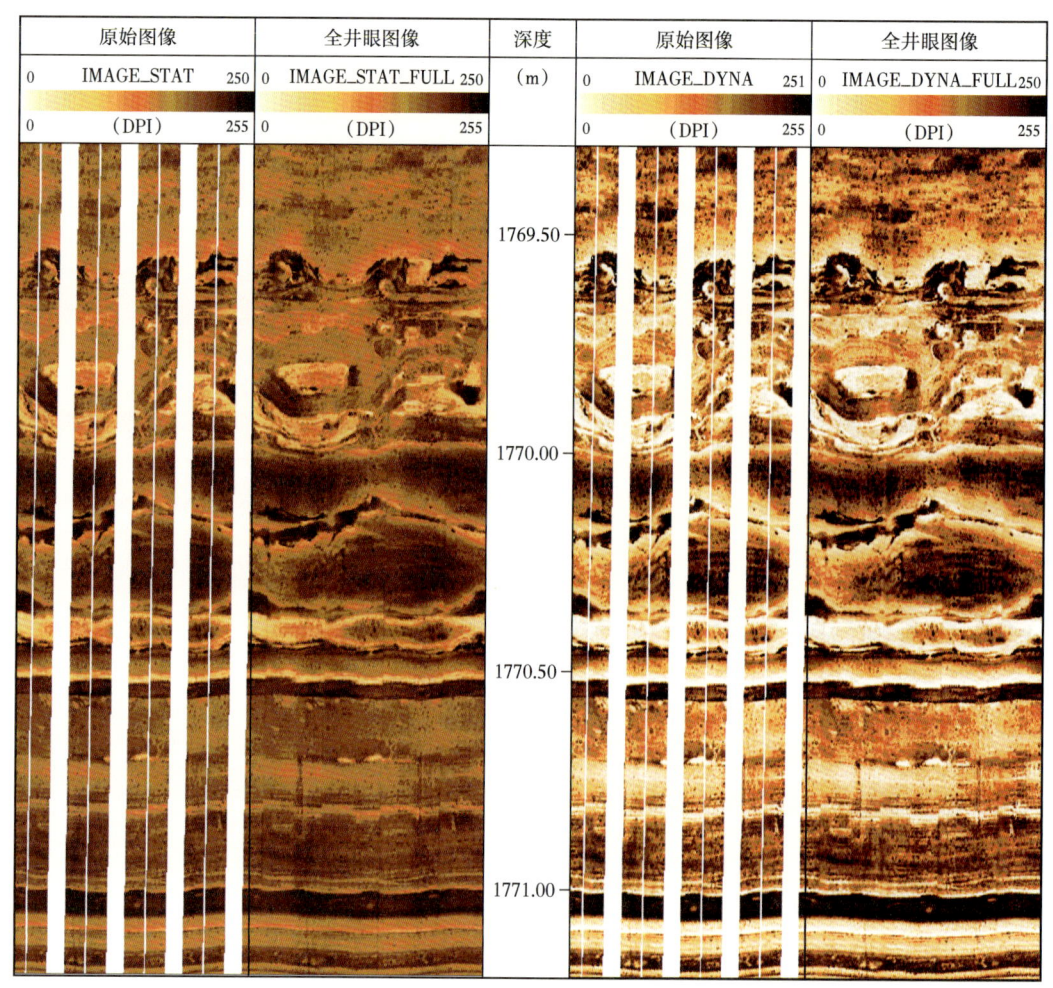

图 11-3-3 全井眼处理前后对比图

电成像测井图像可以直观显示裂缝、孔洞等特征,通过专家识别和提取后,可以进一步定量计算缝洞特征参数,如裂缝孔隙度、裂缝宽度、裂缝密度以及孔洞面孔率等。在裂缝性储层中,定量计算裂缝孔隙度是测井评价地层裂缝发育程度的主要手段,裂缝孔隙度为裂缝孔隙体积与岩石体积之比,表征裂缝在三维立体空间发育情况。图 11-3-4 中第 7 道为提取的裂缝及地层层理蝌蚪图;第 8 道为据此统计的裂缝和地层层理方位玫瑰图;第 9、第 10 道为定量计算的裂缝孔隙度、裂缝宽度参数。

通过电成像测井还可以定量计算电导率谱、孔隙度谱及视地层水电阻率谱,为储层有效性和流体性质判识提供了新的技术手段。电成像测井资料的电导率分布是在给定的深度间隔范围内求出不同电导率像素出现的频率;孔隙度分布谱是对浅电阻率刻度后的电成像测井图像,利用阿奇关系式将每个电极纽扣电导率转换成孔隙度,进而分窗统计纽扣电极的孔隙度分布;视地层水电阻率分布计算过程与孔隙度分布类似,对电成像测井所有的像素点计算视地层水电阻率后进行直方图频率统计。图 11-3-4 中第 11~13 道分别给出了电导率谱、孔隙度谱及视地层水电阻率谱的计算结果。

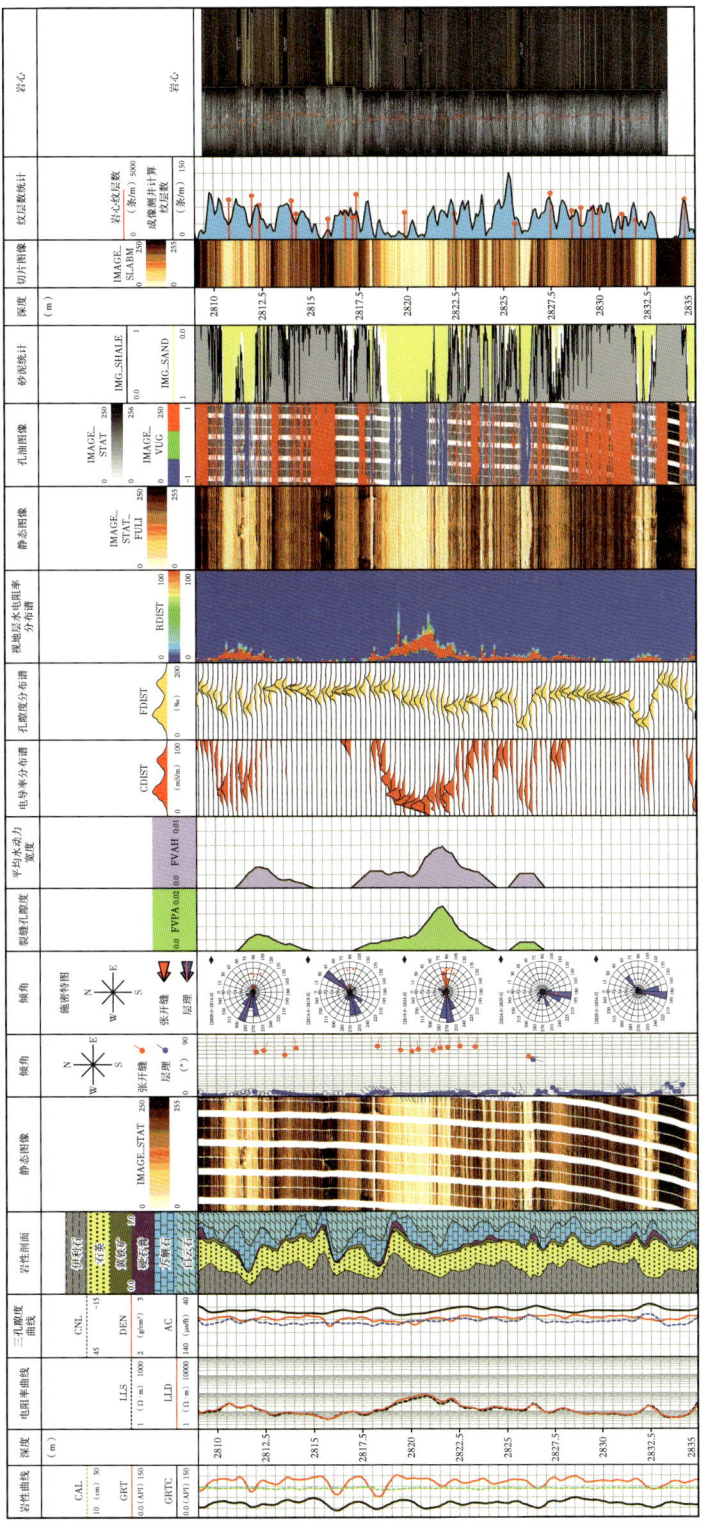

图11-3-4 成像测井综合评价效果图

— 135 —

电成像测井是目前纵向分辨率最高的测井系列，在薄层识别和评价中也发挥着重要作用。根据成像测井图像灰度与岩性对应关系，通过合适的阈值可以将泥岩、砂岩等不同岩性进行分离，在此基础上可进行高精度岩性划分。此外，根据成像测井可计算切片图像以及纹层数，对页岩油"甜点"评价具有重要意义。图11-3-4中第15、第16道给出了成像测井高分辨率岩性划分结果；第18道为成像测井切片图像；第19道为成像测井计算的纹层数与岩心纹层数对比。

第四节　井壁超声井周成像测井处理

井壁超声井周成像测井（简称声成像）以脉冲回波的方式，对整个井壁进行扫描，记录回波幅度图像和回波传播时间图像，从而反应井眼和井壁特征。国内应用的声成像测井仪器主要包括斯伦贝谢公司的 UBI、贝克休斯公司的 CBIL、哈里伯顿公司的 CAST 以及国内的 BHTV 等。声成像测井资料的处理解释包括预处理、图像处理和储层评价三个步骤。

一、预处理

预处理的目的是消除外界因素对测量数据的影响，从而使测量值能反映井壁附近地层的真实信息。声成像的预处理主要包括偏心校正、井径刻度、加速度校正、方位校正和均衡校正五个方面的功能。

1. 偏心校正

当仪器在圆形井眼偏心时，声波振幅信号会随着探头与井壁之间距离的减小而增大。由仪器偏心引起的声波振幅变化远大于井壁特征（如地层界面、裂缝等）所引起的振幅变化，这导致振幅图像上不能清晰地反映井壁特征，因此要对声波振幅进行偏心校正。在实际测井中，不能明确信号在钻井液中的衰减系数及反射特性与发射角度的关系，并且井眼很难是一个标准圆，所以不可能直接根据物理原理对振幅进行偏心校正。然而仪器偏心只是影响到振幅信号的低阶角谐波，将角谐波周期是1圈或者0.5圈的分量移除就可以基本上消除因仪器在标准圆井眼中偏心所造成的影响，同时也会消除井径扩径所带来的影响。但根据测井的实际情况，角度变化比较缓慢的幅度信息通常不是有用的信息，所以这个校正得到的结果相对可靠。

在计算振幅低阶角谐波分量时，必须排除由裂缝或者井眼扩径等引起振幅衰减的测量点，因此在处理时引入振幅截止值参数。该参数是相对于同一深度所测量到的最强信号。

振幅偏心校正的方法同样适用于时间偏心校正。

2. 井径刻度

声成像测井获得了声波到井壁的传输时间，而仪器的探头半径和声波速度是已知的，从而可以计算得到井径。井径刻度就是将声成像仪器测得的声波时间转换成井径，目的是将声成像仪器测得的声波时间 t 转换成井径 r。计算方法如下：

$$r = r_0 + v(t - t_0)/2 \qquad (11\text{-}4\text{-}1)$$

式中：r_0 为探头半径；v 为井筒钻井液的声波速度；t_0 为探头内部传播时间。

每个仪器有确定的 r_0 和 t_0，v 在测井过程就可获得。

3. 加速度校正

因为声成像测井与电成像测井在深度方向上采样精度都很高，因此仪器非匀速运动引起的变形影响很大，所以同样需要进行加速度校正，以恢复采样数据对应的真实深度，消除仪器非匀速运动引起的曲线变形。

4. 方位校正

声成像通常与电成像一起组合测量。在这种情况下，为了消除声成像与电成像的方位差，就需要进行方位校正，从而使声成像的图像方位与电成像的图像方位一致，以方便后续的解释分析和对比评价。

5. 均衡校正

钻头的重量往往会造成井眼在斜井低边的方向发生扩径（即键槽效应），这会导致振幅、井径和时间图像上在扩径的方向上存在一条暗色带。均衡校正的目的就是消除键槽效应的影响（在同一深度，井周一圈的声波信号具有基本相同的平均响应），使声波振幅在较长的井段内具有基本相同的平均响应。

图 11-4-1 是预处理前后声波时差和振幅对比图。第 1 道和第 4 道是原始数据的图像，第 2 道和第 5 道的图像是经过预处理后得到的图像。

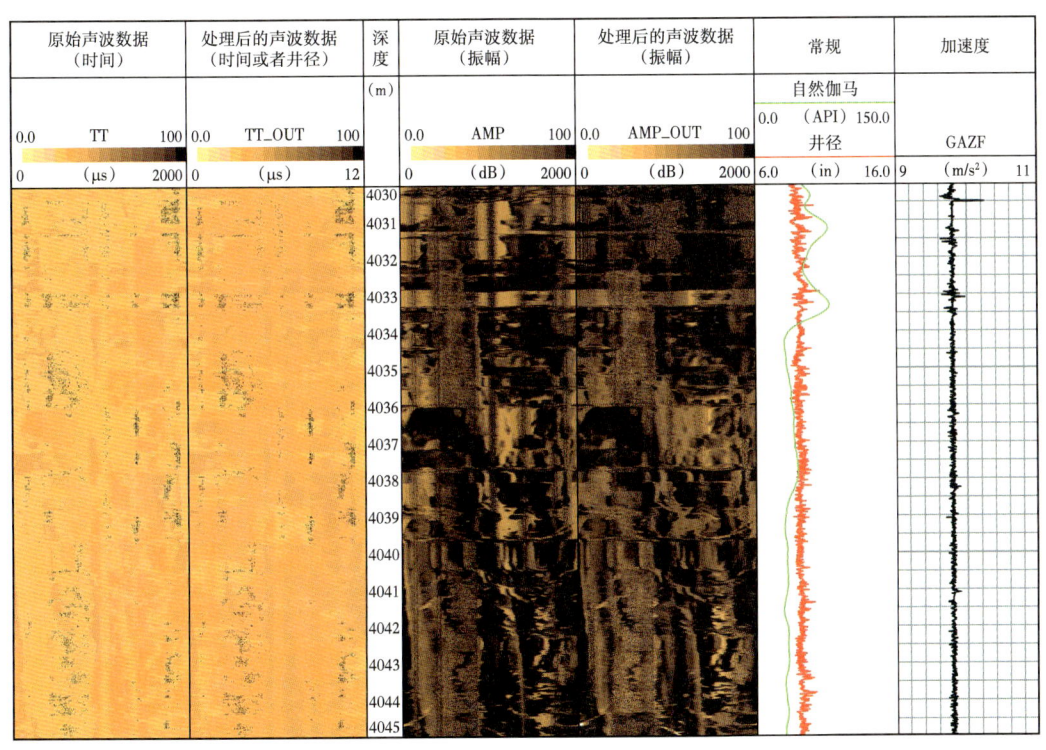

图 11-4-1　预处理前后声波时差和振幅对比图

二、图像处理

在超声成像测井过程中，由于换能器工作频率、激发电压、井眼尺寸以及钻井液密度等都会影响回波信号的接收从而影响成像质量，所以实际获取的超声测井图像的灰度分布通常会集中在一个较窄的动态范围内，使得图像对比度偏低，导致图像反映裂缝、孔洞、层理等地层特征不明显或者细节信息被淹没在图像背景中，直接影响测井人员对井况的判断。因此有必要对声成像测井图像进行增强处理。

在成像测井资料处理中，通常需要采用图像增强方法来改善成像测井图像的质量，突出成像测井图像中的细节成分，使成像测井图像更加容易地被解释。图像增强方法包括直方图均衡化、小波变换多尺度分析以及深度学习等多种方法。声成像测井资料的图像增强处理过程与电成像的图像处理基本一致，参见本章第三节电成像资料的图像增强处理。

三、储层评价

测井系统测量并记录井壁地层反映的回波幅度和回波时间。主要利用反射波强度和反射波到达时间，对井周表面特征进行分析。岩石声阻抗的变化（如岩性、物性及沉积构造等）使探头接收到的回波幅度发生变化；同时将回波传播时间转换成传播距离加以记录，按井周360°显示成灰度或彩色图像，可观察井下岩性的变化、裂缝的发育情况等。

声成像声波传播时间的变化，通常反映井径的变化。对于CBIL、CAST、BHTV等仪器的声成像测井资料，传播时间可以按声波在钻井液的传播时间刻度成井径，采用钻孔崩落椭圆法可有效地进行最大（最小）水平地应力分析及相关参数的定量计算，进行井眼稳定性分析，确定井眼形状。

回波幅度的高低与岩性有关，这是利用声成像测井资料识别岩性的基础。回波幅度图像上，井壁地层岩性的不同会造成回波幅度数据的不同。泥岩、白云质灰岩、白云岩、板岩、混合花岗岩、角砾岩等多种岩性的幅度图像特征各有不同，可以通过图像特征来判别岩性。

声波幅度的变化还可以反映地层孔隙的变化或出现的层理、节理、裂缝等地质现象。利用声成像资料，可以识别裂缝、不整合面、断层等地质构造；确定裂缝产状及发育方向；描述层状层理、交错层理、冲蚀、结核、沉积韵律等沉积特征；标定测井曲线形态及其对沉积变化响应的敏感性，分析沉积相及微相垂向沉积序列，确定古水流方向，判断地层砂体骨架主体，重建正确的地层剖面，可为测井储层评价及油气藏描述提供充足的测井地质信息。

由于声成像仪器不受钻井液性质的影响，因此可以在油基钻井液等工程情况下可以作为电成像测井的有效补充。同时，声成像测井仪器还可以在套管井中测量，用于检查套管井中套管变形，确定套管变形位置；进行射孔状态检查，确定射孔孔眼位置；监测套管形状、确定套管断裂位置等；检查套管磨损情况等，进行工程测井作业的解释评价。

第五节 阵列声波测井处理

阵列声波测井可以提供丰富的地层信息，在确定地层纵波与横波及斯通利波速度、评价地层各向异性、反演地层渗透率以及计算地层岩石力学参数等方面具有重要作用。目前常用的阵列声波测井仪器包括斯伦贝谢公司的 DSI 和 Sonic Scanner、阿特拉斯公司的 XMAC、哈里伯顿公司的 Wave Sonic 以及中国石油集团测井有限公司的 MPAL 等。尽管不同仪器在仪器结构、测量模式、波形记录方式等方面存在一定差异，但其测量原理基本相同，因此不同仪器资料处理的主要方法和流程也是基本一致的。阵列声波测井资料处理一般包括以下几个部分：时差提取、幅度分析、各向异性评价、斯通利波波场分离、斯通利波渗透率计算、径向速度剖面反演及储层评价。下面依次介绍测井处理解释软件中上述几个部分的主要功能。

一、时差提取

阵列声波测井测量的波形主要包括单极声源激发的纵波、横波、伪瑞利波、斯通利波及偶极声源激发的弯曲波等，在全波列上区分和提取不同模式波的时差是阵列声波测井资料处理的前提和基本保证。

模式波的时差提取方法主要分为时域和频域两种。在时域中，时间—慢度相关法（STC）是一种有效的处理方法（Kimball，1998），也是目前测井处理解释软件中普遍采用的方法。该方法通过波形的相关性分析来计算不同模式波的时差和到时，在单极纵波、横波及斯通利波的时差提取中具有较好的应用效果。

偶极声源在井孔中激发的弯曲波具有频散特性，只有在截止频率附近才非常接近地层的横波速度。当弯曲波的频散较强时，采用时域方法提取的地层横波速度往往偏大。因此，利用弯曲波求取地层横波速度时，必须考虑其频散效应的影响。加权频谱相干分析技术是目前较为常用的在频域内进行时差提取的方法，可以有效消除弯曲波频散特性对地层横波时差计算的影响（Nolte et al.，1997），且运算速度较快，处理结果准确可靠。

实际井纵波、横波、斯通利波以及弯曲波的时差提取结果如图 11-5-1 所示。图中

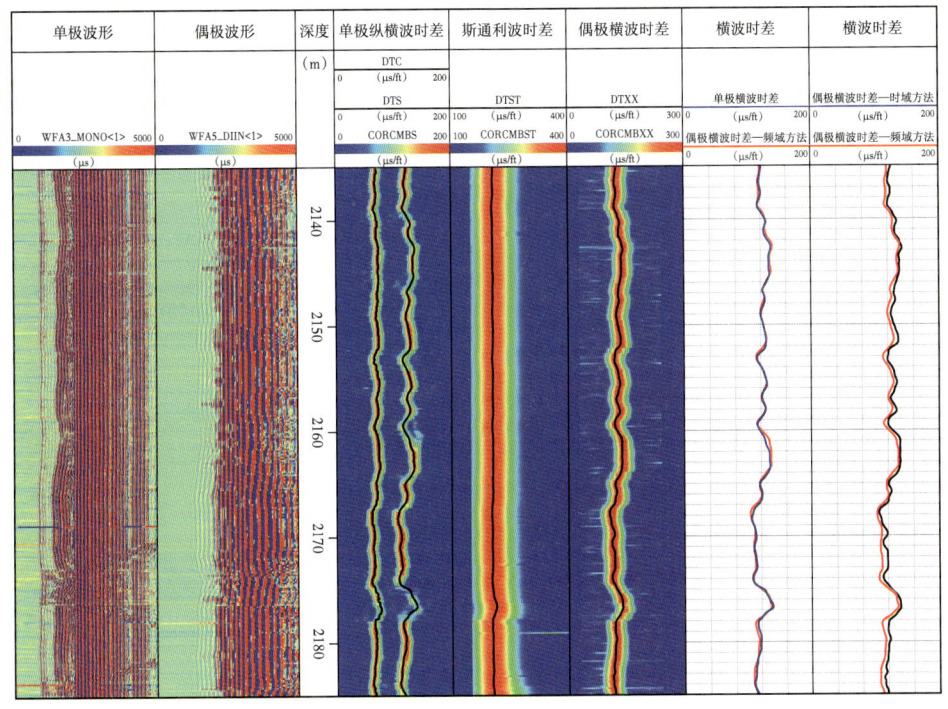

图 11-5-1 不同模式波时差提取成果图

第 4 道、第 5 道分别为时域方法从单极波形中提取的纵波、横波和斯通利波时差，第 6 道为时域方法从偶极弯曲波中提取的横波时差，第 7 道和第 8 道分别为时域方法和频域方法从偶极弯曲波中提取的地层横波时差与单极波形中提取的地层横波时差的对比。如前面所述，利用时域方法从弯曲波中提取的地层横波时差较地层真实横波时差大，而频域方法很好地消除了弯曲波频散效应的影响，与地层真实的横波时差符合得较好。此外需要注意的是，当井眼条件较差时，通过分别计算接收器阵列和发射器阵列的模式波时差可以实现时差的井眼补偿。

二、幅度分析

在地层模式波幅度计算过程中，首先需要在接收器阵列上的各模式波到时后开一时窗，然后计算时窗内的波形幅度并作为该模式波的幅度。以纵波幅度计算为例，接收器阵列上的纵波到时可由前面介绍的时差提取模块得到，在纵波到时后以合适的窗长进行开窗，计算窗口内所有采样点波形幅度的均值作为纵波幅度。

计算模式波幅度衰减系数时，一般假设模式波幅度在传播过程中随传播距离的增加以指数形式衰减，通过对比不同接收器上的模式波幅度，即可得到模式波幅度的衰减系数。理论上，利用接收器阵列中的两道波形即可计算模式波幅度的衰减系数。但在实际数据处理过程中，由两道波形计算得到的衰减系数往往误差较大。为了提高衰减系数的计算精度，一般在源距—波形幅度的半对数坐标系内，对不同接收器上的波形幅度与源距的关系进行线性拟合，拟合曲线的斜率即为模式波幅度的衰减系数。

利用上述方法计算得到的不同模式波的幅度及其衰减系数如图 11-5-2 所示。图中

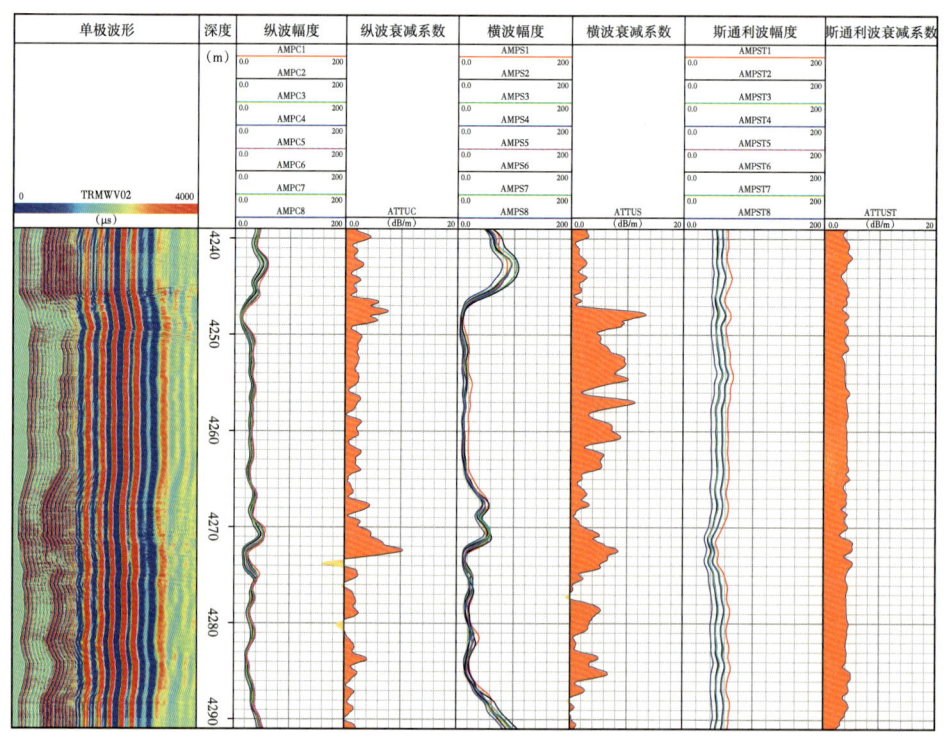

图 11-5-2　不同模式波幅度及衰减系数分析成果图

第3道和第4道分别为不同接收器上的纵波幅度和纵波幅度的衰减系数；第5道和第6道分别为不同接收器上的横波幅度和横波幅度的衰减系数；第7道和第8道分别为不同接收器上的斯通利波幅度和斯通利波幅度的衰减系数。一般情况下，模式波幅度随着源距的增大而减小，且不同源距上波形幅度的变化趋势基本一致。此外，当波形幅度较小时，一般对应较大的衰减系数；当波形幅度较大时，一般对应较小的衰减系数。根据上述特征，可以有效判断模式波幅度和衰减系数计算结果的合理性。

三、各向异性评价

当井周的横波速度存在差异时，充液井孔中偶极子声源激发产生的弯曲波会发生分裂，沿着速度最快方向偏振的称为快横波，沿着速度最慢方向偏振的称为慢横波，快横波与慢横波的速度差异称为横波各向异性。

交叉偶极阵列声波测井仪器可以实现地层横波各向异性的测量。该仪器具有两组相互正交的发射—接收系统。在直角坐标系中，一组发射—接收系统指向 X 方向，另一组指向 Y 方向。仪器测量过程中采集四组波形：两组同向分量（X 发射 X 接收，Y 发射 Y 接收）和两组交叉分量（X 发射 Y 接收，Y 发射 X 接收）。

传统的横波各向异性处理方法首先利用四分量波形数据确定快、慢横波的方位，然后将四分量波形进行旋转得到快、慢横波的波形，最后利用快、慢横波的波形来计算快、慢横波的时差及其各向异性。该方法要求快、慢横波时差的差异必须大于利用快、慢横波进行时差提取时的误差之和，才能保证各向异性分析结果的可靠性。当地层各向异性较弱时，该方法受噪声影响误差较大，且计算结果可能不稳定。

理论研究表明，快、慢横波的极性相同且波形相似，慢横波相对于快横波有一定的时间滞后。因此，利用快、慢横波波形的相似性及它们之间的时间差异可以确定地层的横波各向异性。需要注意的是，由于弯曲波存在频散，各向异性反演过程中窗长选择过大时容易将频散导致的波形差异当作地层的各向异性，使得各向异性的计算结果偏大。因此，实际反演的窗长不宜选得过大，一般选择 3~5 个周期。

采用上述波形反演方法得到的地层各向异性结果如图 11-5-3 所示。图中第 5 道为快、慢横波波形，第 6 道为快、慢横波时差，第 7 道为两种分辨率的横波时差各向异性，第 8 道为快、慢横波的能量及能量各向异性，第 9 道为反演得到的原始快横波方位角（未进行仪器方位校正），第 10 道为快横波方位施密特图，第 11 道为地层各向异性分布图。另外，图中第 1 道、第 2 道和第 3 道为质控曲线，用于指示反演结果质量的好坏。其中，S1S2 曲线的值越大，代表反演结果的质量越好。

四、斯通利波波场分离

阵列声波测井仪器激发的斯通利波在井孔中传播时，可能会在仪器上、下的反射界面处发生反射，从而在仪器的接收器阵列中接收到直达斯通利波、上行反射斯通利波和下行反射斯通利波。

斯通利波波场分离是将接收到的斯通利波波场分解成直达波、上行反射波和下行反射波的过程，主要采用中值滤波法、f-k 滤波法、参数估计法等多种方法，目前测井处理解释软件中普遍采用的是参数估计法。参数估计法基于接收器阵列中不同振相的慢度各异这一特征来进行不同振相波场的分离（唐晓明等，2004）。该方法可用于两种阵列数据组合的处理：（1）声波测井仪器的接收器阵列数据，称为共源组合（CSG）；（2）某一给定接收器在相邻深度上组合而成的阵列数据，称为共接收器组合（COG）。

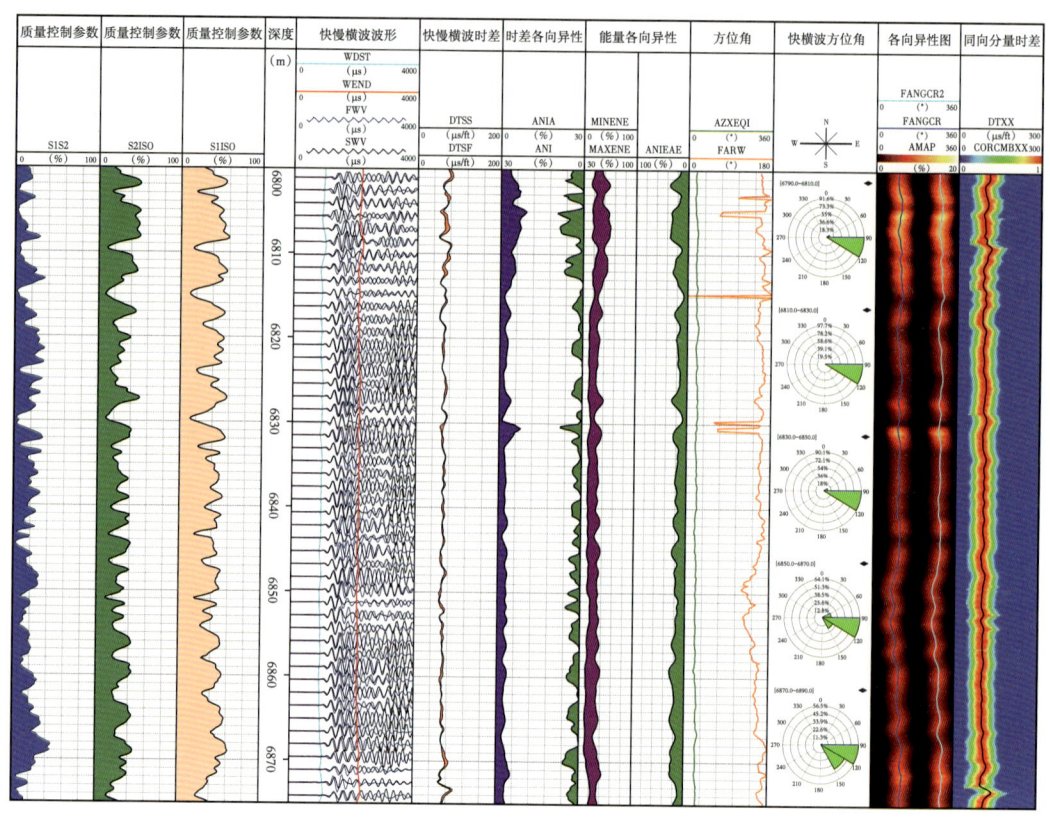

图 11-5-3　偶极横波各向异性分析成果图

针对上述两种组合，可以选择两种波场分离方法：一步分离法和两步分离法。一步分离法利用声波测井仪器中由某一接收器数据组合而成的 COG 组合进行波场分离，主要是针对非阵列型的测井仪器设计的。该类仪器的接收器数目较少，不能利用 CSG 组合进行波场分离。一步分离法也适用于阵列声波测井仪器中任何一个接收器的数据处理。两步分离法分两步进行：第一步，先对 CSG 组合进行波场分离；第二步，再对 COG 组合进行波场分离。在第一步 CSG 组合的波场分离过程中，上行波指的是沿着源到接收器方向传播的波，包含从源到接收器的直达波和仪器下方的反射体反射回来的波；下行波指的是仪器上方的反射体反射回来的波，沿着接收器到源的方向传播。第一步 CSG 组合波场分离完成后，将得到的上行波和下行波排列形成两个独立的 COG 组合：上行波COG 组合和下行波 COG 组合。对上述两个 COG 组合进行波场分离，从上行 COG 组合中可得到直达波和上行反射波，从下行 COG 组合中可得到下行反射波。

实际资料处理满足两步分离法的条件时，优先采用两步分离法。利用上述方法得到的斯通利波波场分离结果如图 11-5-4 所示，图中第 4 道、第 5 道和第 6 道分别为分离得到的直达斯通利波、上行斯通利波和下行斯通利波，第 3 道为斯通利波的反射系数。

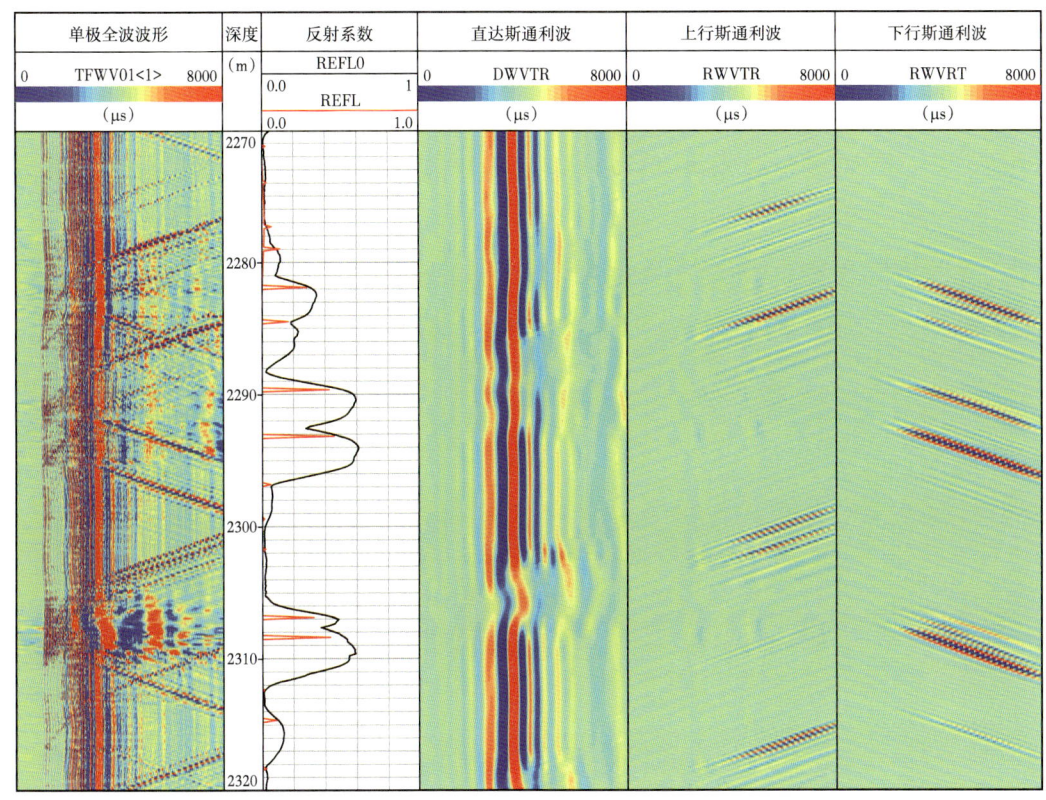

图 11-5-4 斯通利波波场分离成果图

五、斯通利波渗透率计算

斯通利波在井孔中传播时受井眼变化、地层固有衰减、地层渗透率等多种因素的影响，并对地层弹性参数、地层渗透率、裂缝等特别敏感。地层的渗透性可造成斯通利波幅度衰减增强和速度降低。斯通利波幅度衰减增强的特征是频率下移，速度降低的特征是传播时间滞后，因此斯通利波的频移和时滞可用来指示地层的渗透性。

目前测井处理解释软件普遍利用直达斯通利波的频移和时滞信息来进行地层渗透率的反演。在前面所述的波场分离模块中，尽管分离得到的直达斯通利波中噪声被有效压制，但是仍然受到地层弹性参数等因素影响。唐晓明等（2004）提出了一种地层理论斯通利波的快速模拟方法，该方法主要考虑的是地层弹性参数和井径等与渗透率无关的因素。此时，理论模拟与实测数据中得到的斯通利波的差异可以认为是地层渗透率的影响造成的，因此可以利用理论和实测斯通利波的中心时间和中心频率的差异，来构建地层渗透率的反演目标函数。

反演过程中，理论斯通利波的模拟需要知道声源函数，实际处理时一般选择一个非渗透性地层（渗透率可以视为0）所在的深度作为参考点，利用该深度点的信息反算出声源函数，并将其用于整个井段的模拟。此外，反演过程中还需要知道地层孔隙中流体的密度、黏度以及速度等参数。大多数情况下，孔隙中的流体参数是很难估计的。此时，可以利用已知参考点的渗透率信息来对流体参数进行标定。

上述方法计算得到的只是渗透率的相对变化，要计算地层的绝对渗透率，需用已知深度点的渗透率值对计算结果进行刻度。利用上述方法计算得到的地层渗透率如图 11-5-5 所示。图中第 7 道和第 8 道分别为波场分离得到的直达斯通利波和理论模拟得到的直达斯通利波；第 5 道为实测斯通利波相对于理论斯通利波的频移与时滞；第 6 道为反演得到的地层渗透率。尽管有时已知渗透率的参考点较少，无法得到地层渗透率的绝对值，但是通过分析实测斯通利波相对于理论模拟的频移和时滞也可以快速识别渗透性地层。

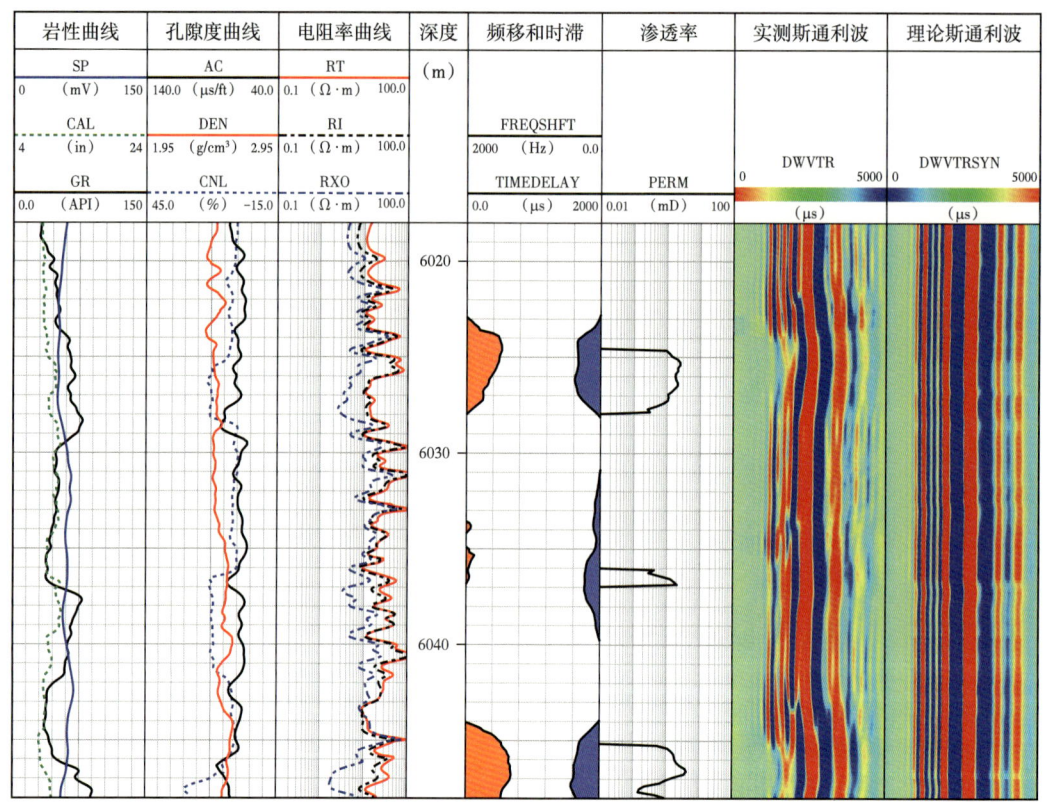

图 11-5-5　斯通利波渗透率反演成果图

六、径向速度剖面反演

实际钻井过程中，岩石机械破碎、井孔应力集中、钻井液侵入等因素会导致近井筒地层的纵、横波速度与原状地层有所不同，称为地层速度的径向变化。

阵列声波测井仪器发射的声波在速度径向变化的地层中传播时，地层速度的径向变化使得不同接收器上接收到的声波的径向穿透深度有所不同，即不同接收器上波的走时含有地层的速度变化信息，因此可以用来确定地层速度的径向变化（Hornby，1993）。纵波径向速度剖面反演根据单极模式下不同源距探测到的纵波速度不同这一特性，采用走时层析技术来获取井壁附近的纵波速度分布。

纵波径向速度剖面反演主要利用单极测量模式下的纵波走时信息。研究发现，地层横波速度的径向变化会明显影响偶极弯曲波的频散特征。以径向两层分层模型为例，在波穿透较深的低频部分，弯曲波的频散曲线与均匀原状地层对应的弯曲波频散曲线一致。随着频率的增加,弯曲波波长变短,波的穿透深度变浅,弯曲波频散曲线趋向于由变化层横波速度计算得到的均匀地层频散曲线。根据弯曲波频散曲线的上述特征,Tang等(2010)提出了基于偶极弯曲波数据的横波径向速度剖面约束反演方法,可以得到井壁附近横波速度的径向变化。

利用上述方法得到的地层纵、横波径向速度剖面如图11-5-6所示。图中第5道为纵波径向速度剖面,第7道为横波径向速度剖面。此外,对径向速度剖面沿井眼进行积分可以得到地层的脆裂指数,如图中第6道和第8道所示。

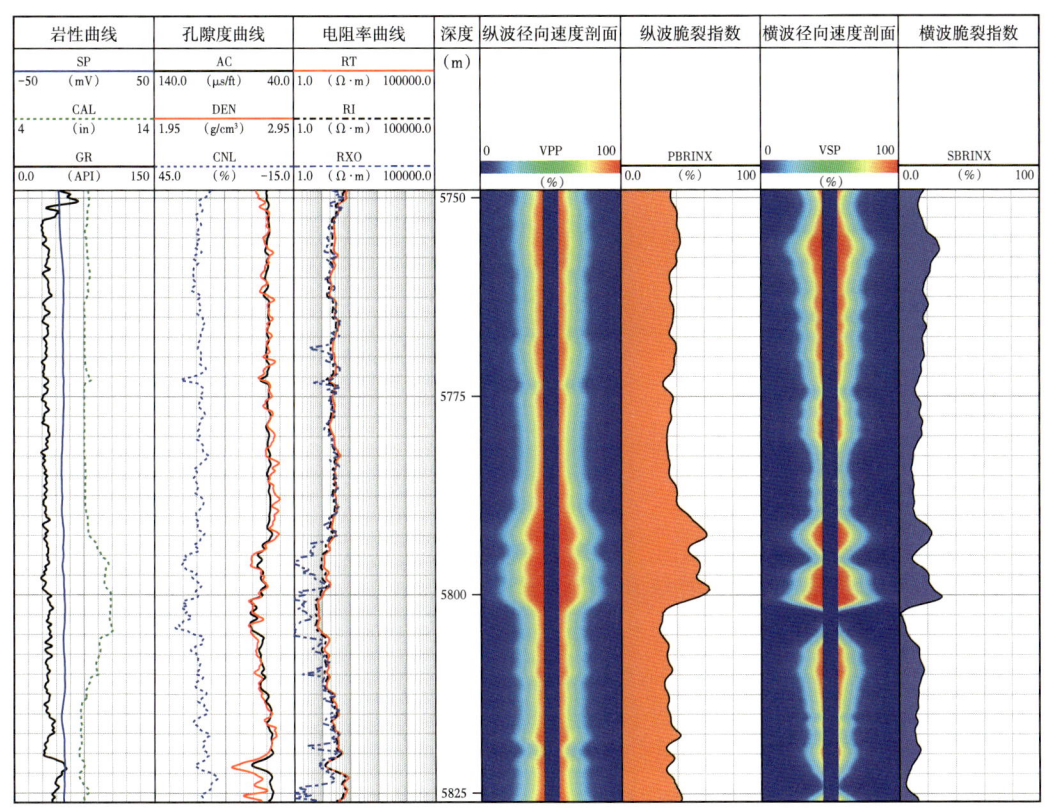

图11-5-6 纵、横波径向速度剖面反演成果图

七、储层评价

基于阵列声波测井资料的处理结果可以对储层的岩性、物性、脆性和可压性以及裂缝发育情况等进行综合评价,如图11-5-7所示,下面分别介绍阵列声波测井资料主要处理结果在储层评价中的作用。

不同岩层中声波传播的速度不同,利用地层纵横波时差可以直观反映地层岩性的变化,如图11-5-7中第2道和第3道所示。地层中存在裂缝、地层含气等因素会导致声波能量发生较大衰减,利用地层纵波、横波以及斯通利波等模式波的幅度及其衰减系数可用于识别井壁附近的裂缝及破碎带、评价地层含气性等,如图中第8道、第9道和第10道所示。地层快、慢横波速度各向异性可以用来识别裂缝方位和评价裂缝发育程度。各向异性越强,裂缝一般越发育,如图中第12道、第13道和第14道所示。需要注意的是，椭圆井眼、井周不均衡应力等因素也会导致横波速度产生各向异性，实际中利用横波各向异性评价地层裂缝时要去除上述因素的影响。斯通利波直达波可以用来反演地层渗透率，如图中第11道所示。斯通利波反射波及其反射系数常用来识别与评价和井壁相交的低角度裂缝，如图中第5道、第6道和第7道所示。实际中由于井径变化、岩性变化等因素也会产生斯通利波反射波，因此利用斯通利波反射波信息评价地层裂缝时也需要考虑上述因素的影响。钻井过程中脆性地层的井壁附近更容易产生破碎，利用声波径向速度剖面可以用来评价地层脆性和可压裂性，如图中第15道所示。图中径向速度剖面变化的范围和变化的幅度越大，表明地层的脆性和可压性越好。此外，径向速度剖面对构建高质量的远探测声波速度初始模型也具有重要意义。

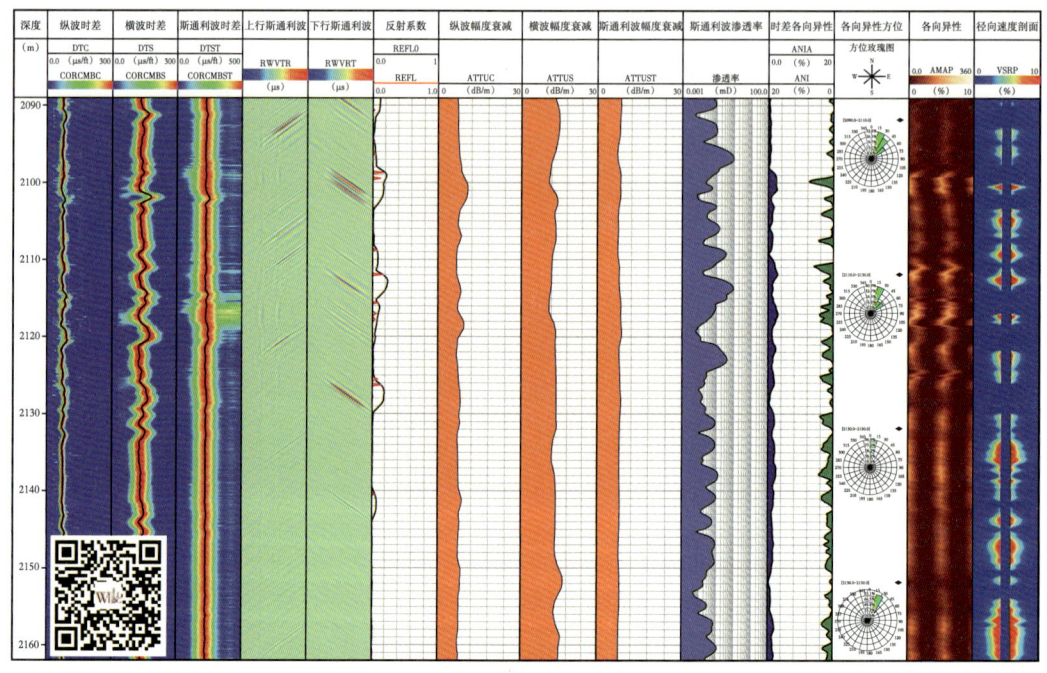

图 11-5-7　阵列声波测井综合处理解释成果图

第六节　远探测声波测井处理

远探测声波测井作为众多测井方法之一，在油气勘探和开发过程中起着越来越关键的作用。就当前技术而言，地震勘探方法频率较低，且随着其探测深度的增加，分辨率降低，此外对深层的复杂裂缝、断块等小型构造难以刻画；而常规的声波测井频率及分辨率较高，但是探测深度太浅，通常局限在井壁附近。在这种情况下，远探测声波测井作为常规声波测井与地震勘探之间的重要补充（图 11-6-1），已经成为井周围地质构造体识别的关键技术。相对于传统声波测井只能提取井壁信息而言，远探测声波测井可以对井旁构造成像，直观地了解井旁地层地质构造。在随钻测井中，该技术也可以实时返回前面地质界面等信息，用来确定接下来钻头的前进方向。

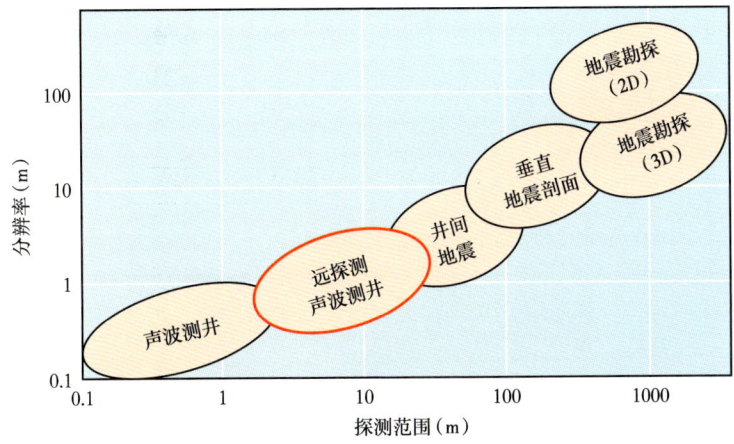

图 11-6-1　各种测井或地震方法的远探测范围和分辨率的关系图

目前国内外远探测声波测井仪器包括斯伦贝谢公司的 Sonic Scanner 和 TBDS、贝克休斯公司的 XMAC-Ⅱ、XMAC-F1，以及中国石油集团测井有限公司的 MPAL。虽然不同远探测声波测井仪器结构、测量模式、采集参数以及测量结果记录方式等有所不同，但远探测声波测井数据处理与分析的总体思路是一致的，都包含以下四个环节：波形预处理、反射波提取、方位切片、反射波偏移成像。下面依次介绍上述四个环节中主要模块及功能，最后介绍远探测声波测井在储层评价中的作用。

一、波形预处理

波形预处理主要包括去增益、频率滤波。测井仪器对测井过程中随所接收到的信号的强弱进行自动增益控制。因此，在进行数据资料处理之前，需要先还原真实的波形，去除增益控制。另外，测井过程中记录的数据中包含无用的噪声，接收器除了接收到有用的波以外，还有沿井眼或井壁传播的其他类型的波。这些信息的存在增加了数据处理的难度和误差，采用带通滤波器对干扰信号进行滤除。

下面以 XMAC-F1 仪器为例对这一环节的处理过程进行简要说明。偶极四分量波形预处理模块输入曲线包括四分量偶极横波波形原始数据（TXXWV08、TXYWV08、TYXWV08、TYYWV08）、增益数据（TXXGN08、TXYGN08、TYXGN08、TYYGN08）及延迟数据（TXXST08、TXYST08、TYXST08、TYYST08）；偶极四分量波形预处理模块输出曲线包括四分量偶极横波波形（WVOUTXX、WVOUTXY、WVOUTYX、WVOUTYY）、XX 分量滤波前波形频谱（FREBF）、XX 分量滤波后波形频谱（FREAF）以及频谱采样间隔（FS）。

以滤除干扰信号中较典型的斯通利波为例，由于偶极横波频率介于 3000~5500Hz 之间，而斯通利波频率极低，通常低于 1500Hz，所以两种波的频率没有交集。此时选择带通滤波器对斯通利波进行处理，而带通滤波器的原理其实就是应用滤波因子 $h(q)$ 对原始信号进行褶积运算。

图 11-6-2 为某井偶极四分量波形预处理结果，利用带通滤波器对水平及大斜度井的偶极四分量原始数据进行实际资料处理。考虑到偶极横波的频率范围，所以低频滤波极限设置为 3000Hz，高频滤波极限设置为 5500Hz，输入不同远探测测井采集仪器设置

相对应的时间采用间隔参数（例如，XMAC仪器设置为36，MPAL仪器一般设置为24等），得到预处理后的偶极四分量波形数据。可以看到，对比第2道和第3道图像，斯通利波由于到时较晚，被滤除得很干净；而对比第4道和第5道的原始波形频谱和低高频滤波后波形频谱，可以清楚看到斯通利波的能量消失不见。

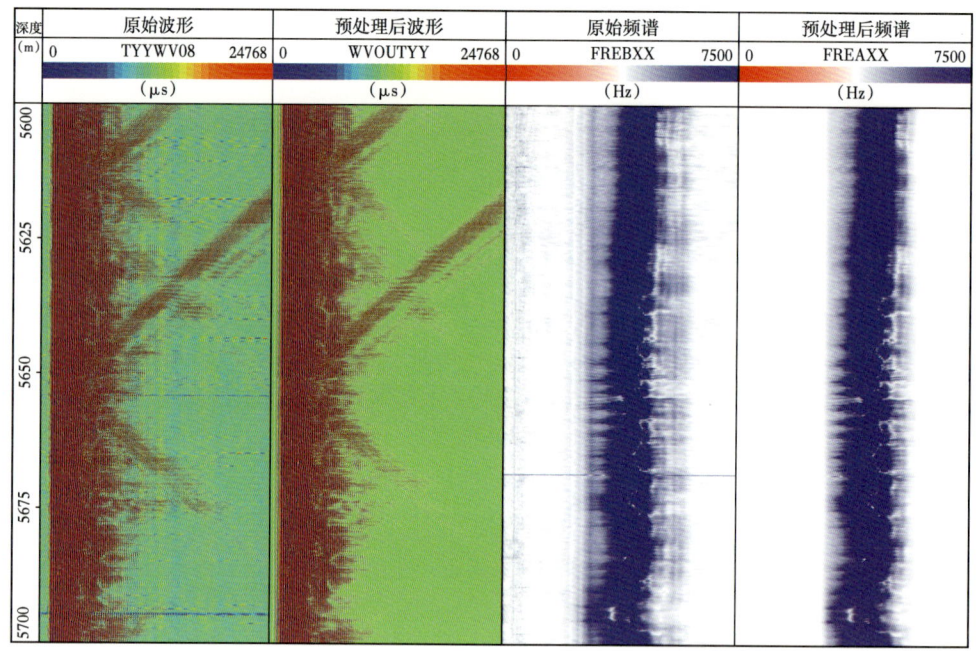

图 11-6-2　偶极四分量波形预处理结果

二、反射波提取

反射波提取是从原始波形中分离出反射波，实现对地层构造等识别与解释的关键环节。由于原始波形还存在其他噪声，如多次反射波等，故信噪比低，需要提高信噪比，分离出有效信号，实现反射波成像。反射波的提取与增强是最为关键的一步，它包括去井孔直达波、振幅补偿、中值滤波、波场分离以及叠加去噪等。反射波提取与增强处理方法包括中值滤波、参数估计法、f-k滤波、高分辨率Radon变换和基于幅度信息的反射波提取方法等。不同反射波提取与增强处理方法具有不同的适用范围和应用特点。

下面以XMAC-F1仪器为例对这一环节的处理过程进行简要说明。横波反射波分步提取模块输入曲线包括四分量偶极横波波形预处理数据（WVOUTXX、WVOUTXY、WVOUTYX、WVOUTYY）、时差数据（DTXX）及到时数据（TTOUTXX）；横波反射波分步提取模块输出曲线包括四分量偶极横波f-k滤波波形（FKXX、FKXY、FKYX、FKYY）、四分量偶极横波倾斜中值滤波波形（SMIDXX、SMIDXY、SMIDYX、SMIDYY）、四分量偶极横波振幅恢复滤波波形（SDXX、SDXY、SDYX、SDYY）、四分量偶极横波预测反褶积滤波波形（PDXX、PDXY、PDYX、PDYY）。

横波反射波分步提取模块的关键处理参数包括：(1) SLOWPES1，f-k滤波开窗临界值，默认值为2.2；(2) SLOWPS2，f-k滤波开窗临界值，默认值为2.0；(3) NUMPOINT，中值滤波点数，默认值为7；(4) TIMEMUD，声波在井内钻井液中传播时间，默认值为

140μs；（5）QUALFAC，横波品质因子，默认值为 300；（6）FREQUEND，真振幅恢复时频率截止值，默认值为 5500Hz；（7）NW，预测反褶积处理过程中的预测步长，默认值为 40；（8）NPRED，预测因子长度，默认值为 10；（9）RAMDA，预白化量，用于保证计算预测因子过程收敛，默认值为 0.01 等。

图 11-6-3 为某井反射波提取结果。由最初原始波形通过数字滤波技术滤除斯通利波，接着通过 f-k 滤波及高精度 Radon 变换技术滤除井孔模式波，再通过倾斜中值滤波技术滤除无方位差异的地层界面反射波，后续通过倾角叠加使得反射波振幅得到恢复，然后使用创新性的预测反褶积技术来滤除其他方法较难滤除的多次波，最终通过优化后的叠加去噪技术滤除不相干的"散点""块状"噪声。

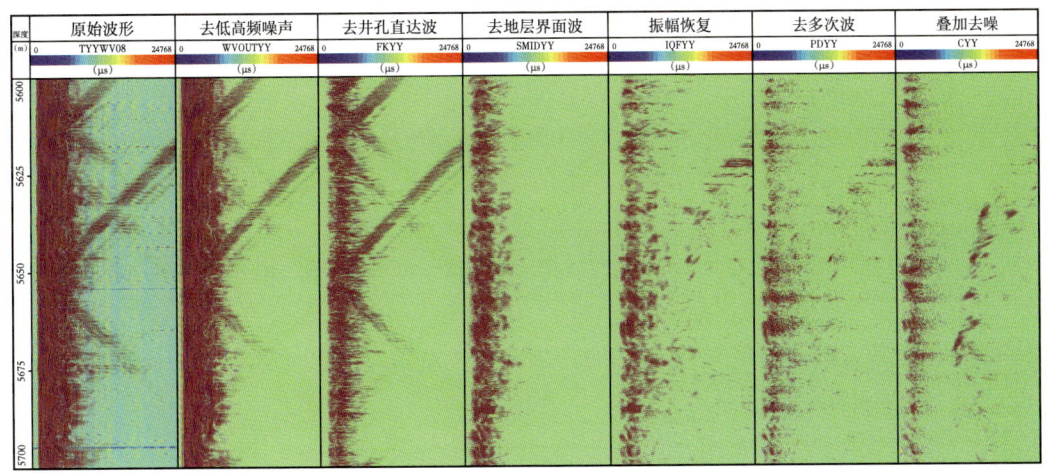

图 11-6-3　某井反射波分步提取效果图

三、方位切片

提取反射波后的环节是利用四分量偶极反射波波形计算不同方位的有效反射波信号。唐晓明的研究结果表明，井内接收到的有效反射波信号主要为 SH 波（偏振方向总是在水平面的偶极横波），这是因为当偶极横波辐射到井外地层中后会分裂为 SH 波和 SV 波，其中 SH 能量的方位分布范围更广；SH 波和 SV 波遭遇地层中裂缝或洞穴等反射体时，SH 横波的反射系数更大。因此，如何获取不同方位的有效反射波信号变成了如何获取不同方位 SH 波的问题。

第一步是根据 AZ 方位曲线，将四分量反射波归位到大地坐标。如图 11-6-4 所示，假设 AZ 方位曲线指的是 $X(+)$ 逆时针旋转到正北方位的角度，从井孔顶部俯视，$Y(+)$ 逆时针旋转 90° 后为 $X(+)$。根据矢量合成与分解法则，将 $X(+)$ 旋转到正北方位时的四分量反射波数据 XX_N、XY_N、YX_N 以及 YY_N 可表达为

$$\begin{cases} XX_N = [X\cos(AZ) + Y\cos(AZ+90°)][X\cos(AZ) + Y\cos(AZ+90°)] \\ XY_N = [X\cos(AZ) + Y\cos(AZ+90°)][X\sin(AZ) + Y\cos(AZ)] \\ YX_N = [X\sin(AZ) + Y\cos(AZ)][X\cos(AZ) + Y\cos(AZ+90°)] \\ YY_N = [X\sin(AZ) + Y\cos(AZ)][X\sin(AZ) + Y\cos(AZ)] \end{cases} \quad (11\text{-}6\text{-}1)$$

进一步可写为

$$\begin{cases} XX_N = XX\cos^2(AZ) - (XY+YX)\cos(AZ)\sin(AZ) + YY\sin^2(AZ) \\ XY_N = (XX-YY)\cos(AZ)\sin(AZ) + XY\cos^2(AZ) - YX\sin^2(AZ) \\ YX_N = (XX-YY)\cos(AZ)\sin(AZ) + YX\cos^2(AZ) - XY\sin^2(AZ) \\ YY_N = XX\sin^2(AZ) + (XY+YX)\cos(AZ)\sin(AZ) + YY\cos^2(AZ) \end{cases} \quad (11\text{-}6\text{-}2)$$

需要注意的是，有些测井仪器的 AZ 曲线指的是 $Y(+)$ 逆时针旋转到正北方位的角度，此时 AZ 方位角需加上 90°。

下一步工作便是计算多个方位的 SH 波，如图 11-6-5 所示，假设 SH 波的偏振方位逆时针旋转角度 α 后为正北方位，那么根据矢量合成与分解法则，SH 波可由经大地坐标变换后的四分量反射波计算得到：

$$\text{SH} = (X_N\cos\alpha + Y_N\sin\alpha)(X_N\cos\alpha + Y_N\sin\alpha) \quad (11\text{-}6\text{-}3)$$

即

$$\text{SH} = XX_N\cos^2\alpha + (XY_N + YX_N)\cos\alpha\sin\alpha + YY_N\sin^2\alpha \quad (11\text{-}6\text{-}4)$$

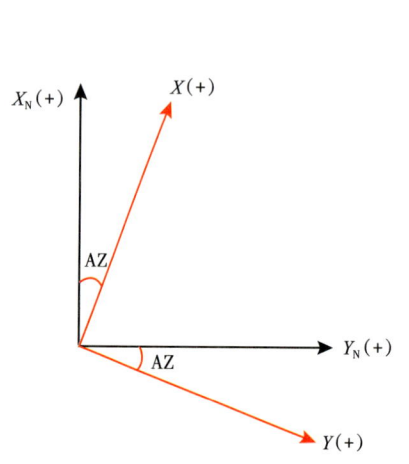

图 11-6-4　四分量偶极横波数据旋转到大地坐标示意图

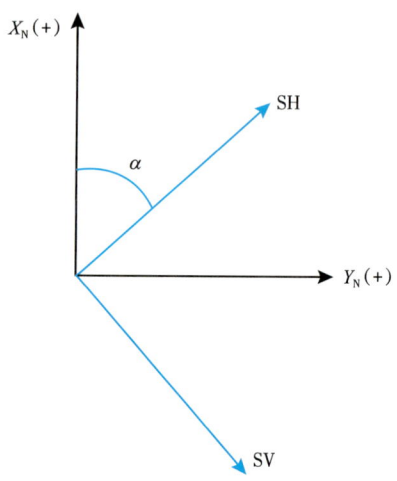

图 11-6-5　偏振方位角为 α 时的 SH 波计算示意图

下面以 XMAC-F1 仪器为例对这一环节的处理过程进行简要说明。偶极横波方位切片模块输入曲线包括四分量偶极横波预测反褶积滤波波形（PDXX、PDXY、PDYX、PDYY）、仪器方位曲线（AZXEQI）。偶极横波方位切片模块输出曲线包括最强方位反射 SH 波形（SH）、最强方位反射 SV 波形（SV）、等间隔反射 SH 波（SH0，SH10，SH20，…，SH170）、反射体所在方位曲线（REFAZ）、监控曲线（DELTE）、监控曲线（RSHSV）。偶极横波方位切片模块的关键参数包括：（1）TS，时间采样间隔，XMAC-F1 默认值 36μs；（2）LWF，时间采样点数，XMAC-F1 为 688。最终偶极横波方位切片模块成果图如图 11-6-6 所示。

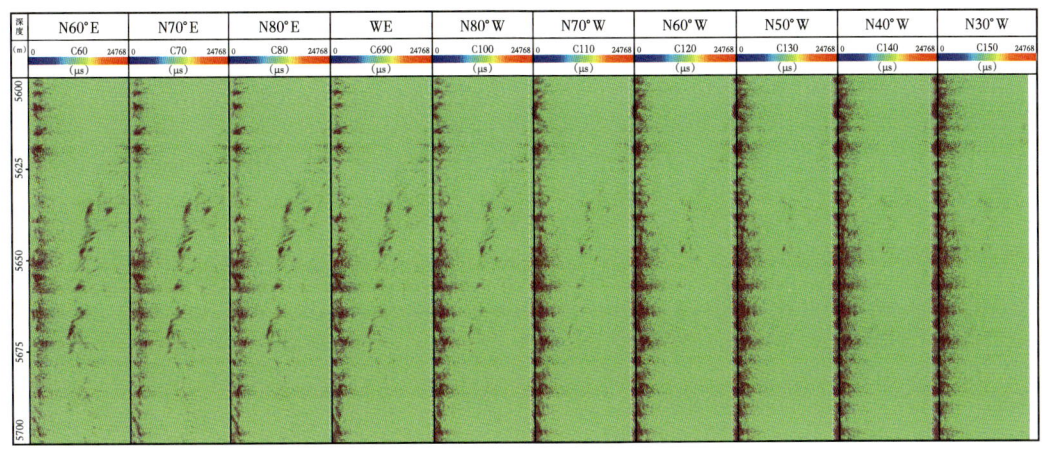

图 11-6-6　某井方位切片处理结果

四、反射波偏移成像

传统地震勘探中地震剖面记录的并不是直接代表地下的界面信息，且地震剖面上的同相轴有的部分来自地下某个点的绕射，而地下倾斜界面的反射通过检波器接收也有一定的失位，所以偏移就是将这些绕射和失位进行归位，从而能使地震剖面描述地下特征（如断层面）。测井声波远探测基本原理是将地球物理勘探中地震波偏移成像中成熟的偏移理论应用于测井声波方法中。偏移包括射线偏移和波动方程偏移，其中波动方程偏移需要两个关键步骤，即波场延拓和成像。延拓是利用地面检波器记录的波场信息反算地下某个深度上地震波场的过程；成像是利用延拓的波场值得到该深度反射位置和反射强度的过程。偶极横波偏移成像模块可以利用 Kirchhoff 积分偏移，实现二维反射波切片的快速偏移成像。

反射波偏移成像方法按照偏移原理可分成三类：第一类是基于射线理论基础所形成的偏移方法，例如 Kirchhoff 积分偏移法；第二类是基于单程波理论所形成的偏移成像方法，如 f-k 偏移及改进后的裂步式傅里叶法偏移；第三类是基于全波动方程理论所形成的偏移成像方法，如目前成像精度最高的逆时偏移方法。不同成像方法的速度和精度各有不同。

下面以 XMAC-F1 仪器为例对这一环节的处理过程进行简要说明。偶极横波偏移成像模块输入曲线包括多方位反射 SH 波形（SH0、SH30、SH60、SH90、SH120、SH150）、时差数据（DTXX）、到时数据（TTOUTXX）及井径曲线（CAL）。偶极横波偏移成像模块输出曲线包括多方位反射 SH 叠加波形（C0、C30、C60、C90、C120、C150）、多方位反射 SH 上下行分离波形（UD0、UD30、UD60、UD90、UD120、UD150）、多方位反射 SH 偏移剖面（KM0、KM30、KM60、KM90、KM120、KM150）及探深数据（XLEN）。

偶极横波偏移成像模块的关键参数包括：（1）TRSP，最小源距，XMAC-F1 为 10.25ft；（2）LWF，时间采样点数，XMAC-F1 为 688；（3）TMAX，最小偏移成像角，默认 20°；（4）DX，X 方向空间网格大小，默认 0.0762m；（5）DZ，Z 方向空间网格大小，默认 0.1524m；

（6）XMAX，最大偏移深度，XMAC-F1 设置为 45m；（7）TTNE，最大旅行时，XMAC-F1 设置为 20s。

反射波偏移成像结果如图 11-6-7 所示，从第 2 道反射波提取后波形经过上下行反射波分离，然后可得到第 3 道波形示意图，可以观察到上行反射波的信号幅度远强于下行反射波，应用横波反射波偏移成像后，可以较清晰地识别到在北偏东 60° 方位存在由井外地质构造体反射得到的有效反射信号，初步判断为井旁大尺度裂缝，且延伸距离较长。

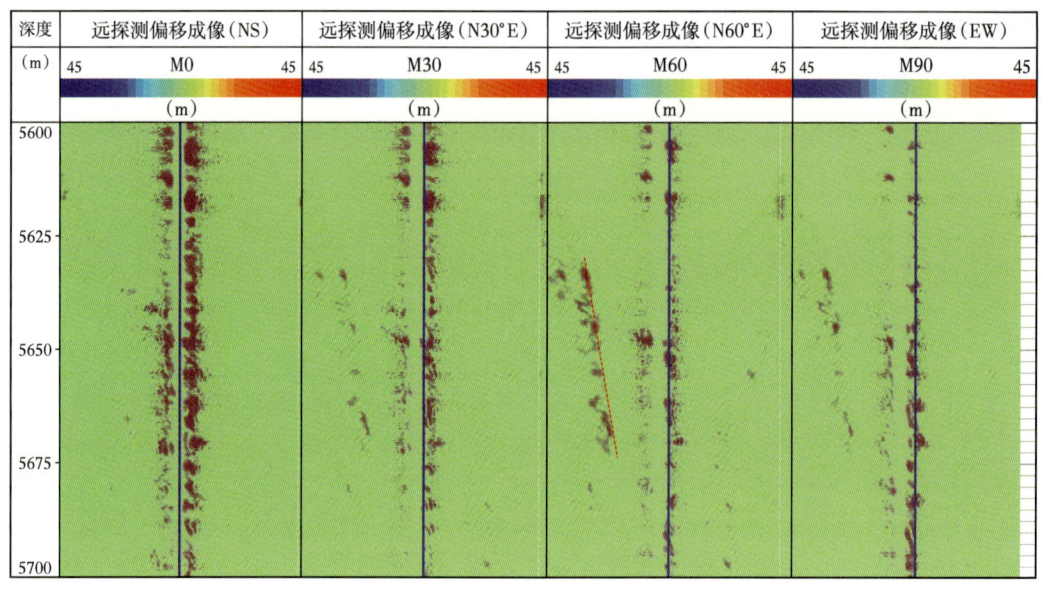

图 11-6-7　某井反射波偏移成像效果图

五、储层评价

远探测声波测井技术在井外缝洞体识别、水平井套变预测、压裂效果评价和有利储层横向追踪等多个油气勘探开发与储层评价领域不断展现出重要作用。

在井外缝洞体识别方面，利用远探测声波测井技术可以识别和探测井外数十米范围内的隐蔽缝洞储集体。在水平井套变预测领域，利用远探测声波测井技术可以识别和评价水平井旁裂缝与小尺度断层的发育情况，结合地震蚂蚁体等属性技术识别的大尺度断层，可以整体刻画和预测水平井外套变易发区域。在压裂效果评价领域，时移远探测技术是一种判识压裂裂缝的有效手段，即在压裂之前测试一次远探测资料，并对其处理后可获取井旁天然裂缝成像结果；在压裂之后再测试一次，通过处理结果后即可获取井旁天然裂缝和压裂裂缝的综合成像。在有利储层横向追踪领域，利用远探测声波测井技术可以追踪成像水平井外薄储层界延伸和发育情况，从而有效指导开发方案设计。

第七节　核磁共振测井处理

核磁共振测井是一种重要的地球物理测井方法，在孔隙结构分析、流体性质识别以及孔隙度、渗透率等储层参数计算等方面具有广泛应用。目前国内外测井仪器包括哈里伯顿公司的 MRIL-P、斯伦贝谢公司的 CMR、贝克休斯公司的 MREx、中国石油天然气集团测井有限公司的 MRT6910 等。需要指出的是，尽管不同核磁共振测井仪器结构、测量模式、采集参数以及测量结果记录方式等不同，但核磁共振测井数据处理与分析的总体思路是一致的，都包含以下三个环节：回波生成、T_2 谱反演和共振储层评价。下面依次介绍上述三个环节中的主要模块及功能。

一、回波生成

回波生成是整个核磁共振测井数据处理与分析的基础，其主要功能是通过处理获得随时间衰减的回波信号，即通常所说的回波串。核磁共振测井通常采用正交信号检测方法，原始回波由两条正交数据道记录，因此回波生成的核心问题就是如何从原始正交数据道中计算出各组回波信号。下面以 CMR 仪器为例对这一环节的处理过程进行简要说明。

图 11-7-1 中第 3 道、第 4 道分别是 CMR 仪器两条原始正交数据道（ECHO_AMP_R、ECHO_AMP_X），标准组、黏土组（若数据中存在）的正交信号都在这两条曲线中。为了从正交信号中生成回波，首先需要根据标准组、黏土组的回波个数拆分出标准组、黏土组的两道正交信号，然后通过孔隙度刻度、相位旋转得到回波（图 11-7-1 中的第 5 道为生成的标准回波）。

回波生成模块中起始回波、结束回波是指在相位旋转中计算相位角所用的回波范围，默认为 2 和 9，一般不需要更改。相位和回波叠加级别默认为 3，当核磁共振测井信噪比较低时，为了提高回波质量，可适当增加叠加级别。另外，需要说明的是，P 型仪器原始数据是在时间域，该步处理相对复杂，除上述内容外，还包括旋转前叠加、旋转后叠加和时深转换等处理。

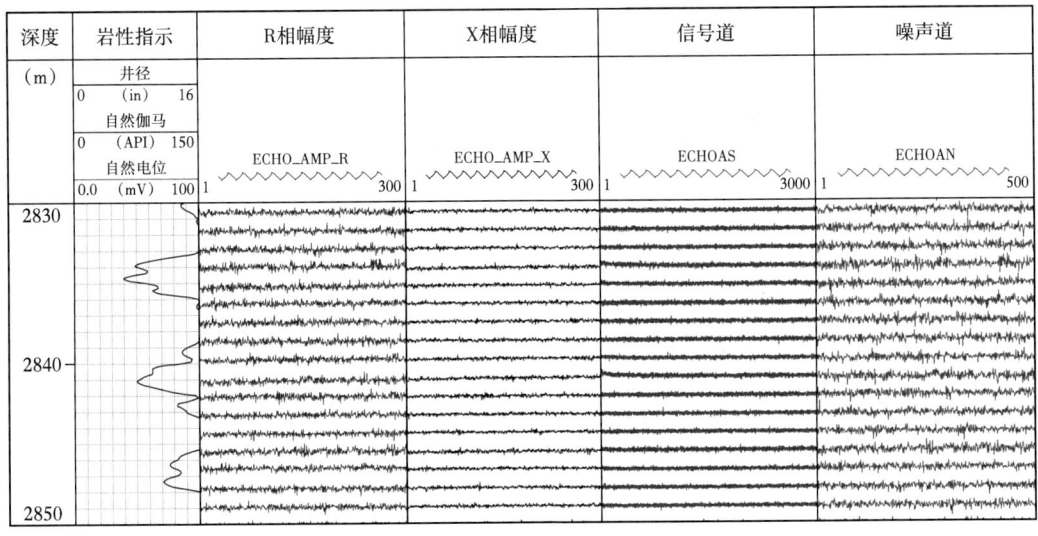

图 11-7-1　回波生成处理结果（以 CMR 仪器为例）

二、T_2谱反演

尽管通过回波生成得到的衰减回波包含孔隙结构、流体等储层信息，但直接根据回波曲线难以评价上述参数，需要通过多指数反演，先得到反映不同孔隙横向弛豫特性的T_2谱，然后才能进一步开展储层评价，这一过程即为T_2谱反演，是整个核磁共振测井数据处理的核心。从数学角度而言，从回波串求取T_2谱属于反问题，具有多解性，因此如何提高反演的精度和速度是核磁共振测井资料处理研究的重点。多年来，国内外学者对此进行了深入研究，提出了不同的T_2谱反演方法，如奇异值分解法、模平滑法、SIRT法等方法。

不同T_2谱反演方法在反演精度、速度和适用条件上存在差异，目前常用的反演方法包括：奇异值分解法、MAPII（针对P型核磁共振）。图11-7-2为某井T_2谱反演结果。T_2谱反演中，为了减少振铃效应影响，通常默认起始回波为2。T_{2min}和T_{2max}确定了反演中T_2组分的分布范围，默认为0.3ms和3000ms，对页岩油等致密储层可设置为0.01ms和10000ms。T_2布点数是影响反演速度的重要参数，该数值越大，反演的T_2谱越平滑，但同时速度降低，默认为30。平滑因子ALF是影响T_2形态的重要参数，图中第4道是ALF=0.5的反演结果，第5道是ALF=0.7的反演结果，对比可知，ALF越大，T_2谱越平滑，不同T_2谱峰的区分度降低。在T_2谱反演过程中，通常除黏土组平滑因子默认为0.4之外，其他组平滑因子默认为0.5。

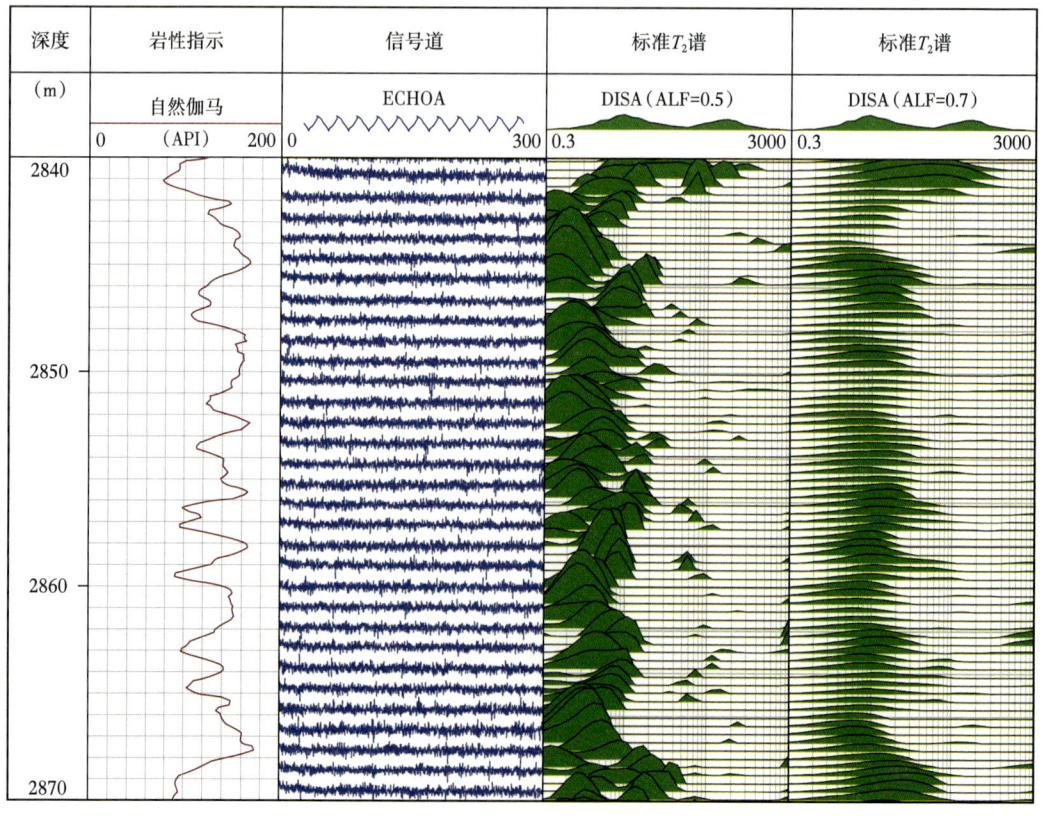

图11-7-2　T_2谱反演结果

三、储层评价

核磁共振测井储层评价是指利用反演得到的核磁共振 T_2 谱等资料对储层孔隙结构、流体性质等进行定性评价，对孔隙度和渗透率等参数进行定量计算。下面从定性法分析和定量计算两个角度阐述核磁共振测井储层评价的主要功能。

首先，根据核磁共振 T_2 谱可以定性判断储层孔隙尺寸分布情况。如图 11-7-3 所示，储层段的上部和下部核磁共振 T_2 谱右端大孔隙组分发育，而左端微小孔隙所占比例较小，据此可以判断该层段中部较该层段上下部位的物性差。

其次，根据核磁共振 T_2 谱可以定量计算储层的孔隙度、渗透率等参数，进而对储层进行更精细的评价。利用核磁共振测井资料不仅可以计算总孔隙度，而且可以根据截止值计算可动孔隙度、有效孔隙度等参数，还可以根据任意指定的区间计算区间孔隙度。由于核磁共振孔隙度不需要骨架参数，因此在难以准确确定复杂岩性、骨架参数时，核磁共振孔隙度是储层孔隙度计算的一种重要方法。图 11-7-3 中第 5 道给出了总孔隙度、可动孔隙度、有效孔隙度计算结果，第 6 道给出了区间孔隙度计算结果。目前核磁共振渗透率计算主要有 SDR（核磁共振几何均值）、Timur-Coates（可动饱和度）两种渗透率计算方法，图中第 7 道给出了两种核磁共振渗透率计算结果。需要指出的是，毛管束缚水截止值 T_{2C}、黏土束缚水截止值 T_{2CC} 以及 SDR、Timur-Coates 两种渗透率计算模型中的参数是砂岩储层给定的默认值。实际资料处理时，需结合储层类型及岩心分析确定上述参数的数值，以提高核磁共振测井储层参数计算精度。

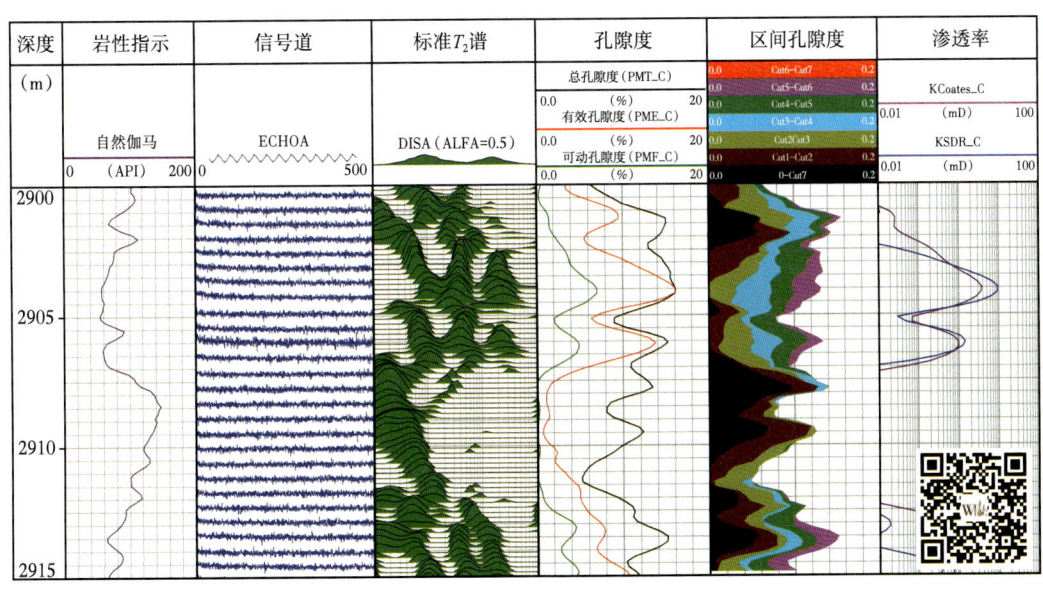

图 11-7-3 核磁共振测井综合处理成果图

在核磁共振测井储层定量评价中，除了上面介绍的孔隙度、渗透率参数之外，也可以对流体性质以及孔隙结构的特征参数进行定性分析。在流体性质方面，可以利用 DIFAN、TDA 及截止值等方法分析储层流体性质。上述流体性质分析方法只有当存在不同回波间隔或不同等待时间的多组核磁共振回波时才能使用。

利用核磁共振测井资料定量计算孔隙结构参数，基本思路如下：首先，通过核磁共振—毛管压力转换得到大家熟知的毛管压力曲线（由于该毛管压力曲线与实验室压汞毛管压力曲线并不完全一样，故也称伪毛管压力曲线）；然后基于伪毛管压力曲线计算排驱压力、中值压力、平均孔喉半径、最大孔喉半径以及分选系数等孔隙结构参数；最后利用这些孔隙结构参数进行储层评价。图 11-7-4 是某井核磁共振孔隙结构定量分析成果图，其中第 5 道为计算得到的伪毛管压力曲线，第 6 道为计算得到的排驱压力，第 7 道为计算得到的中值压力，第 9 道为计算得到的平均孔喉半径，第 10 道为计算得到的最大孔喉半径，第 11 道、第 12 道分别为计算得到的分选系数和均质系数。

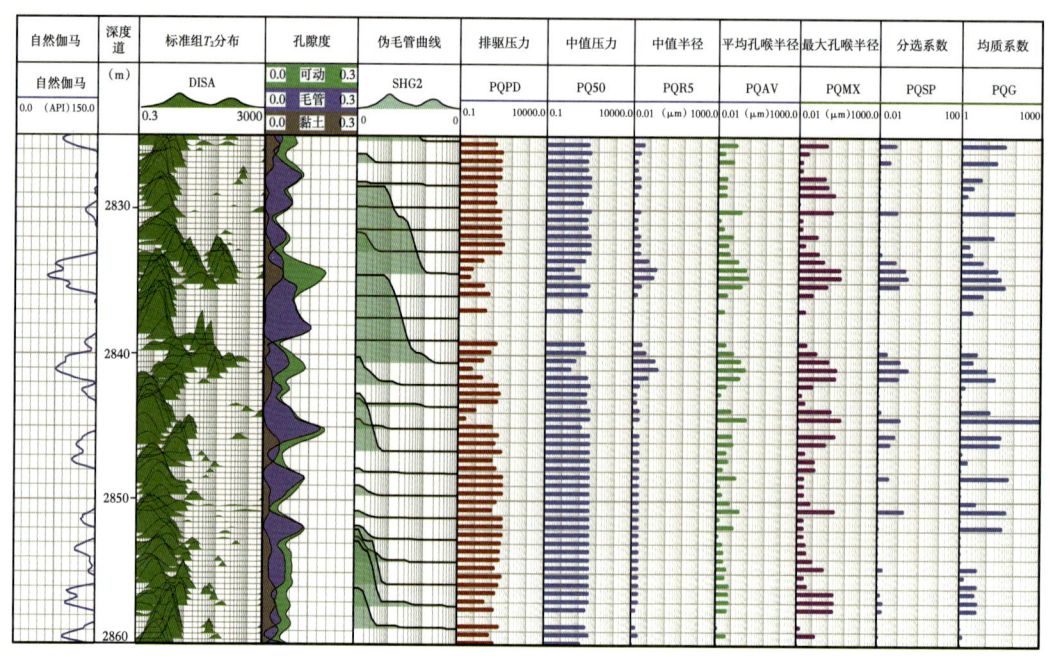

图 11-7-4　核磁共振测井孔隙结构分析

四、二维核磁共振

核磁共振测井的测量对象是地层中的氢核。一维核磁共振测井主要测量氢核的横向弛豫时间，利用一维核磁共振测井获得的 T_2 谱可以计算储层孔隙度、渗透率、可动流体饱和度、束缚水饱和度等参数，也可对储层孔隙结构特征进行评价。由于流体在储层孔隙中的赋存状态复杂，不同类型流体的 T_2 谱分布存在重叠，导致基于一维核磁共振的流体识别精度较低，因此，人们将波谱学中二维 NMR 的概念推广应用到石油测井领域，逐渐发展形成了二维核磁共振测井。根据测量参数的不同，二维核磁共振测井通常有 T_1-T_2、D-T_2、T_2-G 等不同测量方式。随着致密及非常规储层逐渐成为油气勘探开发的重要对象，T_1-T_2 二维核磁共振在流体性质识别中被广泛应用。

目前商业化的多维核磁共振测井仪器主要包括：斯伦贝谢公司的 CMR-NG（CMR-MagniPHI）和 MRX（MRScanner）、贝克休斯公司的 MREX（MR eXplorer）、哈里伯顿公司的 MRIL-XL、中海油田服务有限公司开发的 EMRT-2D 和中国石油集团测井有限公司的 iMRT。下面以非常规储层应用较多的 CMR-NG 为例介绍 T_1-T_2 二维核磁共振数据处理的主要步骤。T_1-T_2 二维核磁共振通常通过多组不同等待时间脉冲序列测量得到。

二维核磁共振资料的处理与一维核磁共振类似,包含两个关键步骤:一是利用核磁共振仪器测量获得原始数据之后得到特定参数下的回波串,即回波生成;二是对回波串进行反演得到二维谱,即二维反演。不同核磁共振仪器在测量方式、数据保存格式上存在差异,具体实现回波生成时差异较大,CIFLog 平台能够自动识别仪器类型,并调用相应的回波生成算法。

下面介绍二维核磁共振资料处理的步骤。

(1)回波生成:与 CMR 一维核磁共振类似,CMR-NG 二维核磁共振测井所有回波数据放在两条原始正交数据道 ECHO_AMP_R、ECHO_AMP_X 中。CMR-NG 每个深度点共有 2590 个回波,这些回波共分为 6 组,具有不同的等待时间或回波间隔,此外通过 NECH_V 参数可知道不同组的回波个数,进而拆分出 6 组不同的回波串。对每组回波进行相位旋转、孔隙度刻度得到供反演使用的标准回波。图 11-7-5 是 CIFLog 平台 CMR-NG 二维核磁共振回波生成处理成果图,其中左起第 3 道、第 4 道分别是原始 R 相和 X 相数据,第 5 道是处理得到的回波信号。

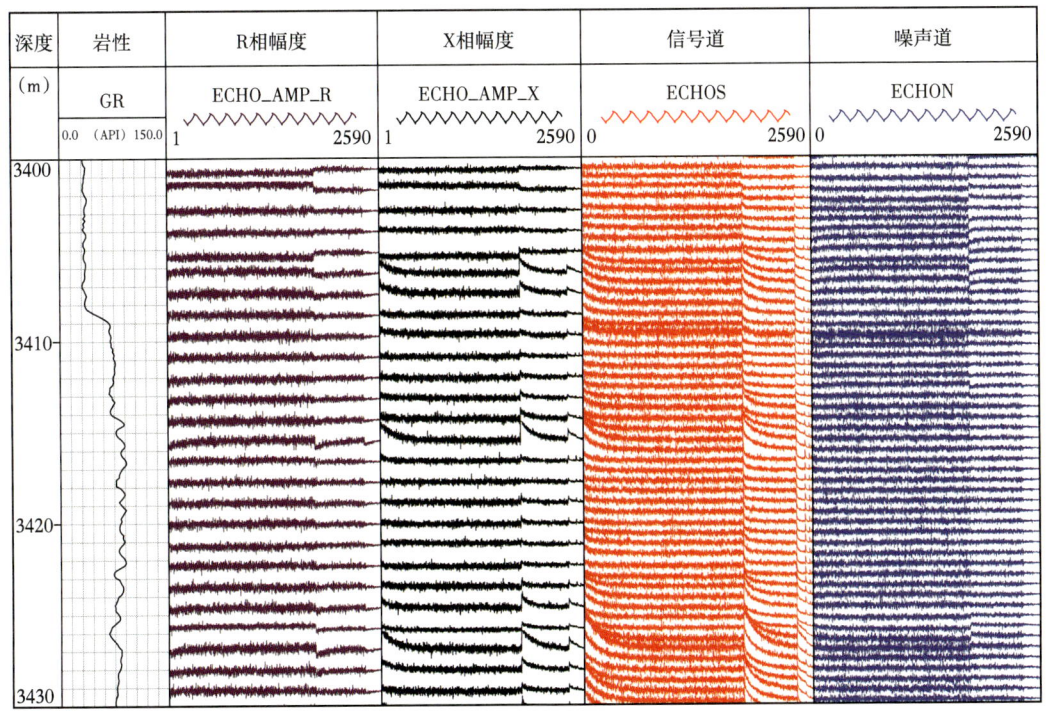

图 11-7-5 二维核磁共振回波生成(CMR-NG 仪器)

(2)T_1-T_2 谱反演:二维核磁共振各组回波均满足指数衰减规律,因此 T_1-T_2 谱反演与常规一维核磁共振类似,不同之处在于回波串向量、核矩阵的规模比一维核磁共振大,因此对反演算法的速度、精度等的要求相比一维核磁共振更高。图 11-7-6 是 CIFLog 平台 CMR-NG 二维核磁共振反演结果,其中第 4、第 5 道分别是反演得到的 T_2 和 T_1 谱,第六道是 T_1-T_2 谱。

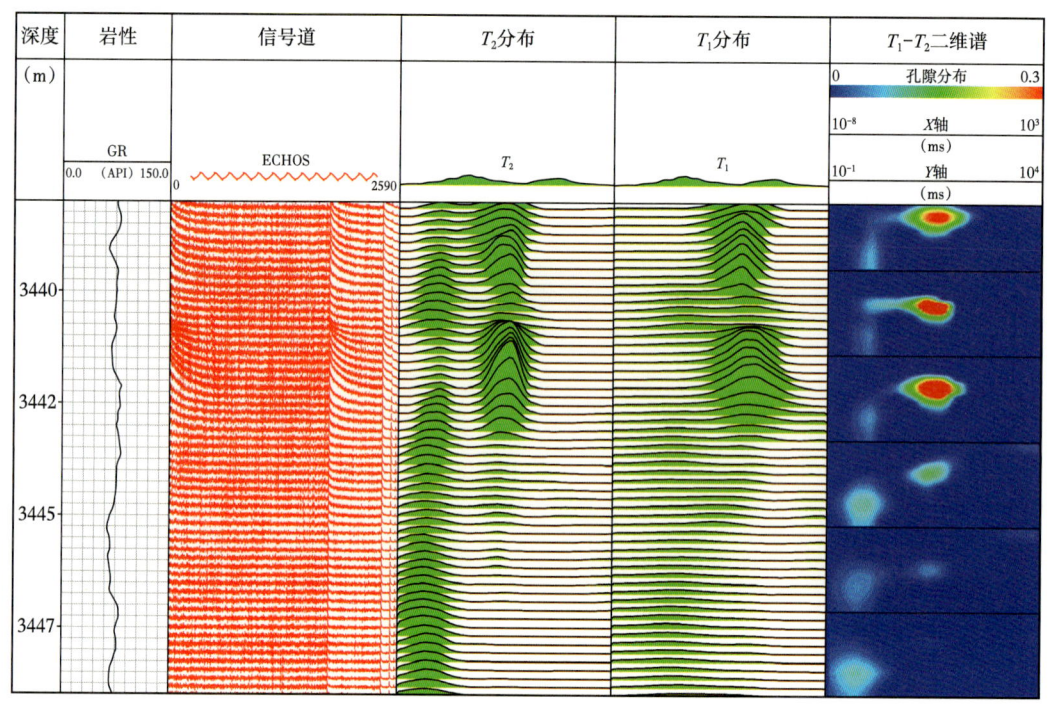

图 11-7-6 T_1-T_2 二维谱反演结果

第八节 地层元素测井处理

地层元素测井是一种通过测量中子与地层元素原子核相互作用所放出的伽马射线，进而得到元素含量、确定矿物含量的中子伽马能谱测井技术，在复杂储层岩性识别、非常规储层评价等方面得到了广泛应用。目前常用国内外测井仪器包括斯伦贝谢公司的 ECS 与 Lithoscanner、贝克休斯公司的 FleX、哈里伯顿公司的 GEM 及中国石油集团测井有限公司的 FEM 等仪器。需要指出的是，尽管不同地层元素测井仪器结构、放射源及探测器类型、采集参数以及测量结果记录方式等不同，但地层元素测井数据处理与分析的总体思路是一致的，都包含以下三个环节：解谱处理、产额—元素含量转换和储层评价。下面依次介绍上述三个环节中主要模块及功能。

一、解谱处理

地层元素测井仪器探测来自地层和井眼中所有元素原子核的非弹和俘获混合伽马能谱。从混合能谱中准确得到各元素产额（即解谱），是地层元素测井处理和应用的基础。地层元素测井解谱通常采用最小二乘法进行谱数据处理，在实验室条件下可测定各种元素的标准谱。通过最小二乘法回归，可得到每种标准谱对总的测量信号的贡献，经实验室标准谱刻度，就可以得到各元素的俘获和非弹产额。下面以 Lithoscanner 仪器为例对这一环节的处理过程进行简要说明。

图 11-8-1 中第 1 道是 Lithoscanner 仪器测量的总俘获谱信号，仪器测量还包含有背景谱（SBKG）、激发谱（SBUR）、早俘获谱（SEAR）、晚俘获谱（SLAT）等资料，根据仪器单元素标准谱库，通过最小二乘解谱可以得到硅、钙、镁、铁、硫、钾、钠、钛、钆等元素的产额（图 11-8-1 中的 4~12 道）。在元素测井解谱处理时，可根据测量谱质量进行背景谱及俘获/非弹谱叠加窗长设置，背景谱窗长默认为 15，俘获/非弹谱窗长默认为为 3，一般不需要更改。同时还可根据地层元素分布情况选择待解谱元素的类型。需要说明的是，不同仪器记录的数据类型不一样，如 ECS 测井只记录总伽马能谱，在解谱处理时相应参数设置也更为简单一些。

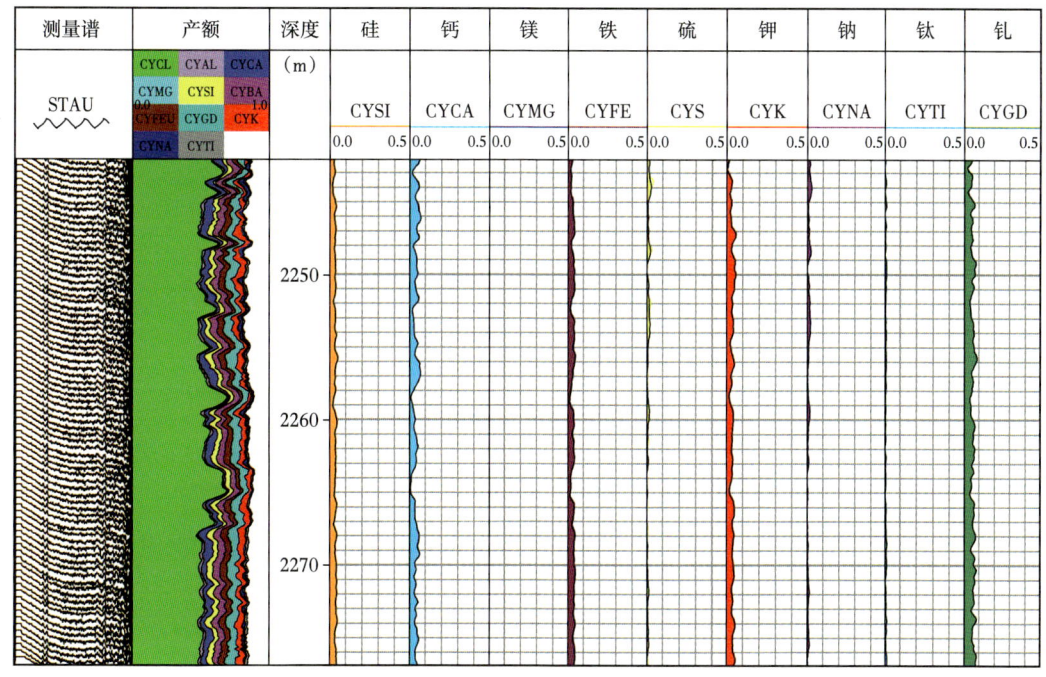

图 11-8-1 地层元素测井解谱成果图

二、产额—元素含量转换

解谱处理得到的是地层中各元素的相对产额贡献，通常采用"氧闭合模型"转为元素重量百分含量。"氧闭合模型"认为各种元素在地层中均以氧化物的形式存在，且一种干燥的岩石只由一组氧化物组成，这些氧化物的含量之和为 1。因此，测量出所有氧化物的相对产额，就能计算出总产额并将其转换为所需的归一化因子。该归一化因子可以将每个相对产额转化为元素的百分含量，即元素干重。氧闭合模型共有三种：WALK2、AlKNa 和含有 Mg 的模型。

图 11-8-2 中第 1 道是解谱得到的各元素产额；第 3 道为归一化因子；第 4~10 道为转换后的元素重量百分含量，处理采用 AlKNa 模型。在产额—元素含量转换时，相关参数主要包括各元素灵敏度因子、氧化物指数及滤波窗长，灵敏度因子与仪器探测性能相关，氧化物指数只与元素对应的氧化物类型相关，一般不需要更改；滤波窗长默认为 5，窗长越大，转换后的元素含量曲线越平滑。

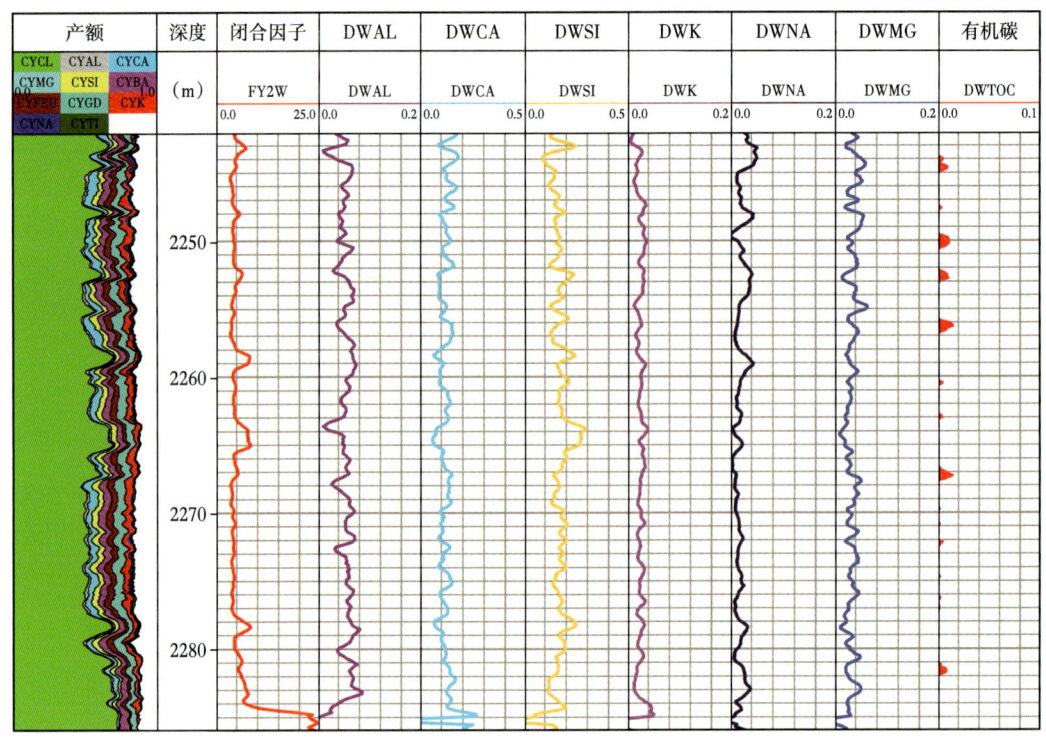

图 11-8-2 地层元素测井产额—元素含量转换成果图

三、储层评价

地层元素测井主要用于确定地层的岩性和矿物含量、地层骨架参数等。下面分别阐述地层元素测井储层评价的主要功能。

地层元素测井测量的各元素含量为矿物定量计算奠定了基础，常用方法包括多矿物最优化以及元素—矿物转换模型。以元素—矿物转换为例，通过对研究区大量岩心全岩矿物和元素实验分析，可以建立针对性的元素—矿物转换模型，一般黏土含量与 Al、Si、Ca、Fe 等元素相关，碳酸盐的含量与 Ca、Mg 等元素相关。图 11-8-3 是某井地层元素测井综合处理成果图。图中第 10 道为根据元素重量百分含量计算得到的黏土、石英、方解石、白云石等矿物含量。从图中可见，上部地层钙、镁元素含量高，铝、硅等元素含量较低，计算得到的矿物以方解石、白云石为主，是典型的碳酸盐岩；下部地层钙、镁元素含量明显降低，铝、硅、钾等元素升高，计算得到的矿物也以黏土、石英为主，为碎屑岩地层。

在地层各组成元素和矿物含量确定以后，也可以根据元素或矿物含量确定地层骨架密度、热中子俘获截面等参数。如地层骨架密度可用下面的经验公式来计算：

$$\frac{1}{\rho_{ma}} = \sum_{j=1}^{m} \frac{M_j}{\rho_j} \quad (11\text{-}8\text{-}1)$$

式中：ρ_j 为第 j 种矿物的密度，g/cm³；ρ_{ma} 为地层骨架密度，g/cm³；M_j 为矿物 j 的百分含量。

图 11-8-3 第 11 道为计算得到的地层骨架密度。从图中可见，上部碳酸盐岩地层骨架密度较高，在 2.8g/cm³ 左右，而下部碎屑岩地层骨架密度较低，在 2.65g/cm³ 左右。

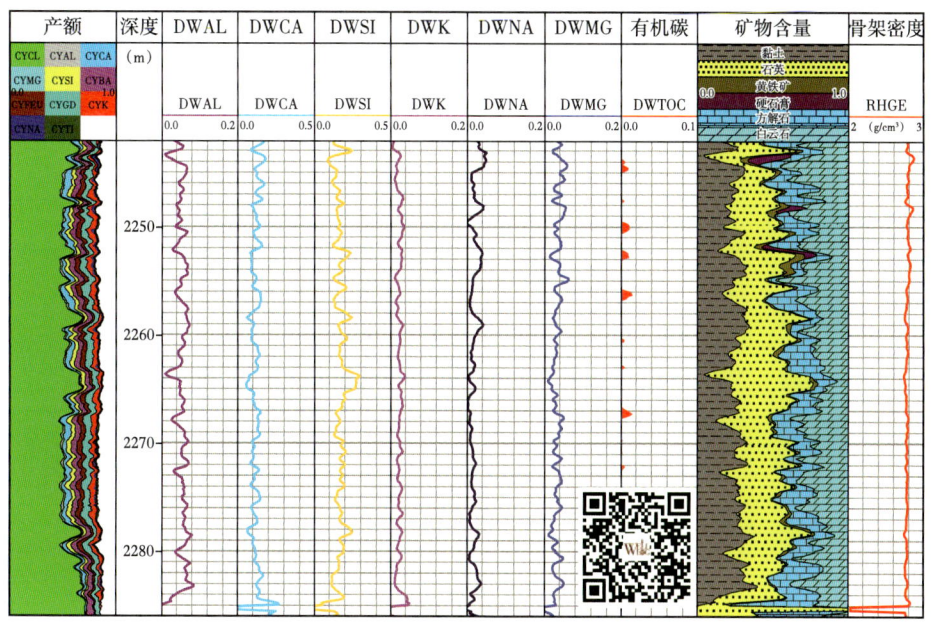

图 11-8-3 地层元素测井储层评价成果图

第九节 岩石力学参数计算

地层的岩石力学性质与地应力状态分析是油气田勘探开发工作的基础，影响着油气勘探开发的全过程。了解与掌握地层的岩石力学性质与地应力分布状态，不仅可以有效避免或减少由井喷、井漏、井壁坍塌和井壁破裂等情况带来的井壁失稳问题，对于优选压裂试油层段、优化试油完井方案和提高试油成功率等也有重要意义。

一、动态弹性参数计算

地层弹性参数是地应力计算与井壁稳定性分析的基础，是钻完井、酸化压裂等诸多工程设计必不可少的重要参数。在实际处理过程中，利用测井得到的地层密度、纵波时差和横波时差等资料，可以计算地层的杨氏模量、剪切模量、体积模量和泊松比等参数，如图 11-9-1 所示。声波测井是在高频条件下进行的，利用测井资料计算得到的弹性参数称为动态弹性参数。上述四个弹性参数中，只有两个是独立的，计算四个参数中的任意两个，并按照参数间的转换关系可以计算得到剩余两个。

二、动静弹性参数转换

静态弹性参数是指通过对岩样进行静态加载测试其变形后得到的弹性参数，反映的是岩石对大应力低频载荷的力学响应，更符合工程应用的实际需求。目前静态弹性参数只能通过实验测试获取，数据不连续且成本较高。实际中，通常先利用测井资料计算连续深度的动态弹性参数，然后通过岩石物理实验得到动静态弹性参数的转换关系，之后利用该转换关系即可将动态弹性参数转换为静态弹性参数，如图 11-9-2 所示。对于理想弹性物质来说，静态弹性参数和动态参数相同。在实际地层评价中，岩石静态弹性参数一般小于动态弹性参数。

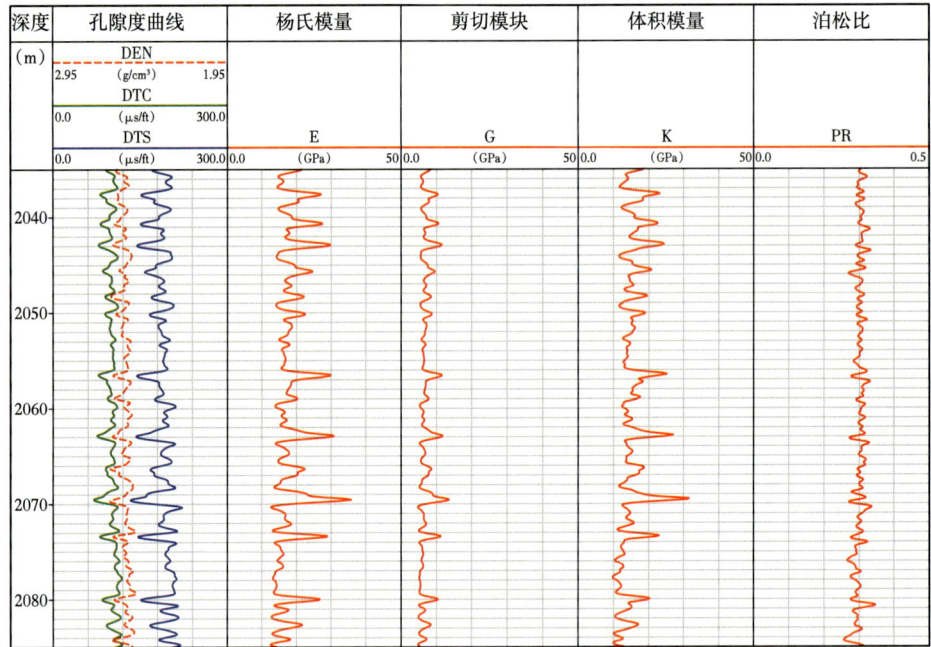

图 11-9-1　地层动态弹性参数评价成果图

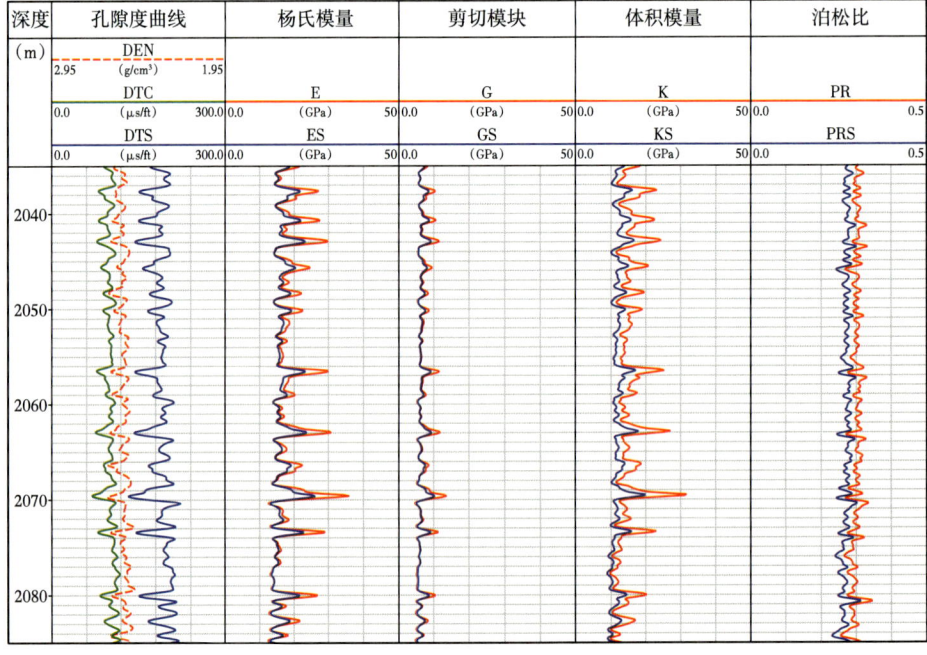

图 11-9-2　地层动静弹性参数转换成果图

三、水平主应力计算

根据地层弹性各向异性的强弱，水平主应力计算模型可以分为各向同性模型和各向异性模型。对于砂泥比较高、储层有效厚度较大、水平方向与垂直方向弹性参数差异小的地层，采用各向同性模型计算水平主应力。对于薄互层发育、弹性各向异性较强的致密或非常规油气储层，应采用基于各向异性模型的水平主应力计算方法。

1. 各向同性模型

假设地层为均质各向同性的线弹性体，岩层中的地应力主要是由上覆岩层压力和水平方向的构造应力产生，且上覆压力与水平方向的构造应力成正比，采用各向同性模型计算最小与最大水平主应力，公式如下：

$$\sigma_h = \frac{\mu}{1-\mu}(\sigma_v - \alpha p_p) + \frac{\varepsilon_h E}{1-\mu^2} + \frac{\varepsilon_H E \mu}{1-\mu^2} + \alpha p_p \quad (11\text{-}9\text{-}1)$$

$$\sigma_H = \frac{\mu}{1-\mu}(\sigma_v - \alpha p_p) + \frac{\varepsilon_H E}{1-\mu^2} + \frac{\varepsilon_h E \mu}{1-\mu^2} + \alpha p_p \quad (11\text{-}9\text{-}2)$$

式中：σ_h 为最小水平主应力，MPa；σ_H 为最大水平主应力，MPa；α 为 Biot 系数；p_p 为地层孔隙压力，MPa；σ_v 为垂向应力，MPa；ε_h 和 ε_H 分别为最小和最大构造应变；E 为杨氏模量，GPa；μ 为泊松比。

2. 各向异性模型

对于薄互层发育具明显弹性各向异性特征的地层（一般称为横观各向同性地层，水平方向 360° 范围内弹性属性相同，水平方向与垂直方向的弹性属性存在显著差异），需要采用基于各向异性模型的方法来计算最大与最小水平主应力，公式如下：

$$\sigma_h = \frac{E_h}{E_v}\frac{\mu_v}{1-\mu_h}(\sigma_v - \alpha p_p) + \frac{E_h}{1-\mu_h^2}\varepsilon_h + \frac{E_h \mu_h}{1-\mu_h^2}\varepsilon_H + \alpha p_p \quad (11\text{-}9\text{-}3)$$

$$\sigma_H = \frac{E_h}{E_v}\frac{\mu_v}{1-\mu_h}(\sigma_v - \alpha p_p) + \frac{E_h}{1-\mu_h^2}\varepsilon_H + \frac{E_h \mu_h}{1-\mu_h^2}\varepsilon_h + \alpha p_p \quad (11\text{-}9\text{-}4)$$

式中：E_h 和 E_v 分别为水平和垂直方向上的杨氏模量，GPa；μ_h 和 μ_v 分别为水平和垂直方向上的泊松比。

垂直方向杨氏模量 E_v 的计算公式为

$$E_v = C_{33} - \frac{2C_{13}^2}{C_{11}+C_{12}} \quad (11\text{-}9\text{-}5)$$

水平方向杨氏模量 E_h 的计算公式为：

$$E_h = \frac{(C_{11}-C_{12})(C_{11}C_{33}-2C_{13}^2+C_{12}C_{33})}{C_{11}C_{33}-C_{13}^2} \quad (11\text{-}9\text{-}6)$$

垂直方向泊松比 μ_v 的计算公式为

$$\mu_v = \frac{C_{13}}{C_{11}+C_{12}} \quad (11\text{-}9\text{-}7)$$

水平方向的泊松比 μ_h 的计算公式为

$$\mu_h = \frac{C_{12}C_{33}-C_{13}^2}{C_{11}C_{33}-C_{13}^2} \quad (11\text{-}9\text{-}8)$$

式中：C_{11}、C_{33}、C_{12} 和 C_{13} 是表征应力与应变关系的刚性系数，其中 C_{12} 可由刚性系数 C_{11} 和 C_{66} 得到：

$$C_{12}=C_{11}-2C_{66} \quad (11\text{-}9\text{-}9)$$

上述一系列刚性系数由纵横波时差、密度曲线及刚性系数转换规律确定。其中 C_{66} 较为关键，国外一般通过斯通利波反演得到水平横波速度来求取，该方法一般只适用于慢地层。我国致密储层压裂层段绝大部分都集中在快地层中。在快地层中，斯通利波反演水平横波速度的精度会显著降低，无法用来计算 C_{66}。通过配套声各向异性实验及规律分析后发现，C_{66} 可通过纵横波各向异性系数与黏土含量关系来求得。具体计算过程如下：首先利用地层体积密度曲线及纵横波时差计算刚性系数 C_{33} 和 C_{44}，然后利用黏土含量与纵横波各向异性系数的关系计算刚性系数 C_{11}，最后利用刚性系数转换规律计算 C_{13} 和 C_{66}。

图 11-9-3 为一口鄂尔多斯长 7 页岩油井的综合成果图。图中 X08~X24m 井段，黏土含量 VCL 为 24%（由元素俘获测井得到），基于各向同性模型的计算结果 σh_iso（25.2MPa）与实际测试资料得到的结果（30.33MPa）差距较大，相对误差达 14.3%；而采用基于黏土含量的方法计算得到刚性系数 C_{66} 并由此最终计算得到的最小水平主应力 σh_ani_vc₁（28.73MPa）与实际测试资料得到的结果较接近，相对误差为 5.3%。

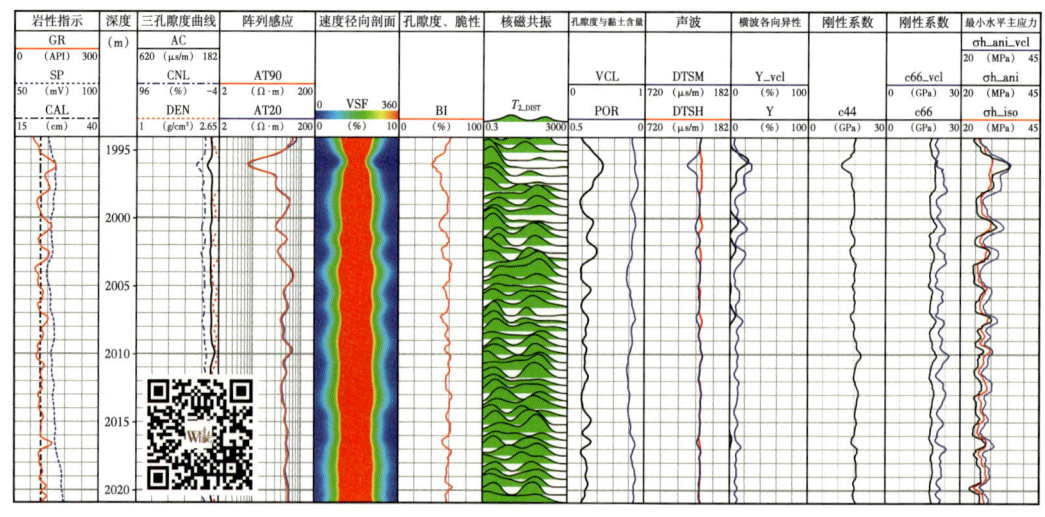

图 11-9-3　长庆页岩油井水平主应力测井综合评价成果图

图 11-9-4 为同一口井在 2005~2007m 处的电成像成果图。从该图可以清晰地看出，在 1m 深度间隔内，黏土含量呈交替变化，显示明显的互层状特点，属于典型的横观各向同性（TI）地层。

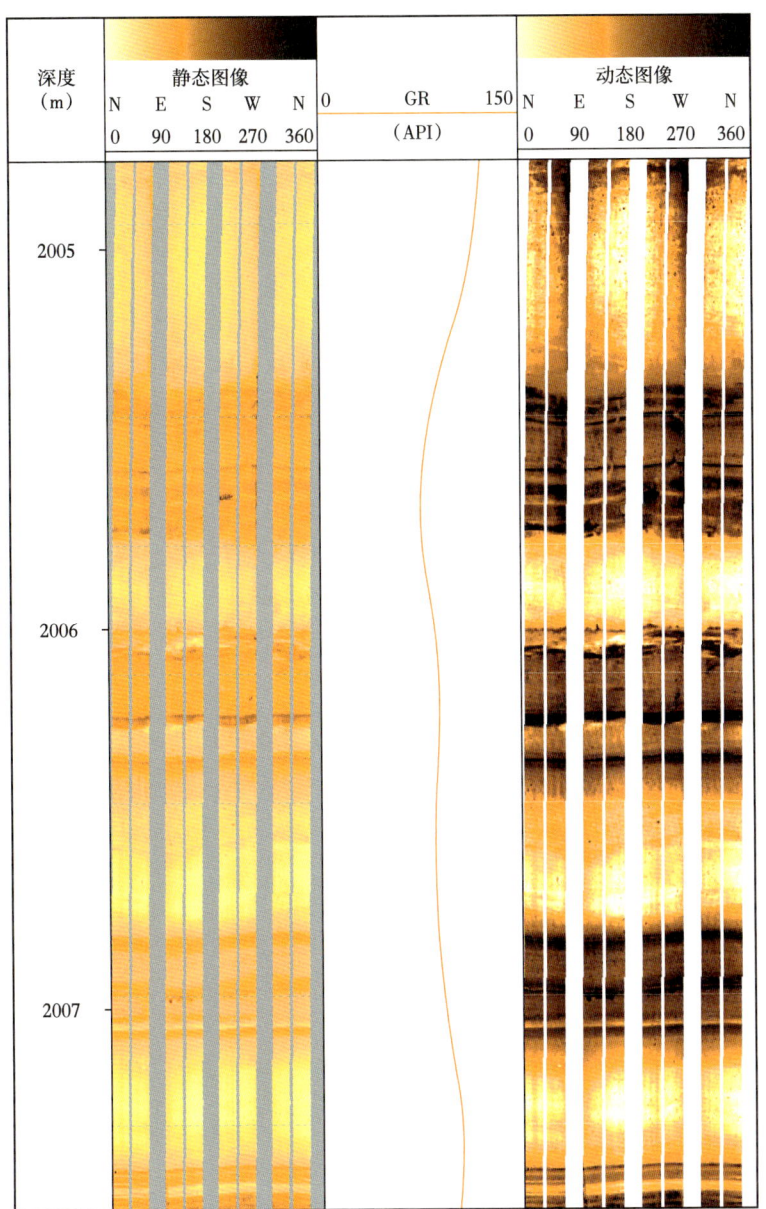

图 11-9-4　鄂尔多斯盆地长 7 页岩系统典型油井电成像成果图

图 11-9-5 为另一口鄂尔多斯盆地长 7 页岩油井的水平主应力测井评价成果图。该段地层（2253~2264m）黏土含量较小，地层表现为各向同性特征，基于各向同性模型计算的最小水平主应力与基于各向异性模型计算的最小水平主应力结果非常接近（图中第 12 道），换算的闭合应力（最小水平主应力加静液柱压力）与压裂测试结果较吻合，相对误差小于 5%。

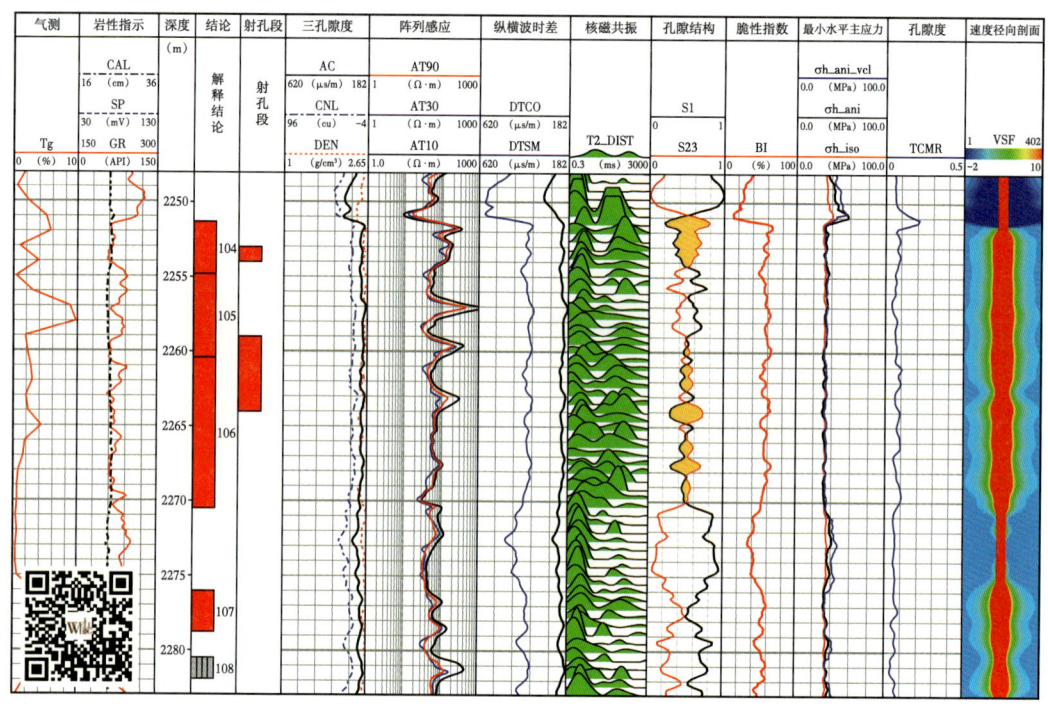

图 11-9-5　长庆页岩油井水平主应力测井评价成果图

第十节　水淹层处理解释

当油田进入高含水期后,为了油田的稳产,开采对象从主力厚油层向薄层、差层延伸,同时对已水淹的厚油层内剩余油实施三次采油技术开发。针对油田开发面临的地质问题,结合测井技术发展的特点,在裸眼井测井技术上形成了水淹层测井系列,以及厚层、薄层水淹层解释方法。水淹层处理解释软件包括储层厚度划分、分层取值及水淹层综合解释方法,下面依次介绍各方法。

一、厚度划分

储层厚度是进行地质评价的重要参数,在调整井测井资料处理解释过程中主要用于计算地质储量并划定水淹层解释范围。储层厚度划分要考虑不同的油田或地区、油层组和不同的钻井液密度,针对不同情况制定了一系列的划分标准:(1)应用深三侧向比值、微球比值、微电极幅度差和自然电位幅度值作为各类厚度的划分标准;(2)参考深侧向分层,根据微梯度半幅点作为量取厚度和确定顶底界面的原则;(3)应用声波时差比值或微梯度比值作为判断高阻层的标准,根据钙质层接触方式扣除不同的钙质层厚度;(4)根据深三侧向曲线回返程度作为解释厚度分合层标准;(5)根据微电位夹层回返程度和微梯度的厚度作为有效厚度低阻夹层扣除标准;(6)根据微电位回返程度和夹层厚度作为厚度分合层标准。

图 11-10-1 中第 1 道、第 2 道、第 7 道、第 8 道为调整井标准常规测井曲线,对目的层位进行精细厚度划分,给出层位的表外、砂岩、有效及夹层厚度。图中第 4 道为表

外厚度，第 5 道为砂岩厚度，第 6 道为有效厚度及夹层厚度。

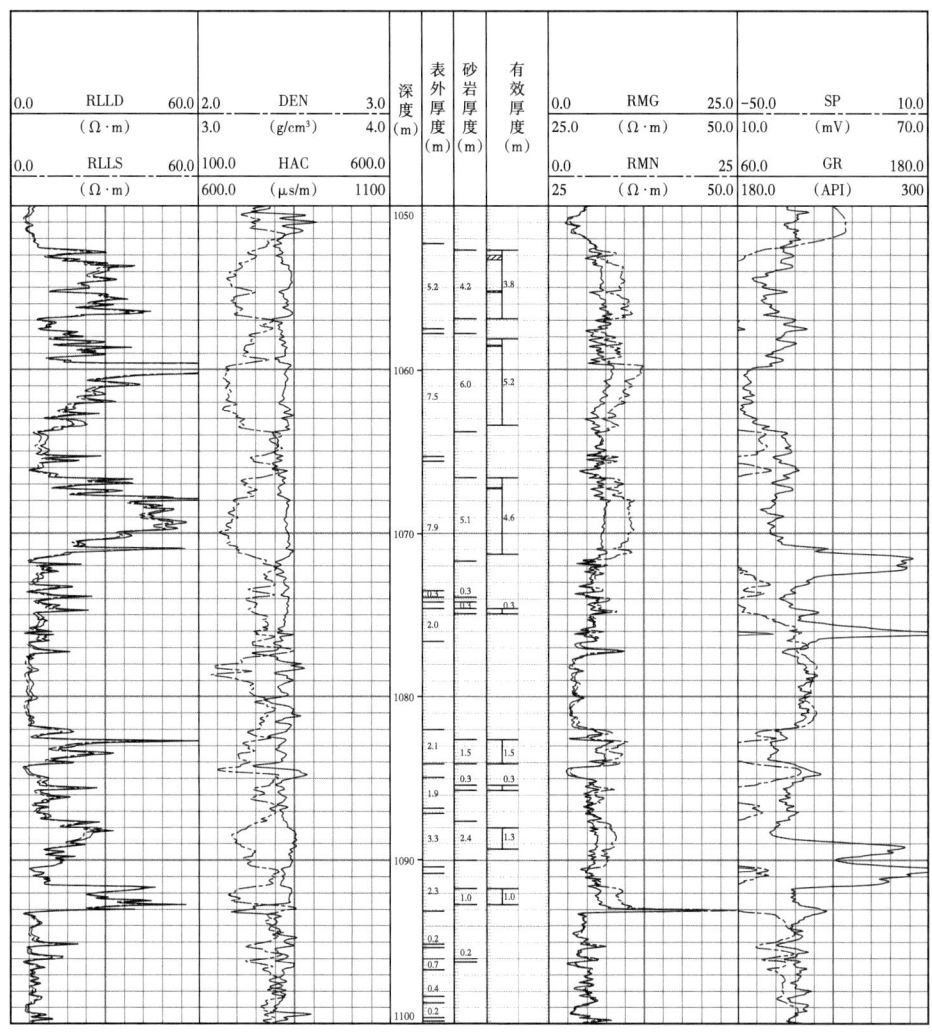

图 11-10-1　厚度划分处理结果

二、分层取值

对于分层沉积的地层，测井资料也呈现分层特征，可根据测井曲线逐层解释，消除薄层效应，提高测井参数计算速度。分层方法主要分为两类：第一类是模拟手工分层方法；第二类是理论分层方法。

取值方法主要分为三类。第一类是形态取值，即根据曲线的五种基本形态［谷、峰、单向递增、单向递减、平直段（层内变化不超过 10%）］，设计相应的取值方法。取值方法包括：（1）谷——取该层的读值作为曲线的极小值；（2）峰——取该层的读值作为曲线的极大值；（3）单向递增——对称曲线取该层中间部分的平均值，非对称曲线取上部极大值；（4）单向递减——对称曲线取该层中间部分的平均值，非对称曲线取上部极小值；（5）平直段——取该层读值作为层内的平均值。第二类是几何加权平均取值，即当一个层的测井曲线由多个峰和谷组成时，根据曲线的不同用途，该层取值主要取决于峰值、谷值及层厚权重。第三类是面积平均取值，当一个层的测井曲线由多个峰和谷组成时，用取值线切割测井曲线，使得峰和谷分别与取值线围成的面积保持相等。

在测井曲线取值原则上，一般情况下，基准曲线采用形态取值法；声波曲线采用面积平均取值法；微球、浅侧向和微电极曲线采用形态取值法；密度和自然伽马曲线采用几何加权平均取值法；自然电位曲线采用几何加权平均取值法，读取层中间到基线的相对值作为最后取值。

图 11-10-2 中第 1 道、第 7 道分别展示了电阻率曲线（双侧向、微电极）对应的方波曲线，第 2 道展示了孔隙度曲线（密度、补偿声波）对应的方波曲线，第 8 道展示了自然电位和自然伽马曲线及其对应的方波曲线。

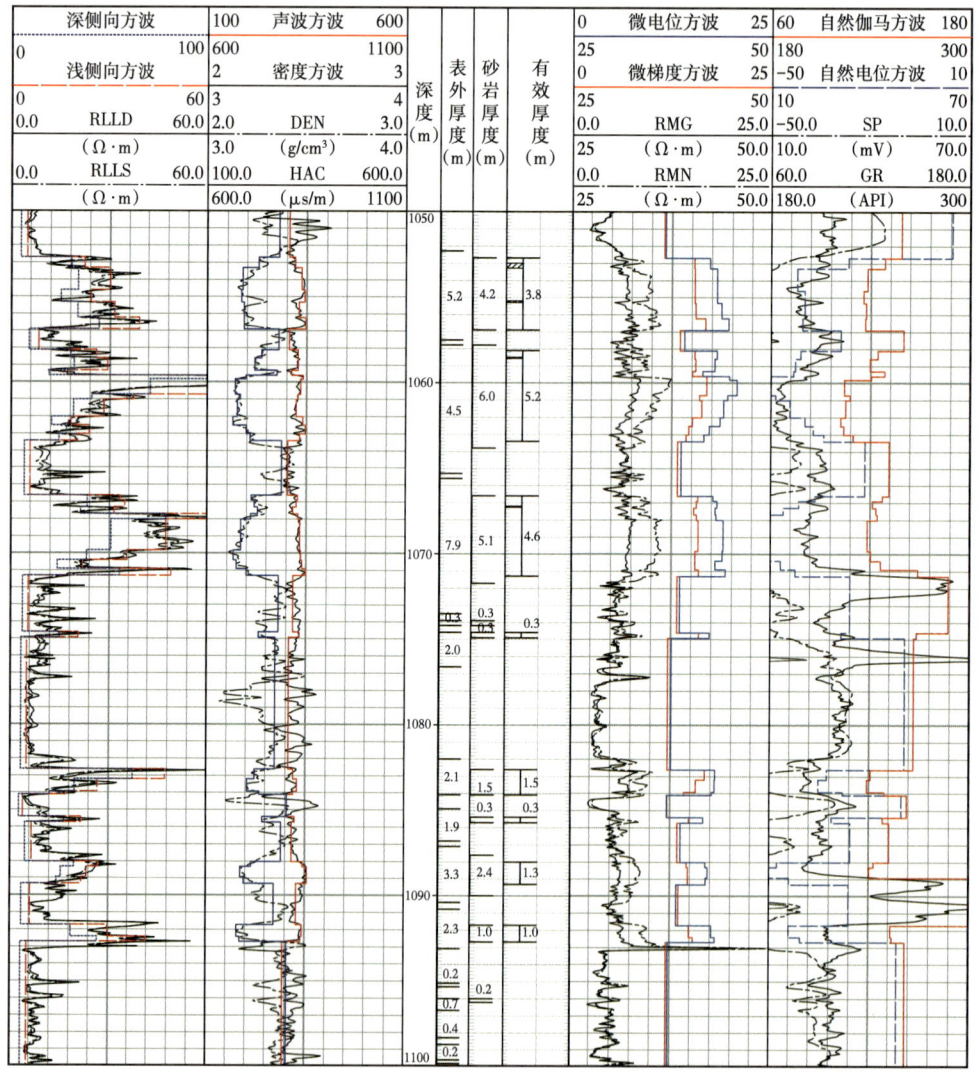

图 11-10-2 分层取值处理结果

三、水淹层评价

油田长期注水开发，导致地下地质条件十分复杂，非均质性严重。水淹越严重，油层性质变化越复杂，而水淹层的特征变化体现在岩性参数、物性参数、矿物结构、岩石润湿性等方面，因此准确求取解释参数较为困难。油田进入后期注水开采阶段之后，确定油藏储层参数及分布状况，对精细描述油藏、明确油藏产能潜力、优化钻井井位、稳油控水具有重要的指导意义。因此，需要根据区块地质情况，分别建立高含水期适用于不同区块、不同油层组、不同储层厚度类型的解释方法。

为了准确描述储层物性参数、提高解释精度，根据不同区块地质沉积特征和储层岩性及物性特征，在储层物性解释中分别划分有效厚度和表外厚度，并分别计算储层参数。

根据理论知识和相关分析优选测井曲线。研究孔隙度、渗透率和各条测井曲线的相关性，制作图版，从中优选出相关性好的测井曲线用于参数的计算。根据岩心数据，建立孔隙度、渗透率和含水饱和度解释模型。

油层水淹程度主要受砂体的厚度、物性、岩性以及韵律性和注水开发情况的影响。选择自然电位、高分辨率声波时差、密度、高分辨率深侧向电阻率、微电极幅度差、自然电位基线偏移等作为水淹层识别曲线特征参数；选择地层岩性、地层厚度、旋回类型等作为水淹层识别地质特征参数。

图 11-10-3 中第 1 道为双侧向曲线；第 2 道为孔隙度曲线，包括补偿密度、高分辨声波；第 4、第 5、第 6 道为表外厚度、砂岩厚度及有效厚度，第 7 道为微电极曲线，第 8 道为自然电位及自然伽马曲线；最右侧道为水淹层解释最终结论道，分别表示水淹等级、有效渗透率、地层系数、孔隙度、含水饱和度、泥质含量等地质参数。

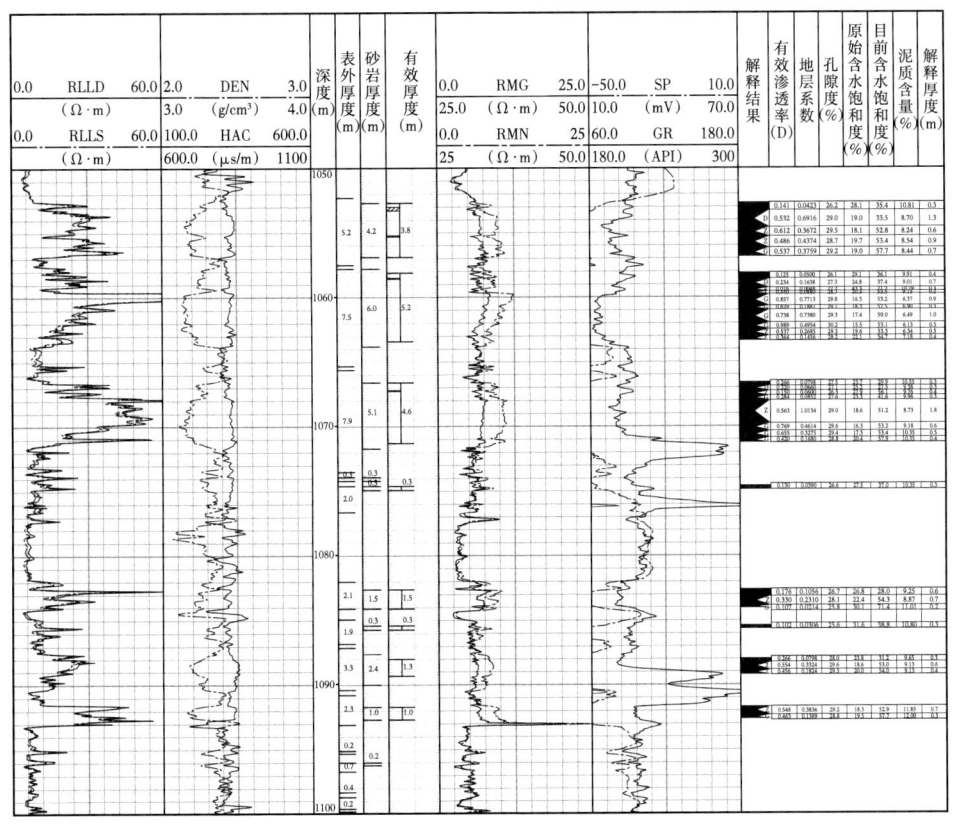

图 11-10-3 水淹层解释处理及水淹评级结果

第十二章　多井测井处理解释

多井处理解释是油藏描述的关键工作，主要利用工区多井测井资料对整个油藏的储层、构造、沉积等在平面和空间的分布进行评价。多井处理解释是一种综合的解释方法，不仅要充分利用测井信息，同时还需要结合地质、岩心和地层等资料，分析各种储层属性和参数在区域上的规律特征。因此，多井处理解释系统是一个综合利用多模块、多图件、多源数据进行综合解释评价的测井处理解释系统。本章将重点讨论多井处理解释方法、技术和系统一般具备的功能，用以指导多井处理解释系统的研发。

第一节　多井测井处理解释流程

多井处理解释评价以工区评价为目标，综合利用整个工区多源数据信息进行评价分析。为此，多井处理解释系统需要能够对工区中多种类型的数据进行存储、应用和可视化等。同时，鉴于多井处理解释的工作特点，多井处理解释系统需具备批量化、平面化、空间化的架构思维。

图12-1-1为多井处理解释系统的处理流程图，根据流程中的步骤，多井处理解释系统功能包括：

（1）多井数据管理：对井位数据、测井数据、分层数据、地质数据等多井多源异构数据进行一体化的统一管理。

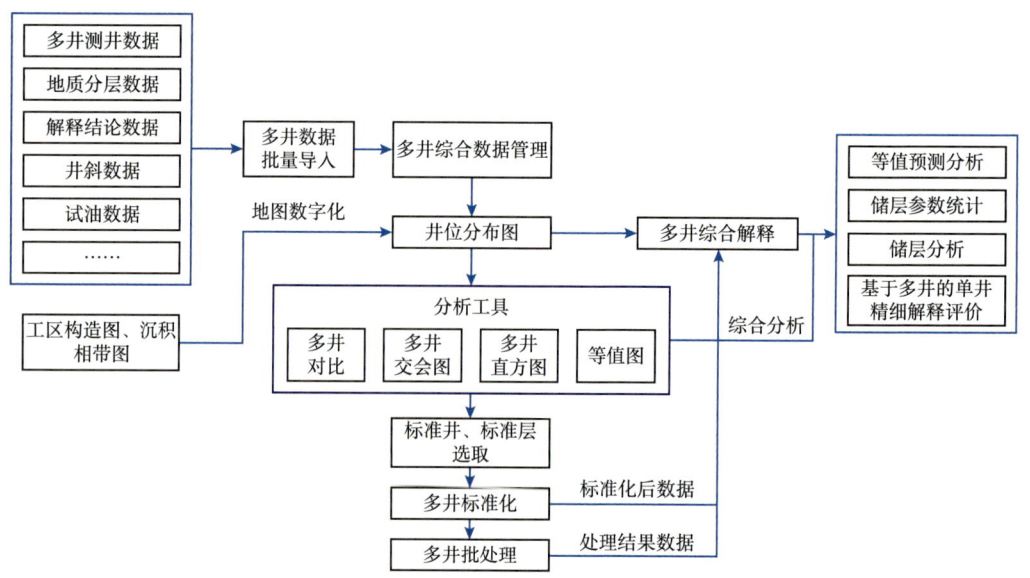

图12-1-1　多井处理解释系统处理流程图

（2）平面图绘制：根据井位数据、井轨迹数据绘制井位图，显示各口井在平面上的位置，同时，可以通过构造图和沉积图的组合显示，查看井的构造和沉积位置，为井的资料解释提供依据和参考。

（2）多井分析：多井处理解释系统提供一系列的多井分析工具，包括多井对比、多井交会图、直方图和等值图等，为多井综合解释评价提供可视化的分析工具。

（4）多井标准化：提供多井曲线的标准化功能，消除仪器、井眼条件、测量环境等方面的影响。

（5）多井批处理：主要是将工区多井测井资料按照统一参数进行批量处理，目的是从区域范围内认识和了解储层分布特征规律。

（6）多井储层参数预测：根据多井测井储层参数计算结果，利用等值图、三维可视化等手段，分析储层在空间上的分布趋势，可应用于老井复查、风险探井评价等方面的研究。

第二节　多井测井数据管理与可视化

多井数据管理是多井处理解释系统的核心功能，相比单井数据管理而言，多井数据管理关注的是工区数据，空间数据和平面数据，从功能上更加注重批量化，需要同时支持数据和信息的查找、统计和对比等。此外，从平面、空间多维度对多井数据展示也是多井处理解释系统的核心。本节将主要介绍多井数据管理以及数据可视化相关的方法和系统功能。

一、数据类型

在多井数据管理中，除了对单井数据进行批量管理之外，还需要管理工区中其他方面的数据，包括井位数据、测井数据、层位数据、测井解释成果、界面数据、地震数据等。

1. 井位数据

井位数据是井口的位置坐标数据。在钻井工程中，坐标通常使用正北和正东坐标，一般采用的是高斯—克吕格平面坐标系，如图12-2-1所示。把地球表面上的点或者线投影到椭圆柱表面上，再把椭圆柱表面展开，就构成了高斯—克吕格投影。中央子午线与赤道线的投影，在图上成为直线，中央子午线构成坐标系X轴，赤道线构成坐标系Y轴。一般情况下，在测井评价中，类似形式的坐标来源于地质或者钻井人员，单位为米（m）。

在多井处理解释系统中，需要绘制井位图的工区与地球空间相比尺度小很多，因此，将坐标按照绘制比例绘制即可。

2. 测井数据

测井数据从数据的维度划分，包括一维曲线（自

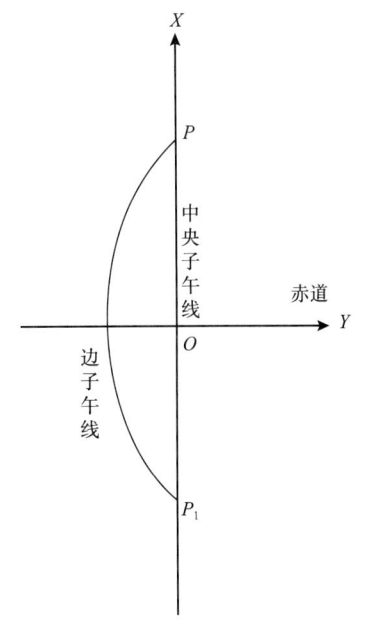

图12-2-1　高斯—克吕格平面坐标系

然伽马、电阻率等常规测井曲线)、二维曲线(电成像、核磁共振、固井质量等测井曲线)、三维曲线(阵列声波、二维核磁共振的测井曲线)、离散曲线(岩心物理实验分析数据、录井数据等表格曲线)等。各种数据的特征在第五章中有所介绍,这里不再赘述。在多井处理解释系统中,需要对多口井的数据进行批量处理。一般情况下,需要对测井曲线名、单位进行批量的标准化处理,以确保参与多井处理解释的曲线名称和单位保持一致。

3. 层位数据

层位数据是多井处理解释中较为基础的数据。在多井处理解释中,层位数据一般指的是年代地层数据。多井处理解释往往针对某一层位进行处理解释,统计层内的测井属性规律,分析工区测井属性参数分布特征。根据评价的精细程度可将层位数据分成多个级别。一般从大到小可分为层系(如葡萄花油层)、油层组(如葡一组)、亚组(如葡一组第一亚组)、单层(如葡一组第一亚组第1小层)等。

4. 测井解释成果

测井解释成果一般以表格形式存储,是测井解释工作形成的重要成果之一。一般情况下,测井解释成果表包含解释的深度段、解释结论、解释层段中各种测井的特征值、所属地层组等信息。表12-2-1为常用的解释成果表。

表12-2-1 解释成果表样例

层位	小层号	解释序号	测量井段(m)			厚度(m)	测井解释							解释结果
							自然伽马(API)	深侧向电阻率(Ω·m)	声波时差(μs/ft)	岩性密度(g/cm³)	有效孔隙度(%)	空气渗透率(mD)	原始含油饱和度(%)	
扶余	FI1	27	1811.2	—	1813.4	2.2	102.1	17.3	78.9	2.4	12.8	1.16	61.7	油层
扶余	FI1	28	1818.2	—	1821.6	3.4	86.7	25.9	71.2	2.5	10.8	0.71	50.7	油层
扶余	FI3	29	1837.8	—	1839.4	1.6	102.5	11.4	75.8	2.5	—			干层
扶余	FI6	30	1886.6	—	1892.2	5.6	97.8	12.1	74.8	2.5	—			干层
扶余	FI7	31	1908	—	1913	5	91.4	24.6	75.2	2.5	12.1	0.98	58.4	油层
合计						17.8	—	—			11.9		57.3	—
扶余	FI3	1	1906	—	1909	3	69.2	23.6	71.1		10.9	0.72	51.2	油层
扶余	FI4	2	1929.7	—	1935	5.3	78.8	20	71.4		10.1	0.59	45.2	油层
扶余	FI6	3	1957	—	1961.1	4.1	74.5	17.4	70.7		10.2	0.61	46.4	油层
扶余	FI6	4	1968	—	1970.7	2.7	79	13.6	72.9		—			干层
扶余	FII2	5	2003.6	—	2008.3	4.8	65.8	31.1	76.6		13.6	1.42	64.9	油水同层
扶余	FII3	6	2014.4	—	2016	1.6	77.7	17.2	73.9		11.3	0.8	53.6	油水同层
合计						21.5					11.6		55.1	—
扶余	FI1	11	1787.4	—	1789.2	1.8	88.1	28.6	238.5	—	11.7	0.81	56.5	油层

续表

层位	小层号	解释序号	测量井段（m）		厚度（m）	测井解释							解释结果
						自然伽马（API）	深侧向电阻率（Ω·m）	声波时差（μs/ft）	岩性密度（g/cm³）	有效孔隙度（%）	空气渗透率（mD）	原始含油饱和度（%）	
扶余	FI1	12	1790	1792.2	2.2	81.7	20.8	243.4	—	10	1.14	52.2	油层
扶余	FI3	13	1815.8	1818.8	3	86.7	20.8	243.8	—	10.7	0.69	53.3	油层
扶余	FI6	14	1871.2	1873.6	2.4	89.8	21.7	249.7	—	11.3	0.8	54.5	油层
扶余	FI7	15	1883.8	1886.4	2.6	84.9	26.9	249.3	—	11.8	0.91	56.3	油层
扶余	FII3	16	1917	1923	6	—						—	干层
扶余	FII3	17	1926	1928.2	2.2	—						—	干层
扶余	FII4	18	1933	1934.4	1.4	—						—	干层
合计					21.6					11.1		54.7	—

5.层面数据

层面数据的来源包括两个方面：一是地震层面数据，根据地震同向轴进行地层的拾取，将拾取之后的地层进行空间的插值从而形成地震三维层面数据，这样的数据来源于专业地震软件；二是多井插值层面，首先对工区中的井进行分层，将分层后的层顶界进行空间插值形成三维层面数据，层面数据的形式一般为平面网格点的坐标，即空间坐标，呈现网格分布。

6.地震数据

井震结合是多井解释评价的重要手段之一。可以将地震数据与多井资料相结合，进行地层趋势的分析、区域裂缝评价等。地震数据一般由地震专业人员提供，为了与测井曲线相对应，提供的是深度域的地震数据体或剖面。同时，应用地震数据时同样会用到地震的解释结果数据，包括拾取的地层数据、断层数据和其他构造体数据等。

二、数据管理方法

多井与单井数据管理的主要区别在于多井数据管理需要考虑井数据的批量化处理、名称的标准化管理。测井软件平台的多井数据管理应该具备以下三个方面的功能。

1.数据批量导入与导出

由于涉及多口井数据的导入与导出，为此，多井数据的批量输入输出功能是多井处理解释系统的基础功能。在进行区块多井解释评价之前，用户需要搜集各种类型工区数据，包括井、地层、井轨迹、井位等数据。这些数据通常来源及结构不同，手工输入会带来很大的工作量。为了实现数据的批量导入和导出功能，可以采用循环调用的方式，按照一定的规则执行单井导入导出功能。当井的数据量较大时，由于各口井数据之间没有影响，可以采用多线程的方式并行处理，即每个线程处理一口井的导入和导出任务，以提升数据导入、导出效率。

在利用多线程处理程序时，需要注意避免多线程程序同时处理同一井数据文件。如果确实需要对同一文件处理，则需要控制写入的位置，并对文件读写实施异步处理，避免由于写入顺序不同造成文件出错，影响数据的稳定性。

2. 数据快速索引

在多井工区中，对数据进行快速检索是多井解释评价系统中的核心功能。检索的内容包括以下 8 个方面：

（1）井检索：根据井名、井类型、井所属区域等信息，对工区、项目中的井进行查询，支持跨工区查询、关键字模糊匹配和智能匹配等功能。

（2）曲线检索：根据曲线名称、曲线类型等信息，对测井曲线数据进行查询，对查询后的曲线支持浏览、列表和信息编辑等功能。

（3）地质信息查询：根据层位信息、井信息等，对工区地质信息进行查询，包括工区地质概况、沉积、构造等概况，以及相应的地质图件等。

（4）岩心实验数据查询：根据井信息、测量时间、层位、岩性等信息，对岩心实验数据进行查询。

（5）工程数据查询：根据井名、层位名等信息，对录井数据、钻井工程数据、压裂数据等进行查询。

（6）文档查询：通过文档类别、文档内容对文档文件和文档内容进行查找和定位。

（7）综合查找：提供多条件综合查找功能。

（8）查找日志：对操作日志进行检索。

数据检索是多井系统的核心功能，一般情况下，在以数据库为数据底层的软件平台中，测井曲线、文档等信息都存储在数据库中，因此，利用数据库 SQL 语句对信息进行检索的技术，成熟且速度很快。

3. 多井属性批量修改

在多井处理解释系统中，多井属性批量修改是多井数据编辑和整理的重要功能。该功能支持井属性、曲线名称以及表名的批量修改，一般配合查找功能实现，即首先按照条件进行查找，然后根据查找的内容进行参数的批量修改。

三、数据可视化

1. 井位图

井位图是测井软件中最常用的功能之一，能够为用户提供工区井的平面位置信息，反映井在区域中的位置，并通过构造图或沉积图底图反映构造和沉积的关系。井位图中绘制的信息包括：

（1）油气井：在石油工业制图中，对于油气井的绘制有严格的绘制标准和要求，井的符号绘制能够反映出井的类型。

（2）人文信息：主要绘制村庄、公路、标志性建筑、历史古迹等人文信息。

（3）构造沉积信息：在测井解释过程中，根据需要可以将构造图、沉积图等加载到井位图中，来查看井在构造和沉积中的位置。

（4）比例尺、图例等辅助图元。

图 12-2-2 为一个典型的井位图。

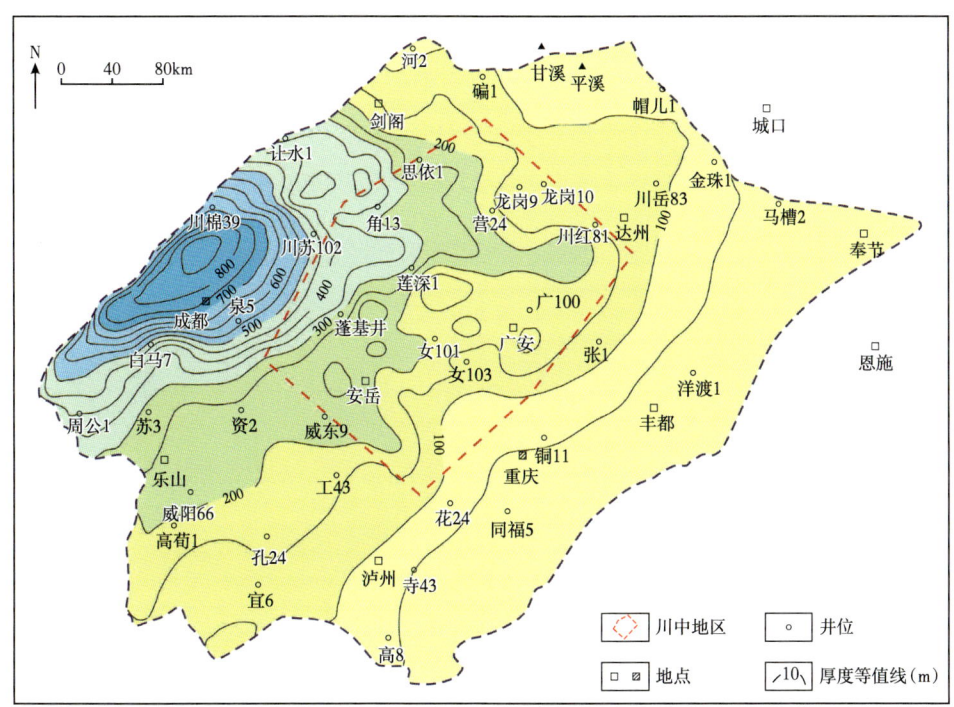

图 12-2-2　典型井位图

2. 等值图

等值图是根据井的位置坐标和每一口井上的参数数值，利用克里金、最小曲率半径等插值方法进行插值形成的图件。等值图可用于区域沉积构造分析、油气水趋势预测、储层参数预测等。在多井评价中，通常将等值图与井位图叠加绘制。图 12-2-3 为典型的等值图。

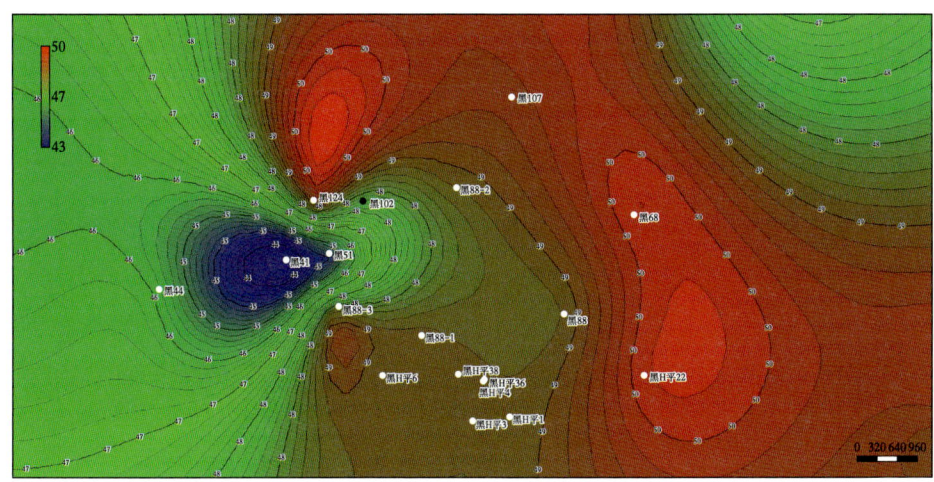

图 12-2-3　典型等值图

3. 多井地层对比图

多井地层对比图是多井评价中最常用的图件之一。通过测井曲线的特征，将多井曲线进行对比分析，了解地层层序、岩性、岩相和油气连通性等在剖面上的特征。多井对比图中除了要显示测井曲线图之外，还需要显示剖面中地层的分布。图 12-2-4 为典型多井地层对比图。

- 175 -

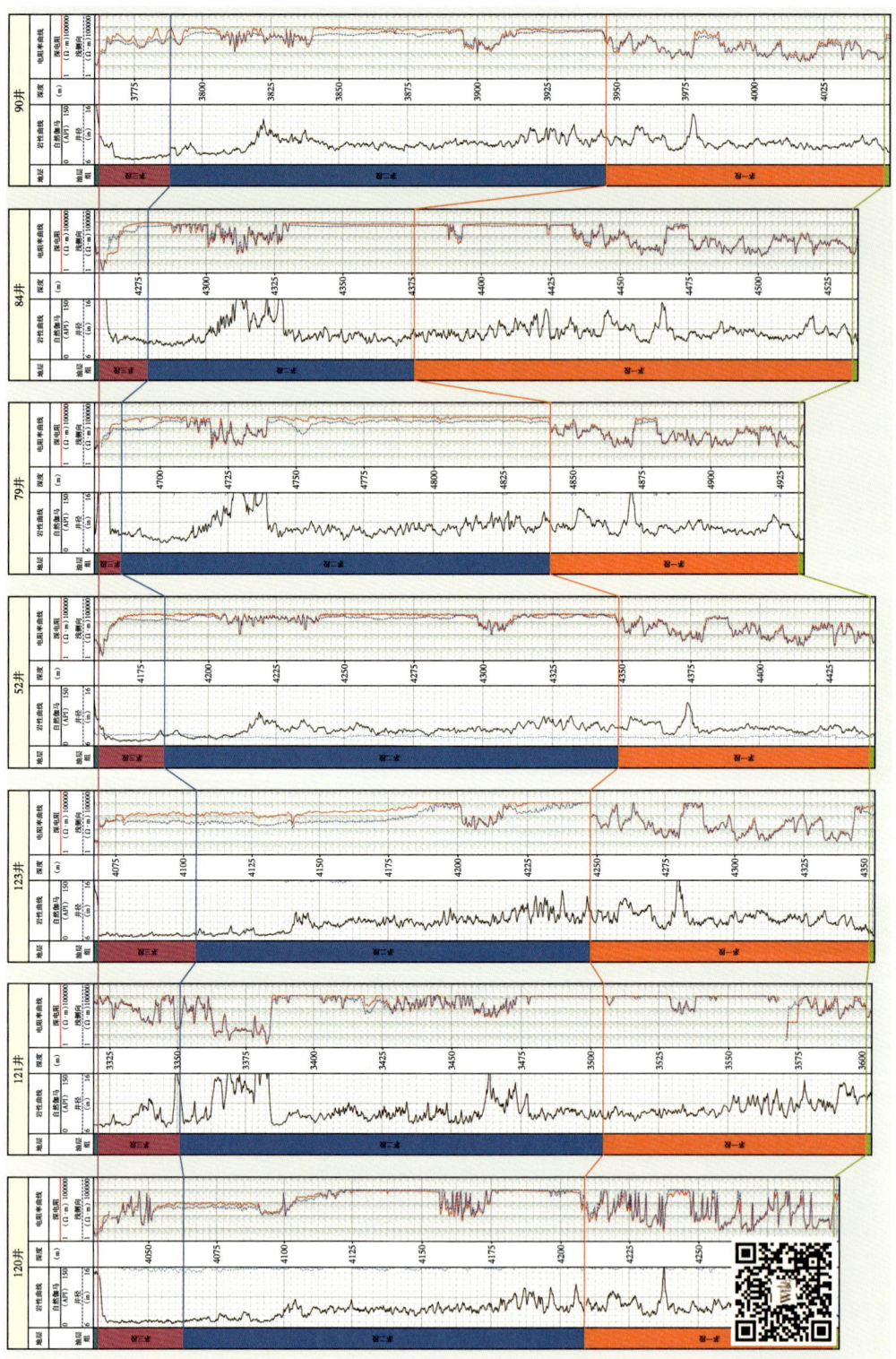

图 12-2-4 多井地层对比图

4. 三维工区可视化

在多井评价中，需要了解井的位置、地层属性参数的空间分布、井与井的位置关系等信息。为此，利用三维可视化技术，对工区中的数据进行可视化显示，显示的数据包括井筒、地层、地质体以及测井曲线等。

在三维可视化环境的构建过程中，不同编程语言开发的功能采用的三维可视化库不同，但最基础的三维可视化库为 OpenGL。该库针对不同语言具有不同的版本，例如 JOGL 为 OpenGL 的 Java 版本。C、C++ 和 C# 语言可以直接采用 OpenGL 的动态库进行三维可视化的开发。三维可视化环境的构建包括以下 4 个方面：

1）三维矢量图元库

三维矢量图元库包含所有三维显示时用到的图形对象，包括层面、井架、井筒、切片、井号、旗标、空间点和空间体等。这些基本图元组成了复杂三维地质体。

2）三维坐标管理

三维空间的坐标系统管理包括不同尺度坐标变换、直角坐标与柱坐标转换等。对于空间遮挡物体，利用拓扑遮挡技术进行处理。对于大数据量三维体，采用远点抽稀、近点加密的矢量显示方法，实现多尺度图元的可视化。

3）三维交互操作

三维交互操作是指对工区中三维体进行旋转、缩放和选择等操作。

4）三维可视化环境

三维可视化环境是三维体显示容器，包括整个工区的三维体的组织、管理和显示，将三维显示效果呈现给用户。

图 12-2-5 为典型的工区三维可视化图。

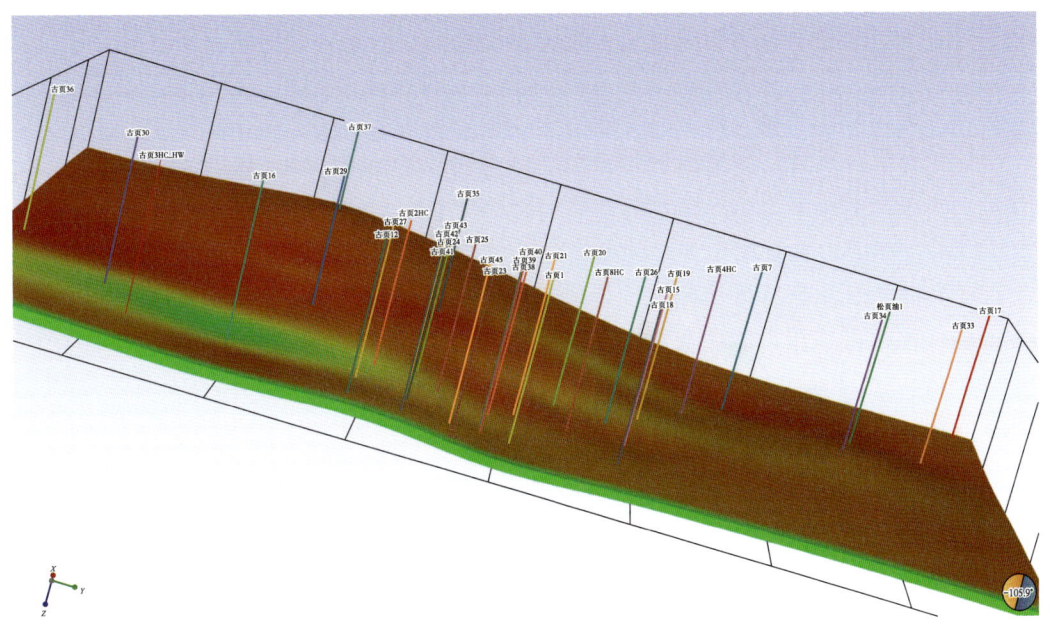

图 12-2-5　工区三维可视化

第三节　多井测井资料标准化

同一油田或地区的同一地质层段具有相似的地球物理特性。也就是说，在一个油田中，属于同一层系的砂岩体或其他岩性，通常情况下会有相同的沉积环境及非常近似的分布规律。因此，油田中的每一口井都不是独立存在的，而是与同一工区内其他井有着非常密切的联系。可以利用这些联系，根据测井曲线特征对整个油田的井分布规律进行综合分析，把全油田范围内的井校正到同一刻度上，从而实现油田测井数据的标准化。这样可以会更好地排除非地质因素的影响，保证测井数据的准确性和可靠性，使测井数据更好地为研究和生产服务（雍世和等，1996）。测井资料的标准化工作都是围绕这一基本原理展开的。本节主要介绍多井测井资料标准化的步骤和多井测井资料标准化模块的基本功能。

一、关键井选取

在测井解释中，通常会涉及关键井的研究。研究关键井是为了确定适合于全油田的测井解释模型、解释方法与解释参数，建立全油田统一的刻度标准和转换关系，为后续油水层判断、储层定量评价、储量计算奠定基础。选取关键井的目的是建立全油田的统一刻度标准，为测井资料的标准化做准备。

选取关键井是标准化的核心工作之一。关键井应该具有如下特点：

（1）关键井的地理位置和类型的选择很重要，应着重选择位于地质构造中关键位置且近于垂直的井，避免选择水平井以及其他不能很好反映出地球物理特征在地层垂向分布的井。选取的关键井，可以是某含油层构造的高点、边缘以及过渡带等区域。

（2）选择取心井。关键井应该有系统的岩心分析及录井资料，这样可以保证对该井的地质情况有很好的了解。

（3）井眼条件良好，钻井液状况良好，这样可以保证该井有很好的测井条件以及测井深度，方便与其他非关键井的层段进行对比。

（4）关键井应该具有项目齐全的裸眼井测井资料，包括最新测井方法的资料。

（5）关键井应该具有生产测试、生产测井和重复式地层测试资料，还需要有齐全且准确的油气水产量、压力和渗透率等资料。

二、标准层确定

标准层是指，在某一区域的地质特征上，岩性、电性等地球物理特征相似，在整个油田内分布比较稳定，而且具有一定厚度的岩层。只有寻找到这样的岩层，才能找到一个基本的刻度依据，为测井资料的标准化工作做准备。

在确定关键井以后，需要对标准层进行划定。如上所述，标准层选取的是具有参照作用的标准层位，应选择在区域上分布相对稳定、物性特征相近或有很强的近似变化规律、岩性与测井响应特征标志明显且有一定厚度的岩层，例如泥岩、膏泥岩及孔隙度分布较为稳定的砂岩等。选定完标准层之后，就可以根据测井数据的相应特征，选取合适的标准化方法进行标准化。常用的标准化方法很多，每种方法都有其优缺点和适用范围。

在某些情况下，区域内可能缺少比较明显的标准层段，这时，可以从大段岩层中抽象出一种特殊的、可以在区域上进行横向对比的层组，它是除页岩、火山岩等特殊岩性的非渗透层的集合，这就是视标准层的概念。

视标准层的选取应遵循以下原则：

（1）选择分布相对稳定的岩层，保证其地球物理特性的相似性，如岩性、电性等；

（2）在选取过程中，应根据实际情况，通过井径曲线，剔除井眼严重垮塌的井段，从而避免井眼垮塌对测井值的影响；

（3）利用其他常规测井曲线剔除相应井段，从而消除储层、物性、特殊岩性等对测井响应值的影响。

三、曲线标准化方法

在测井资料的解释过程中，标准化的方法有多种。常用的有重叠图法、均值—方差法、趋势面法和直方图法，下面分别进行介绍（雍世和等，1996）。

1. 重叠图法

重叠图法的原理较为简单，直接将各井标准层的测井响应曲线与关键井的标准层曲线进行重叠对比。当所选对比的曲线重叠较好时，便可确定相对于关键井的校正量。

重叠图方法的优点是对比简单，容易实现；缺点是仅能运用简单的曲线形态对比确定单一的加法因子，无法适应地质条件稍微复杂的测井资料解释。

2. 均值—方差法

在标准层，测井响应应该具有相似的概率密度分布，即相似的均值和方差。使用均值—方差法时，首先求出各井标准层数据的平均值及方差，并与关键井标准层测井数据的平均值及方差进行比较，最终确定各测井响应值的校正量。

这种方法比重叠图法更具普适性，能适应更多的地质条件，但是需要有一个较为理想的标准层。

3. 趋势面法

趋势面分析方法的原理是，某一物质的某一物理参数，其测量值随空间的分布会有一定的分布特征和变化规律。在一般情况下，地质上的很多测井响应都能反映某种自然规律，这种规律是与具体的地质特征相结合的，在分布上表现为某种自然的曲面，其响应值在这个曲面上缓慢变化，可以用数值计算的方法将其拟合成一种数学曲面，用这个曲面上的点来代表具体空间分布上的某一响应值，这个曲面就叫趋势面。趋势面能够最大限度地逼近测井响应的真实值。

设(x_0, y_0)为大地坐标平面的坐标，z_0为其对应坐标上的某一测井响应的真实值，如图12-3-1所示。

根据坐标关系，将多个这样的真实值联系起来，则某一区域内的测井响应值会有一定的分布，可以用数值方法将这些分布点拟合为一个数学曲面。如前所述，这个曲面在很大程度上近似反映了对应坐标处的测井响应值，可以用该曲面的拟合多项式求取任意点的测井响应值。三维空间中测井值的趋势变化示意图如图12-3-2所示。

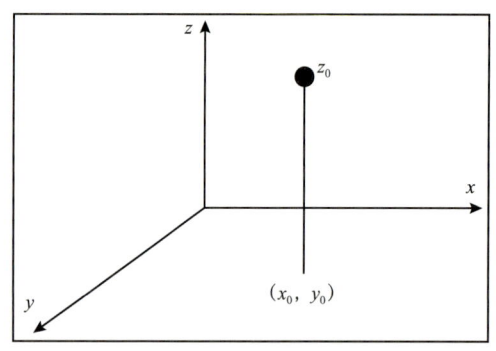 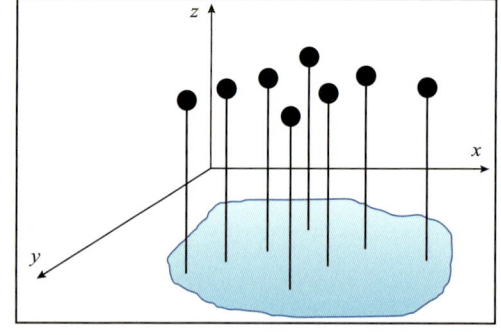

图 12-3-1　三维空间坐标对应的测井值　　　图 12-3-2　三维空间中测井值的趋势变化

但是，由于地质上某些突变因素的影响，如断层的出现，参数 z 在局部变化比较明显的情况下，根据数学公式拟合出的曲面应该包含两部分，即趋势面和剩余曲面。其中，趋势面反映的是该测井响应在区域内的变化趋势，对应一个确定的函数式；剩余曲面反映的是当地的局部异常，对应一个随机的函数式。

4. 直方图法

直方图法的基本原理是利用关键井的测井响应值绘制频率直方图，并将其作为标准化过程中的标准刻度模式。然后分别绘制各井对应测井响应值的频率直方图，将各井频率直方图与关键井直方图依次进行相关对比，从而确定最终的校正量。

实际操作过程如下：首先，绘制某一标准层对应的频率直方图，并与关键井标准层的直方图进行重叠比较。若两者重合程度较好，说明该井的刻度与关键井是一致的，不需要校正；如频率直方图与关键井的标准层重合不好，说明该井存在刻度误差，需要进行校正，峰值的差值即为校正量。

四、测井标准化模块

1. 加载数据源

用户首先加载数据源。选择的数据源包括关键井和待标准化井，标准化模块选择数据源，需要支持多井的选取和多井数据的加载。

2. 选取关键井

选取关键井是标准化的核心工作之一，在加载完数据源之后，应该允许用户选择关键井，为下一步的标准化工作做准备。

3. 选取标准层

在确定了关键井之后，需要对标准层进行划定。标准层选取的就是具有参照作用的标准层位。通常，在数据源所在工区下，会有一个对应各井标准层的层位数据列表，此列表存储了各个井对应的标准层段信息。

4. 加载层位数据

在选择了标准层之后，程序会根据标准层列表文件选取相应的层位，并为每个相关的井数据配置对应的起始深度和结束深度，为后面的直方图分析做准备。

5. 自定义视标准层

通常情况下，如果岩层的岩性、电性特征明显，分布稳定，并具有一定厚度，这样的岩层可以用来作为标准层。在缺乏标准层的砂泥岩剖面中，如果有分布稳定、沉积环境相同，不包括油页岩、火山岩、膏盐、泥火山等特殊岩性的非渗透层的集合，这种岩层可以用来作为视标准层。视标准层是由许多岩层组合而成的，是从大段岩层之中抽象出的一种特殊的、可以在区域上进行横向对比的层组。如果数据源所在工区中不存在相应的标准层数据列表，则说明该工区中缺乏可以作为标准层的数据，这时如果要进行标准化处理，就需要自定义视标准层。

6. 绘制关键井交会图

交会图技术是一种在测井解释中经常会用到的作图解释技术。它的原理是把两种不同的测井数据在同一个坐标平面图上交会作图，根据图中交会点的坐标确定相应参数的数值或范围。交会图可以用来判断岩性，这是用来确定视标准层的依据。

7. 圈取敏感区域

在交会图上，根据交会点的坐标，通过手工圈取的方法来确定敏感区域，作为下一步处理的视标准层。

8. 绘制多井频率直方图

在加载了标准层或视标准层数据之后，根据数据源的顺序，依次画出各井相应曲线的频率直方图。

9. 标准化处理

标准化处理是指根据标准化算法对相应井和关键井的层位数据进行计算。

10. 显示结果曲线

标准化处理完成之后，将经过校正后的曲线、关键井曲线以及对应未校正前的曲线进行显示与对比。不同的结果对比曲线应该用不同的颜色区分出来，便于用户区分。

11. 显示统计误差

标准化处理完成之后，界面的相应区域应该能够显示标准化之后的误差统计信息，方便用户对比查看。

12. 手工校正

标准化处理完成之后，如果用户对处理结果不满意，可以采用手动交互的方式在直方图上进行微调，从而得到更加理想的校正值。

13. 保存处理结果

在经历了数据源、关键井、标准层以及标准化方法的选择之后，即完成了测井资料标准化工作。如果界面显示的结果以及各曲线与标准曲线的对比误差在合理的范围之内，说明标准化处理结果符合要求，可以对处理结果曲线进行保存，完成测井资料的标准化工作。

第四节　地层对比

地层对比是地层分析的基础工作之一。通过地层对比，可以了解地层的层序、岩相及地层厚度变化，弄清断层与不整合接触关系，研究储层在整个油田上的纵向、横向变化规律，查明油层的分布及其连通情况，为寻找有利的含油气区块与合理油气藏开发提供依据。同时，通过地层对比可以详细了解储层的岩性、岩相特征，为更客观地选择测井解释模型、解释方法和确定解释中的基本参数进行测井评价创造条件。

一、基本原则与方法

1. 地层划分的基本原则

（1）地层单位要有一定规模的时间、空间分布；
（2）地层的划分应使所分出的地层单元内部具有相当程度的统一性（或均一性）；
（3）地层单元的上、下界限必须稳定，且易于识别。

除上述地层划分的基本原则外，还应特别注意的是，针对不同的沉积环境，地层单元的划分方法有所不同。例如，对于湖相沉积，可按垂向加积的沉积理论，采用地层岩性单元和地层时间单元进行划分；若为三角洲沉积，则应根据侧向加积理论，采用地层时间单元进行划分。

通常，人们根据工作需要与资料情况，采用不同的地层划分方法。按地层岩性单元划分地层主要是根据岩性组合、岩层的电性特征及古生物等资料进行。这种划分方法实际上是将一个层段在垂向上分为若干个不同时代的次级单元。按地层时间单元划分地层的方法主要是依据三角洲侧向加积沉积理论，结合地震反射结构特征，认为分层层段属于同一个沉积体系，整个地层层段是由若干个地层时间单元侧向加积的结果。这种划分方案有利于油田开发层位的划分及沉积相研究。

总之，地层的划分方法除依据地层划分的基本原则外，还应根据沉积环境与岩相的不同，采用不同的地层划分原则，否则可能将不同沉积时期的相同岩性地层划分在一起。

2. 地层对比的基本原则

根据石油勘探技术面向综合化发展的趋势，利用计算机辅助实现地层对比，包括以下基本原则：

（1）采用地震、测井、岩性、古生物等资料综合划分、对比地层；
（2）在充分研究地震反射波结构特征及沉积相的基础上，确定各层段的沉积环境，针对不同的沉积环境，具体确定不同的地层划分与对比方法；
（3）应严格遵从地层层序约束，即地层对比过程中不能出现交叉对比；
（4）先识别标准层及邻井对比的原则。

二、地层对比流程

1. 选择标志层

选择岩性特征突出、岩性稳定、电性特征明显、分布范围广且厚度变化不大的岩层，利用标志层确定对比地层的界线。

2. 选择辅助标志层

选择岩性、电性突出，在三级构造局部地区具有相对稳定性的岩层。

3. 建立标准剖面

油田综合柱状剖面图就是油田的标准剖面，是进行油层划分对比的标尺和依据，是全油田进行新井分层和全区统计层的标准。

4.选择骨架剖面

油层对比规划通过标准剖面井的骨架剖面。骨架剖面一般沿岩性变化小的方向展开,从骨架剖面向两侧建立辅助剖面以控制全区。

5.曲线准备和对比基线选择

油层对比主要使用电阻率、自然伽马和自然电位等常规曲线。同时,选择标准层的顶面或底面作为水平对比基线。

6.地层对比步骤

(1)利用标志层划分油层组,利用标准层、辅助标志层确定油层组的层位界线;

(2)利用沉积旋回对比砂层组;

(3)利用岩性和厚度对比油层;

(4)连接对比线;

(5)区块油藏统层,即在全区范围统一层组界限,提高小层划分对比的准确性。

三、地层对比模块

1.地层对比的成果图件

地层对比工作的主要成果体现在基础图件和成果表上,主要包括小层数据表、油层平面分布图、油层剖面图和油层栅状图等。上述图件从平面、剖面和立体的角度上展现了油层在二维和三维空间的变化情况,比较直观地反映出油层厚度、物性等空间分布特征和非均质变化,是油层分析研究使用的基础图件。这些图件也是多井地层对比模块的主要研发内容。图12-4-1、图12-4-2为典型图件。

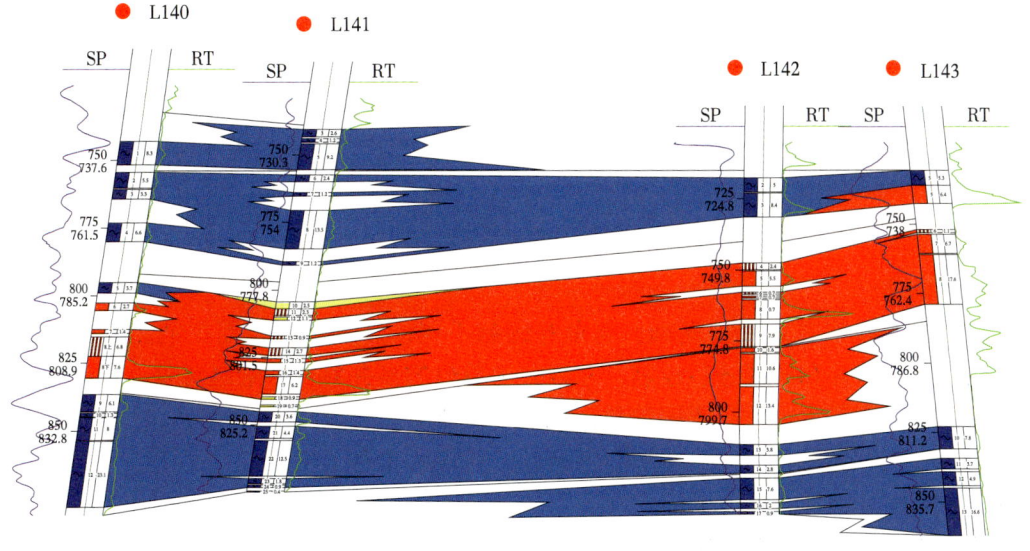

图12-4-1 油层对比图

2.模块功能设计

地层对比模块包括以下几个方面的功能:

1)数据加载功能

该功能需要将测井数据、地层分层数据、井坐标数据、井斜数据加载到模块中。其中，测井数据用于绘制测井曲线；地层分层数据是地层对比的基础数据，用于层位连接；井坐标数据决定着剖面中井的位置；井斜数据可以对大斜度井进行井斜校正。

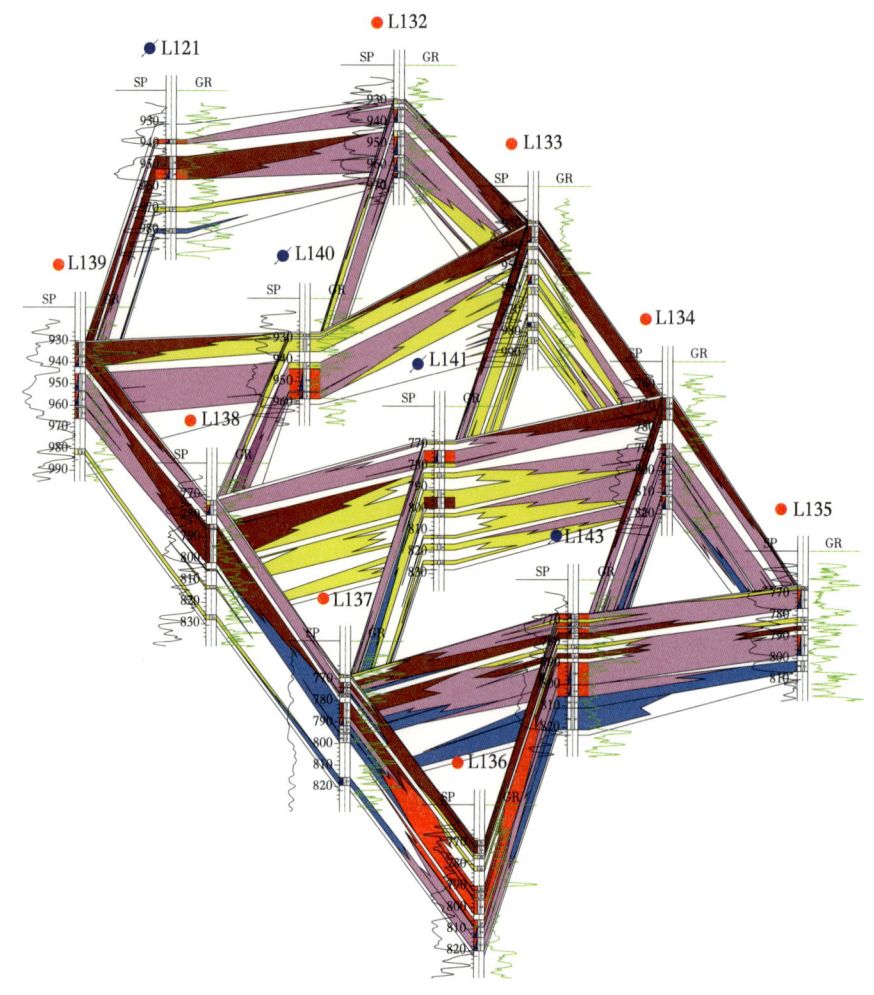

图12-4-2　油层栅状图

2）井绘制

井的绘制是多井对比的基础。与单井绘制不同，多井绘制需要在剖面的坐标体系下，同时对多口井和曲线进行绘制。在以井为单位的多井对比中绘制对象，采用的绘制方法和单井绘图基本一致，不同的是，在多井对比中，绘制比例较大，深度线和刻度线的稀疏程度应根据图的比例尺进行动态绘制，如果和单井绘图一样无变化则会导致深度线和刻度线较为密集，无法看清曲线。

井的位置的绘制一般采用以下几种方式：

（1）按照实际的井所在位置进行绘制，即将井的实际曲线所在深度和剖面上的相对位置作为井的绘制位置。这种绘制方式适用于查看井的实际位置和地层的关系。

（2）井与井之间采用等距离进行绘制，这样有利于井与井之间进行对比。

（3）按照层位拉平绘制，这种绘制方式以某一个层位深度为基准，其他井对应层位与之对齐，如图12-4-3所示。

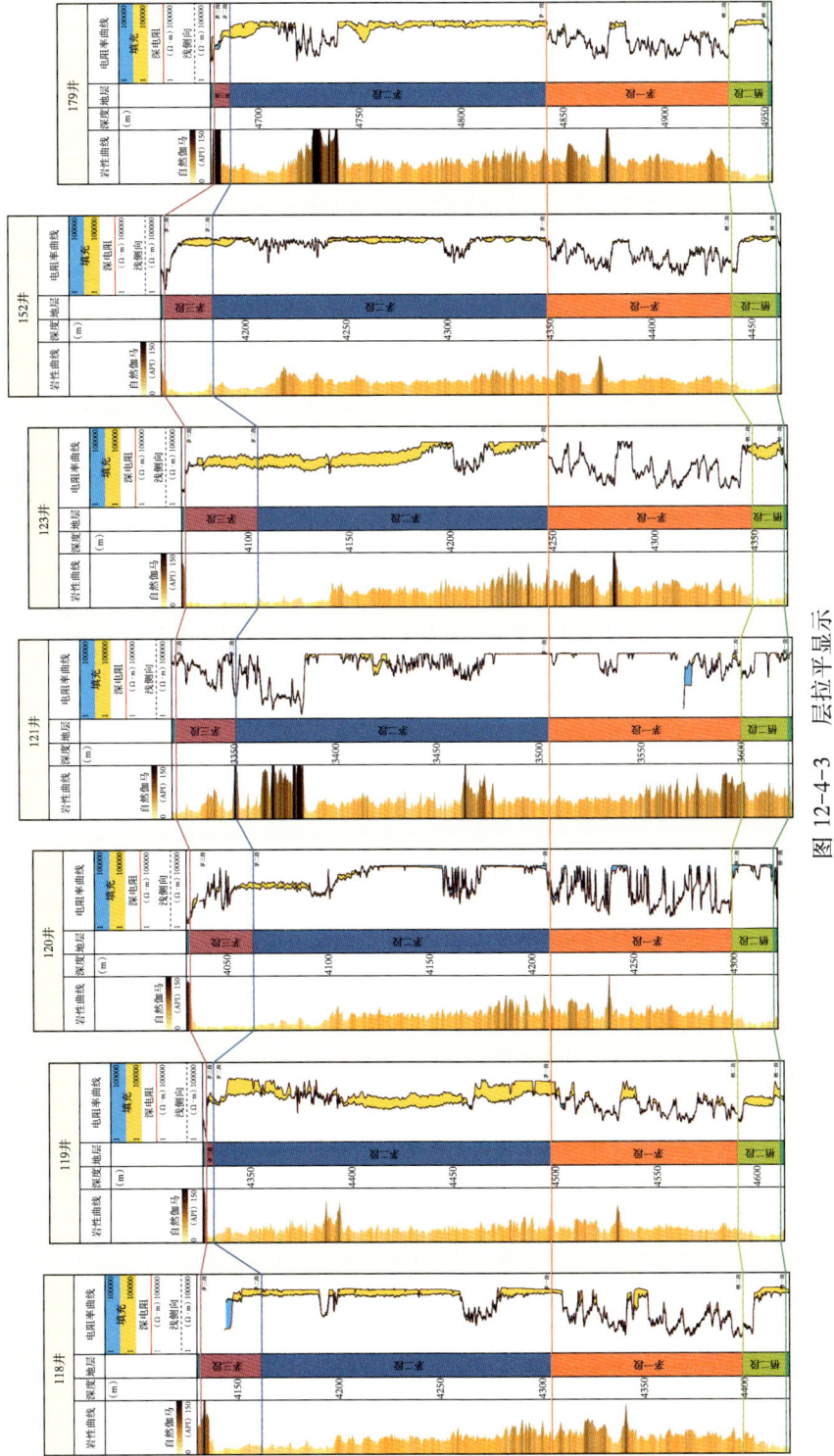

图 12-4-3 层拉平显示

- 185 -

（4）按照栅状图方式绘制井。在这种方式下，井的位置依据三维空间位置进行绘制。在某些软件中，栅状图采用的是伪三维方式，此时，需要采用坐标变换的方式，将三维坐标变换为二维坐标，然后再对井进行绘制，如图 12-4-4 所示。

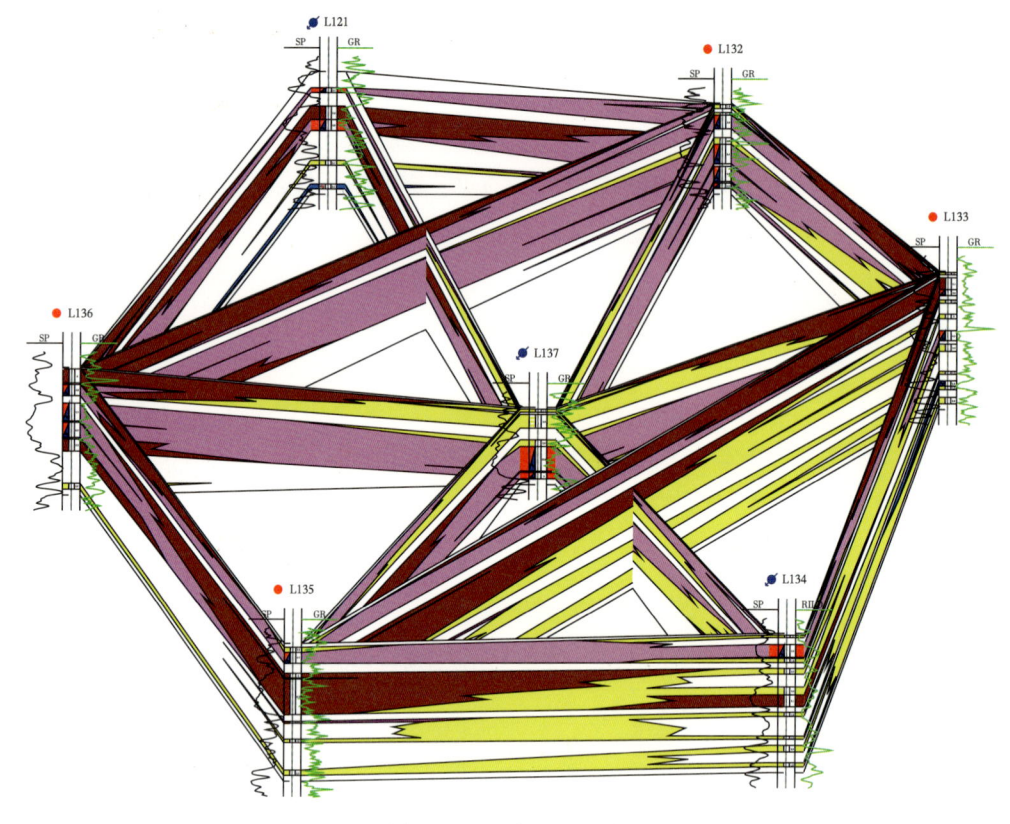

图 12-4-4　栅状图实例

3）地层绘制

地层的绘制包括绘制地层线、砂体、地层尖灭等与地层相关的图元。这些图元的绘制有相对应的石油标准。

第五节　储层参数分布规律预测

研究储层参数的空间分布规律是精细油藏描述中的核心内容，是测井多井评价成果的具体体现，也为深入研究储层非均质性、油藏地质模型和综合评价奠定基础。如何充分地利用工区内现有井的地质和测井资料来评价储层参数的横向变化，是从业人员一直重点关注的问题。储层参数估算的准确与否，直接关系到油藏储量的计算精度和可靠性，同时也关系到储层分布规律的认知，所以对储层参数的估算就显得更加重要（雍世和等，1996）。

一、区域参数预测方法

区域参数预测方法采用已知井的位置计算地层参数值，并利用空间预测估计方法，得到全区域的参数分布。区域参数预测一般采用等值预测方法，而等值预测的核心就是离散点的网格化。不同的网格化方法得到的等值预测效果和效率也不尽相同。因此，需要根据不同应用场景，选择不同的网格化方法。

网格化方法主要包括最小曲率法、反距加权法、三角剖分法、克里格法、径向基函数法、最近邻点法和多项式回归法等，下面对各种方法的原理进行简要介绍。

1. 最小曲率法

最小曲率法采用迭代的方法逐次求取网格节点数据，其插值面类似于一个薄的、线性—弹性形变板。该"板"经过所有的数据点，且每个数据点具有最小曲率。由于最小曲率法采用全区的数据进行网格化，因而比较适用于数据分布不均匀的情况。在尽可能体现原数据的同时，最小曲率法产生较为光滑的曲面，绘制的图件比较美观。使用最小曲率法需要用最大偏差参数和最大循环次数参数来控制最小曲率的收敛标准，且要求至少有 4 个点。该方法速度快，适合大量数据的网格化。

2. 反距加权法

反距加权法首先是由气象学家和地质工作者提出的，它的基本原理是设平面上分布一系列离散点，已知其位置坐标和属性值，根据周围离散点的属性值，通过距离加权插值求该点属性值。其实质是待插值点邻域内，已知散乱点属性值的加权平均，权的大小与待插值点邻域内散乱点之间的距离有关。任何一个观测值都对邻近的区域有影响，且影响的大小随距离的增大而减小。该方法可以通过权重调整空间插值等值线的结构。

3. 三角剖分法

三角剖分法使用最佳的 Delaunay 三角形，通过直线连接各数据点形成一系列三角形，并且所有的三角形互不相交，每个三角形内的网格节点值由该三角平面决定。由于采用所有的数据点去构造三角形，因而原数据能得到很好的体现，给定三角形内的全部节点都要受到该三角形的表面限制。该方法速度快，适合中等数量、均匀分布的数据的网格化，使用后地图上稀疏区域将会形成截然不同的三角面。当数据量足够大时，该方法对断线的保留具有其他方法不可比拟的优势。

4. 克里格法

该方法最初由南非金矿地质学家克里格提出，目的是根据南非金矿的具体情况计算矿产储量。该法按照样品与待估块段的相对空间位置和相关程度来计算块段品位及储量，并使估计误差最小。后来，法国学者马特隆对克里格法进行了详细的研究，使之公式化和合理化。克里格方法的基本原理是根据相邻变量的值（如若干样品元素含量值），利用变差函数所揭示的区域化变量的内在联系来估计空间变量数值。该方法尽可能地描述原数据所隐含的趋势特征，以区域化变量理论为基础，以变差函数为主要工具，在保证研究对象的估计值满足无偏性条件和最小方差条件的前提下求得估计值。例如，对于高值数据点会使之沿某一"脊"分布，而不围绕该点孤立插值，不形成"公牛眼"等值线。克里格法极为灵活，广泛地应用于各个科学领域，适于各种类型的离散数据，网格化精度高，是极佳的网格化方法。但随着数据量的增大，该方法计算速度较慢。该方法适合数据量在几千个点以下的情况。

5. 径向基函数法

该法又称距离基函数，是由多口井数据插值方法组合的一种多形式网格化方法。基函数是由单个变量的函数构成的，通过选择不同的基本函数来定义不同的加权方法，进行不同方式的网格化。所有径向基函数法都是准确的插值器，它们都能尽量适应数据。若要生成一个更圆滑的曲面，对所有方法都可以引进一个圆滑系数。径向基函数法具有很强的拟合数据点、产生光滑曲面的能力，其适应范围与克里格法类似。

6. 最近邻点法

该法是荷兰气象学家 A.H.Thiessen 提出的一种分析方法，最初用于从离散分布气象站的降雨量数据中计算平均降雨量，GIS 和地理分析中多采用该方法进行快速赋值。实际上，最近邻点插值一个隐含的假设条件是任意网格点的属性值都是用距离它最近的位置点的属性值，将每一个网格节点的最邻点值作为待求的节点值。采用距离网格节点最近的数据点的值来表明网格节点的值。该方法适合对规则分布的数据进行网格化，或者大多数数据点位于网格节点上，或者在一个完整的数据文件中只有少数点无值时，来填充无值的数据点。设置参数时，搜索半径的大小要小于网格数据之间的距离。总之，最近邻点法是均质无变化的，更适合于均匀间隔的数据插值，可以有效填充无值数据区域。

7. 多项式回归法

严格地说，该方法并不是一种真正的插值方法，它仅仅通过定义趋势面类型来表明原数据的状态趋势，并不增加未知的网格节点值。多项式回归法实际上是一种趋势面分析作图程序，可用来确定数据的大规模趋势和图案。多项式回归法根据空间采样数据，拟合一个数学模型，用该数学曲面来反映空间分布的变化情况。使用该方法需要考虑两方面问题：一是趋势面数学表达式的确定；二是拟合精度的确定。通常用的趋势面数学表达式主要是多项式趋势面，多项式趋势面能逼近任意连续函数，较好反映连续变化的分布趋势。多项式次数越高，在采样点周围反映的趋势面与真实数据误差越小，效果越好。

二、参数等值分布显示

1. 网格生成

网格生成过程，就是等值线延网格结点 Z 值输出过程，也是生成标准网格数据的过程。通过某一种插值方法，形成具有一定规律的网格化数据，在此基础上进行等值线追踪。

网格标准的制定必须充分考虑以下情况：从理论上讲，网格划分越密，追踪结果质量越好，但计算量也随之呈几何级倍数增大，软件运行效率随之降低。因此，网格的疏密程度须结合实际情况考虑，不能因为目前的计算机运行速度快、内存大而无限制地加大网格密度。

2. 等值线追踪的主要步骤

等值线追踪的主要步骤包括：

（1）数据准备。首先，需要有一个包含三维数据的数据集，这些数据可以是储层厚度、孔隙度、饱和度或曲线数值等连续变量的观测值。数据集通常以网格（如矩形网格、三角网格）的形式组织，每个网格节点上都有相应的属性值。

（2）等值点判断。对于某一量值为 Z_0 的等值线而言，需要在网格上寻找数值等于 Z_0 的点。这通常通过比较网格节点的属性值与 Z_0 来实现。

（3）插值计算。如果等值点不直接位于网格节点上，则需要使用插值算法来估算等值点的位置。常见的插值算法包括线性插值、双线性插值、三次插值等。

（4）等值线追踪。从已找到的等值点出发，使用追踪算法来连接这些点，形成平滑的等值线。追踪算法可以基于网格的拓扑结构，如矩形网格的相邻关系或三角网格的顶点与边关系。

（5）等值线闭合或边界处理。如果等值线是封闭的，追踪算法需要确保等值线在起点和终点处闭合。如果等值线到达网格边界，则追踪算法需要相应地处理边界情况。

3. 等值线追踪的算法实现

根据不同的网格类型和应用场景，可以实现不同的等值线追踪算法。以下是一些常见的算法实现方法：

（1）基于规则的网格追踪。对于矩形网格或三角网格等规则网格，可以根据网格的拓扑结构和属性值来制定追踪规则。例如，在矩形网格中，可以从网格的某个边界开始，按照一定的方向（如从左到右、从上到下）遍历网格，并检查每个网格节点或边上的等值点。

（2）基于插值的追踪。对于非规则网格或需要更高精度的应用场景，可以使用插值算法来估算等值点的位置。然后，根据估算出的等值点位置来追踪等值线。这种方法可以提高等值线的平滑度和准确性。

（3）优化算法。为了提高等值线追踪的效率和准确性，可以使用优化算法来改进传统的追踪方法。例如，可以使用启发式搜索算法来减少不必要的计算量；可以使用并行计算技术来加速等值线的生成过程等。

4. 等值线的光滑

追踪出来的等值线，在网格密度很大或对光滑度要求不高的情况下可直接使用，但当精度不够高时，就需要对等值线进行光滑处理，以达到更好的表达效果。曲线光滑的方法很多，根据其光滑原理可将其分为插值光滑法和拟合光滑法。

1）插值光滑法

插值是依据原始点，在两相邻点之间插入一系列点，然后光滑曲线，光滑后的曲线过原始点。多项式插值是最常见的一种函数插值。在一般插值问题中，若选取 Φ 为 n 次多项式类，由插值条件可以唯一确定一个 n 次插值多项式。从几何上可以理解为：已知平面上 $n+1$ 个不同点，要寻找一条通过这些点的 n 次多项式曲线。插值多项式一般有两种常见的表达形式，一是拉格朗日插值多项式，二是牛顿插值多项式。此外还有另一种插值方式是三角函数插值，当被插函数是以 2π 为周期的函数时，通常用 n 阶三角多项式作为插值函数，并通过高斯三角插值表出。此外，还有埃尔米特插值、分段插值等，前者要求与原曲线有相同的斜率，比起一般多项式插值有较高的光滑逼近要求；后者通常采用分段低次插值来提高近似程度。

2）拟合光滑法

拟合光滑法根据原值点的走向形态，形成一条光滑曲线，最大限度地逼近原值点，从而达到对曲线的光滑处理。在线性模型中，一般通过建立并求解方程组来确定参数，从而求得拟合曲线。对于非线性模型，则要借助求解非线性方程组或用最优化方法求得所需参数才能得到拟合曲线，有时称为非线性最小二乘拟合。对于某些非线性的资料，可以通过简单的变量变换使之直线化，这样就可以按最小二乘法原理求出变换后变量的直线方程。在实际工作中，常利用直线方程绘制资料的标准工作曲线，同时根据需要可将此直线方程还原为曲线方程，完成对资料的曲线拟合。

5. 等值线的填充

等值线的填充大致可分为扫描填充和区域填充两类。扫描填充通过插值计算每个待填充点的颜色值，进行逐点填充。这种算法简单、可靠，但是填充速度慢，而且与追踪法生成的等值线存在一些细微差异。区域填充算的基本思想是寻找等值区域，然后利用图形库的多边形填充函数进行充填。该算法对于填充大幅等值线图效果明显，但是由于需要追踪等值区域并且判断区域包含关系，算法较为复杂，对于等值线较多的情况，处理速度也较慢。

等值区域颜色的选择可以有多种方法。一是使用双属性法进行颜色选择。查找所有直接子等值线的值，如果和自身值相同，或者自身没有直接子等值线，取值为自身值；如果直接子等值线的值不同，则取这两个不同值的平均值。这种方式构思巧妙，方法简单，但是物理意义不明显，有时同一种颜色代表的等值线区域的值区间不一样。二是根据等值线趋势选择颜色。这种方法物理意义更明显，但算法较为复杂，需要反复判断子填充区域和父填充区域的颜色来确定自身区域的颜色。当根据给定等值线无法进行趋势判断时，需要用到一些假设条件。三是根据格点数据选择颜色。先扫描格点，如果遇到一个格点落在要确定颜色的区域内又不包含在其直接子填充区域内，则用这个格点对应的值选择颜色进行填充。这样扫描格点速度较慢，可以根据等值区域的种类在等值线上的点给一定步长进行搜索，可以大大提高速度。这种方法填充的颜色比较可靠，物理意义正确，不需要假设，但是需要额外的信息。

6. 等值线的标定

一个完整的等值线系统还应该包括等值线的标注。等值线的标注就是对一幅等值线图上的全部或部分等值线进行如下处理：将某条等值线属性值添加在这条等值线上或它的旁边，以便使人方便地了解等值线图上的每一条等值线的属性值。在标注过程中，应该选择合适的位置、方向和疏密程度，这将会使等值线图看起来更加直观和形象，使用户获得更多的信息。图 12-5-1 为典型的储层厚度分布参数等值图。

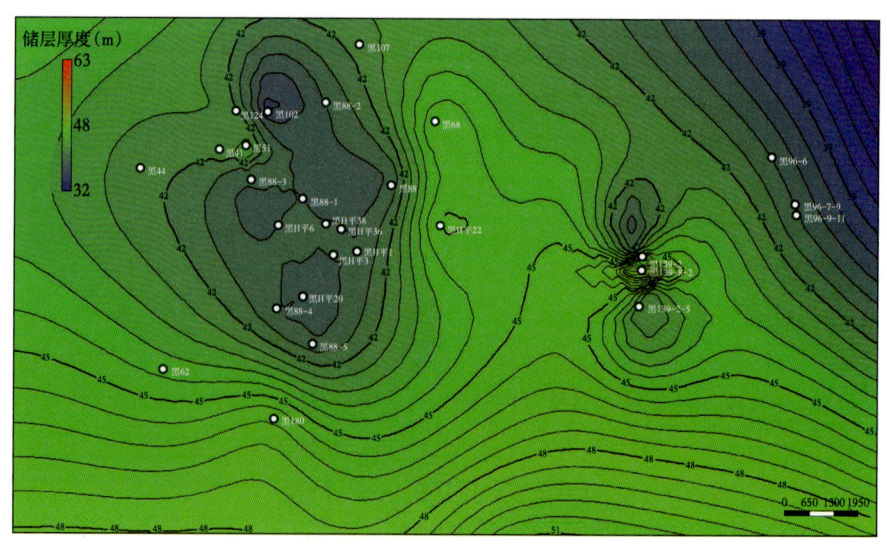

图 12-5-1　储层厚度分布参数等值图

第十三章 水平井测井处理解释

随着国内勘探开发逐步深入，水平井钻井数量逐年增多，水平井已成为储层增储上产的重要技术手段。水平井测井处理解释为油田储层"甜点"评价、试油选层和大规模体积压裂提供关键参数和重要技术支撑。本章主要介绍水平井测井处理解释流程、水平井井眼轨迹与地层位置关系，水平井测井曲线校正和水平井测井资料解释等内容。

第一节 水平井测井处理解释流程

水平井测井处理解释包括水平井测井资料处理和水平井测井解释两部分。图 13-1-1 为水平井测井处理解释流程图。由图中可以看出，水平井测井处理包含井眼轨迹与地层几何关系确定以及水平井曲线反演校正；水平井测井解释则是基于水平井测井处理的结果，进行水平井的储层参数计算和分级评价等。

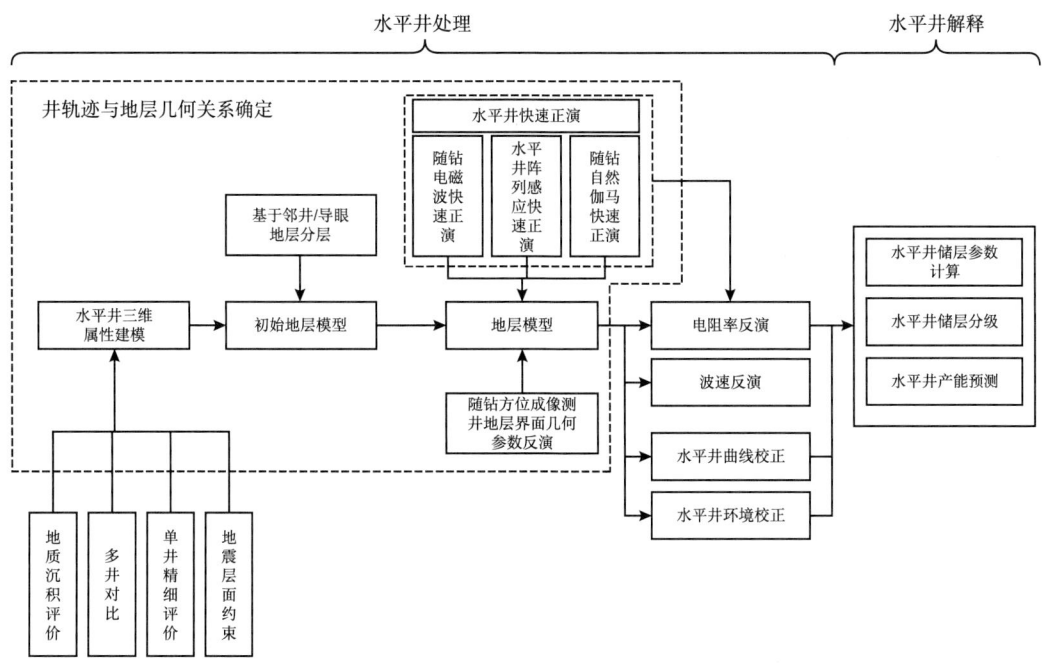

图 13-1-1 水平井处理解释流程图

一、构建初始地层模型

构建水平井初始地层模型是指建立一个相对准确的地层模型，为利用水平井测井资料进行精细模型构建提供基础。初始地层模型的构建包括两种方法：

（1）根据地质、地震、地层、工区多井等数据，结合沉积相带分布特征，快速构建水平井三维属性建模；

（2）采用邻井或导眼井的测井数据、地层地质数据，构建初始地层模型。

二、水平井地层模型优化调整

根据水平井实测测井数据与正演模拟曲线实时对比，综合利用多种水平井测井资料，结合水平井软件中地层模型的交互调整，对井眼轨迹与地层几何关系参数进行反演和优化，为水平井解释提供精准地层模型。

三、水平井测井参数反演

以水平井正演模拟为基础，利用水平井测井数据，结合优化后的地层模型，对地层中的测井响应真值进行反演。这种反演主要从仪器原理出发，针对非均质各向异性地层中测井参数水平和垂直响应的不同，利用反演技术，计算水平和垂直的测井参数值（如水平电阻率和垂直电阻率）。

四、水平井曲线校正

结合地层模型，利用地区经验公式法、图版法、统计方法等对测井曲线数值进行校正。

五、水平井解释

水平井测井解释是利用处理后所得到的地层模型和地层的测井响应真值，参考直井构建水平井解释模型，对水平井中的储层参数进行计算。然后根据计算所得的储层参数，按照区域统计，确定储层敏感参数，对储层进行分级，为后续的"甜点"优选和体积压裂提供重要的依据。

第二节　水平井井眼轨迹与地层位置关系

通过本章第一节中的论述可以看出，对于水平井测井处理解释来说，水平井井眼轨迹与地层位置关系的评价是水平井解释评价的核心内容，决定着水平井测井解释符合率的高低。而对于水平井测井处理解释系统来说，地层模型构建、水平井响应快速正演模拟等技术都围绕着这一目标，是水平井处理解释系统的核心功能。水平井井眼轨迹与地层位置关系的评价功能的方便程度、功能的完整性决定着水平井处理解释系统的易用性和实用性。

水平井井眼轨迹地层位置关系评价主要包括初始模型构建、水平井曲线快速正演模拟、地层模型优化等几个关键步骤。本节将重点讨论综合利用多种资料进行水平井井眼轨迹与地层位置关系评价的方法和软件功能。

一、方法原理

图 13-2-1 为水平井井眼轨迹与地层位置关系确立的基本步骤。首先，基于多井测井数据，结合地震解释、油藏建模资料，通过多井对比和空间属性插值，构建用于水平井地层模型精细评价的初始模型。然后，根据初始地层和井眼轨迹之间的几何关系，结

合测量仪器类型,对电阻率、自然伽马和密度等测井曲线响应进行正演模拟。将正演曲线与水平井实测测井曲线进行对比,根据实测曲线特征分析确定对应地层模型特点,并对当前地层属性模型进行优化调整,直至当前模型与水平井实测曲线响应规律相符合,从而确定水平井井眼轨迹在地层中的位置。

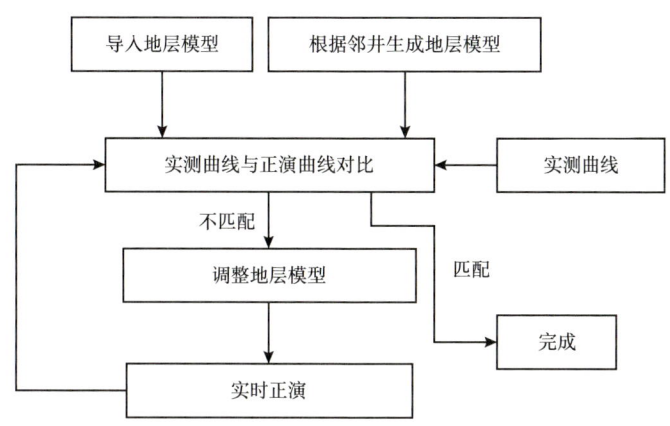

图 13-2-1　水平井井眼轨迹与地层位置关系确立的基本步骤

一般情况下,采用沿着井眼轨迹展开的方式进行解释,图 13-2-2 为一般情况下水平井解释的主界面,中间主窗口为沿着井眼轨迹展开的地层模型。图 13-2-3 展示了沿着井眼轨迹展开的示意图。解释井眼轨迹的过程就是不断交互调整地层模型的过程,在该窗口内,水平井测井处理解释软件提供交互手段,对地层界面的每一个节点进行交互调整。同时,在垂直和水平方向上分别显示了测井曲线垂直方向投影和水平位移方向投影,实时将计算模拟的曲线与实际测井曲线进行对比,通过正演响应调整地层模型,进而评价井眼轨迹与地层的位置关系。

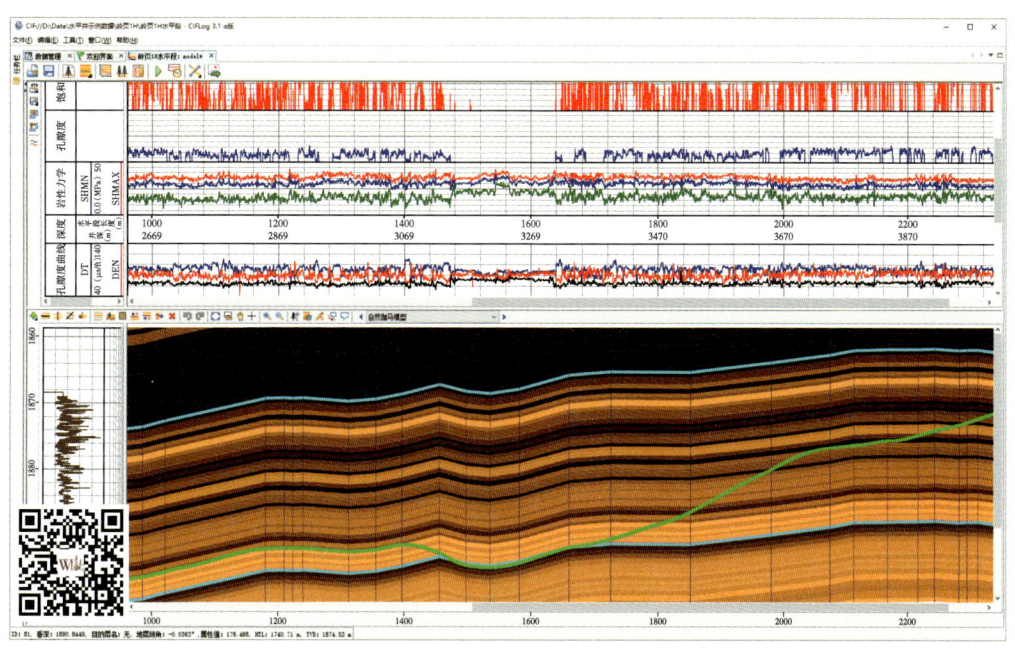

图 13-2-2　水平井解释的显示和操作样式

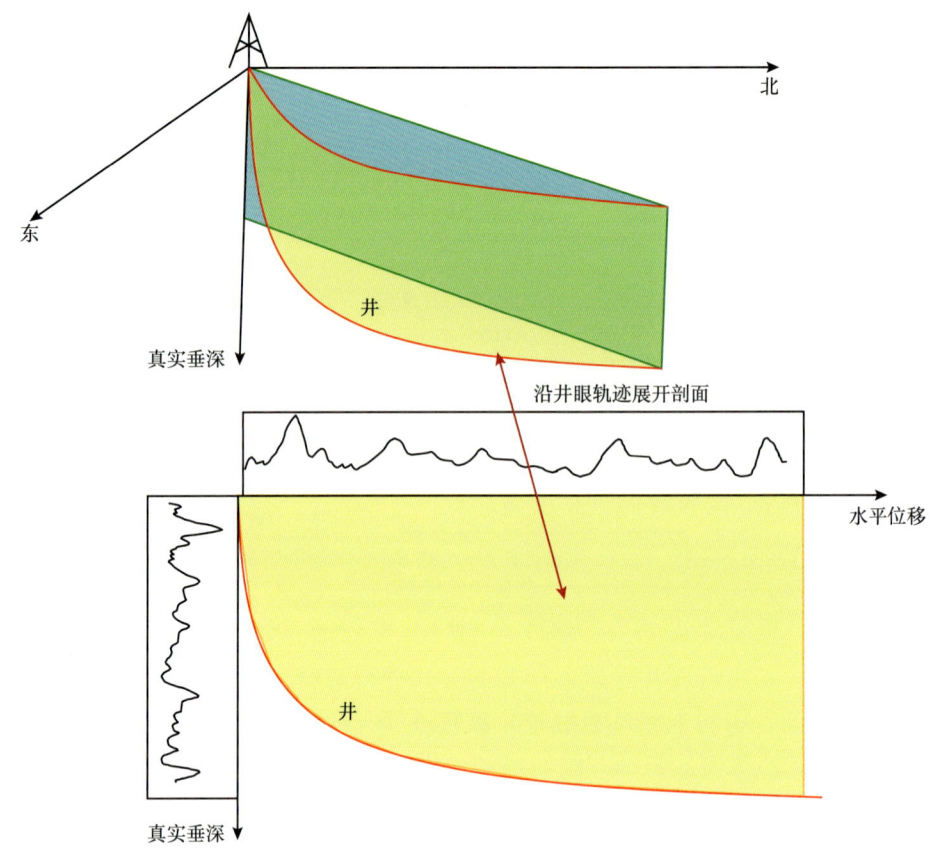

图 13-2-3 沿井眼轨迹展开剖面图示意图

通过以上过程可以看到，井眼轨迹地层位置关系的评价核心的三部分功能就是地层交互调整、初始地层模型构建和水平井曲线快速模拟。下面将详细论述初始地层模型构建和水平井曲线快速模拟的方法。

二、初始地层模型构建

根据水平井处理解释流程，首先构建水平井初始地层模型。初始地层模型的构建方法直接影响后续的地层精细评价的效率和准确性。一般情况下，对于初始地层模型的构建要把握以下几个方面的原则：

（1）初始地层模型构建的范围应该至少包含水平井钻井目的层位，并在模型中进行标记，确保轨迹调整过程中明确目的层位置。

（2）初始地层模型中包含具有标志性测井特征的地层，这些地层对于判断井眼轨迹所在位置至关重要。当井眼轨迹通过标志地层时，响应与其他地层具有明显差异。标志层可以是岩性变化的地层、夹层或者具有明显特征的响应组合的地层。

（3）初始地层模型的建立要充分利用现有资料，包括地震解释层位数据、地层数据、岩性、岩相和录井等数据信息，建模中形成的属性值应对目的层、目标层有所辨识，通过数值能够较为明显地分辨地层。

基于以上原则，初始地层模型构建一般包含三种方式：（1）当地层横向均匀时，利用邻井或导眼井建立水平的地层地质模型;(2)利用水平井附近多井测井数据插值生成初始地层模型;(3)来自第三方建模软件,包括 Petrel、RMS、Eclipse 等。

1. 基于邻井或导眼井的水平井初始地层地质模型生成方法

一般情况下,在进行水平井解释时,往往缺少地层地质模型构建体数据,进而导致进行复杂的油藏建模和数值模拟工作花费时间较长。在这种情况下,可以借助导眼井或者与水平井地层相似、距离较近的邻井进行建模。这种建模方式适用于水平井所通过的地层在横向上相对均匀、地层属性变化不大的情况。

具体步骤如下:

(1)根据导眼井进行分层。首先选择分层曲线,一般选择自然伽马、自然电位等。选择曲线要根据地层特征而定,选择曲线的特征要对地层变化较为敏感,同时也可以根据划分好的地层进行建模。

(2)对分层曲线进行方波化。方波化后的曲线中,每一个方波代表一个特征地层。可以采用活度法对曲线进行方波化。

(3)形成方波曲线后,根据方波曲线找到每一个方波的垂深位置,向水平方向延展作为初始地层,方波的数值代表该地层的测井属性值。

(4)由于后续要根据建立的模型进行精细调整,因此,在建立的初始地层模型中,需要标识目的层、标志层位置。目的层为水平井钻井的目标"甜点"层,根据导眼井或邻井曲线的特征进行标定。然后将标志处具有明显测井响应特征差异的地层线作为标志层。

(5)根据上面步骤形成的地层线位置,从导眼井或邻井数据中获取曲线值(密度、电阻率、声波时差等)作为地层测井属性值。

图 13-2-4 是利用导眼井自然伽马曲线构建的初始地层模型。

这种建模方法速度快,能够在具备较少资料的情况下进行建模,适用于目的层纵向上变化明显、横向上均匀展布及各向异性差异小等情况下的地层建模。

2. 三维地层属性建模

1)三维地层属性建模流程

地层三维属性模型构建是基于工区中多口井的测井数据、地质分层、地震层面等信息,利用空间克里金、最小曲率半径等空间网格化算法,插值形成地层三维测井属性体的过程。此过程与油藏建模中的属性体建模有所区别,油藏建模要综合利用地震资料、测井资料、地质资料、试油、实验等数据综合构建整个油藏模型。而在水平井解释中的地层属性建模可利用的资料较少,模型区域面积很小。另外,由于水平井测井处理解释工作的时限限制,无法进行工作量大、过程繁琐的地层建模。

基于多井数据的水平井三维属性建模的基本流程,如图 13-2-5 所示。

2)多井测井数据插值生成地层模型方法

对于水平井处理解释中的三维属性建模,主要目的是获取地层在三维水平井眼轨迹方向上的起伏和在地层横向延展方向属性值的变化。具体方法是:

(1)加载地层界面。一般情况下,采用地震拾取界面或油藏建模提供界面,但往往在水平井解释时,搜集不到该类数据。为此,基于多井地质分层数据,利用克里金、最小曲率半径等插值方法对多井地层空间位置进行插值,形成三维地层界面。

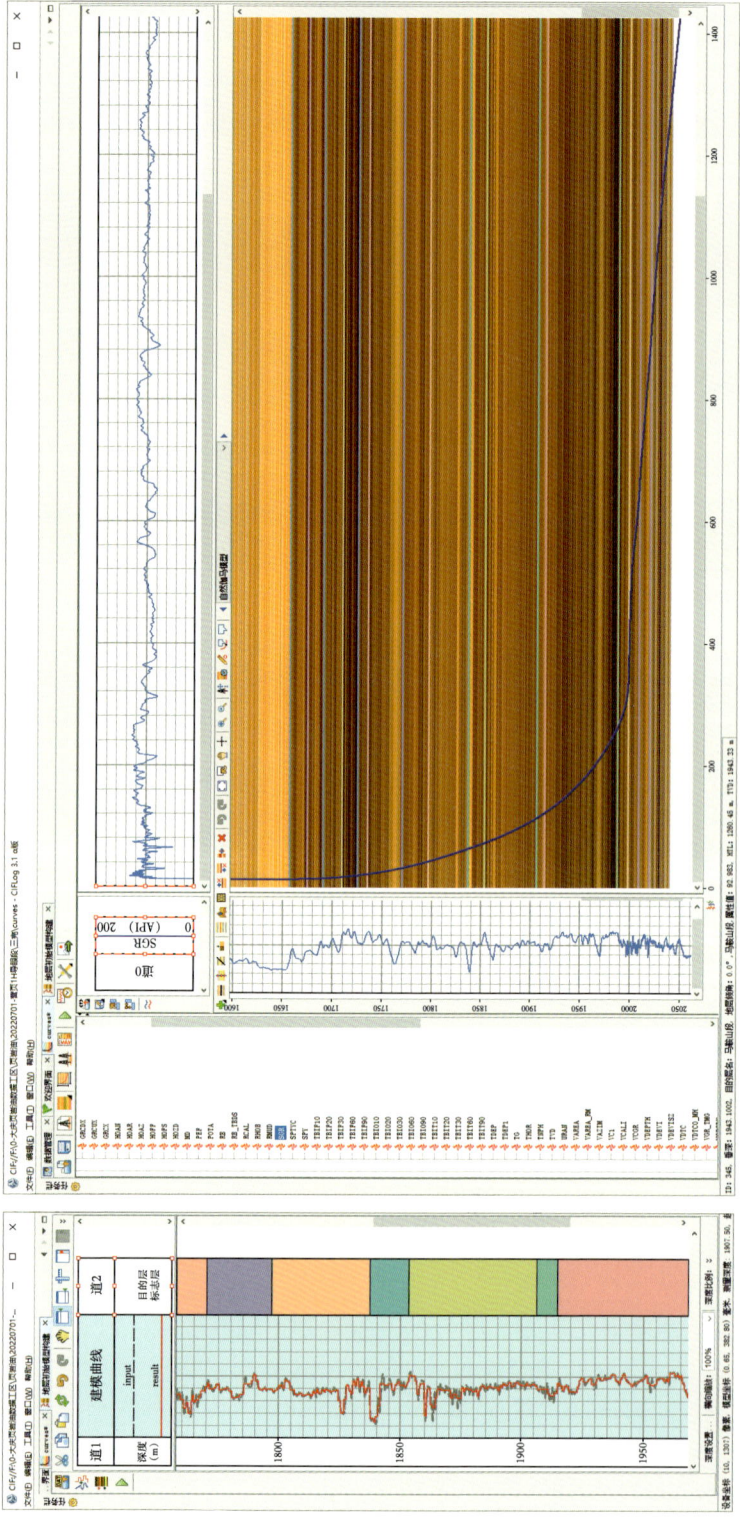

图 13-2-4 基于邻井或导眼井的地层初始模型构建实例

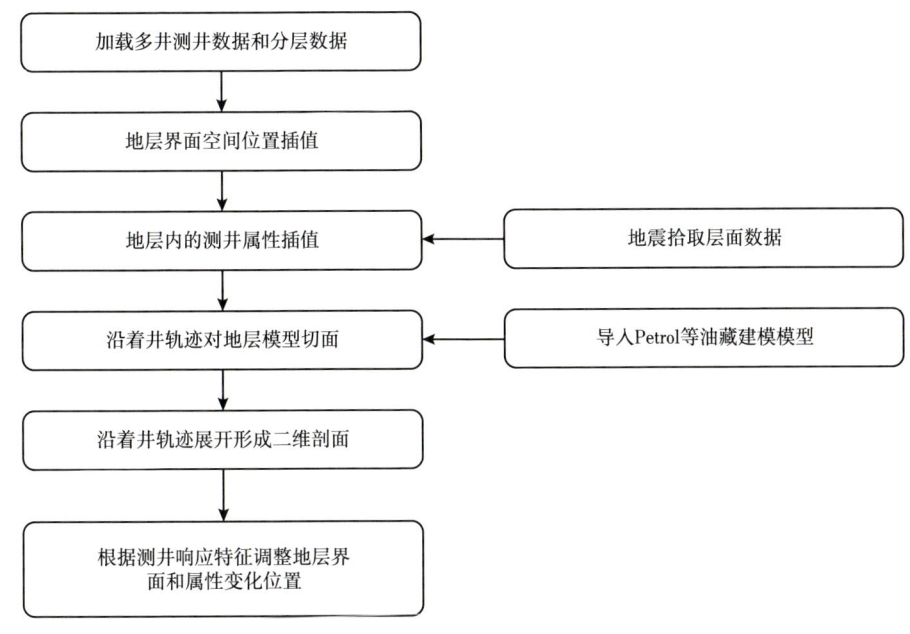

图 13-2-5　基于多井的水平井三维属性模型构建流程

（2）对同一个地层内的多井测井属性进行横向插值，插值可以采用克里金、最小曲率半径、高斯等插值方法。插值网格的大小应该根据实际解释的地质体体积而定。图 13-2-6 为工区属性空间插值的结果，从图中可以看出，插值生成的地质模型反映出了地层属性在平面上的变化趋势。

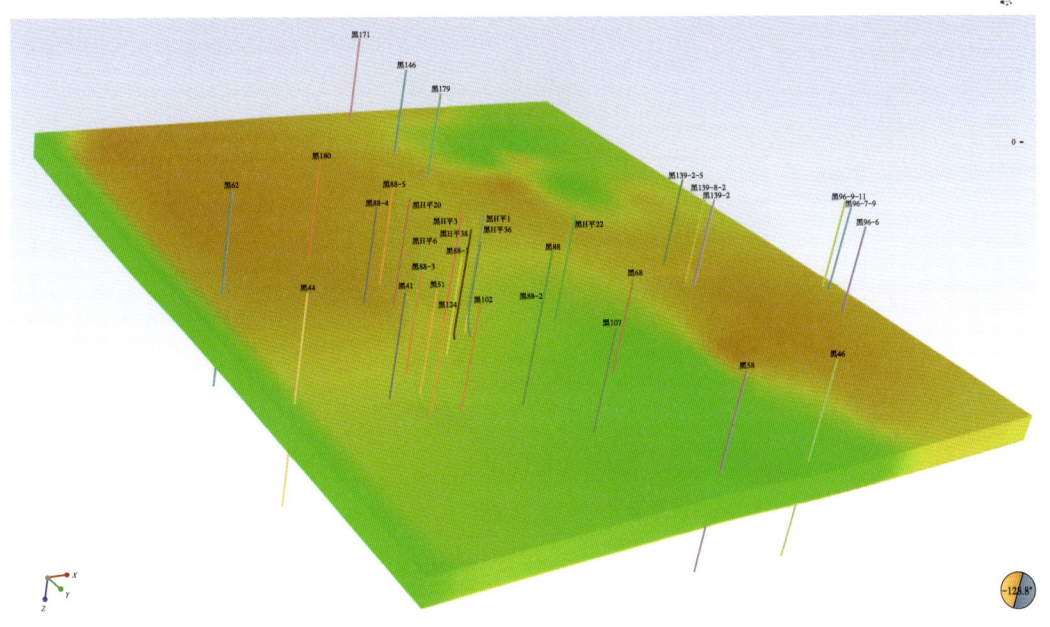

图 13-2-6　工区多井地层测井属性插值实例

（3）将生成的三维地质体沿着水平井井轨迹进行切面，并将切面后的三维地层剖面沿着轨迹展开，形成用于水平井解释的二维地层模型剖面。图 13-2-7 为示意图。

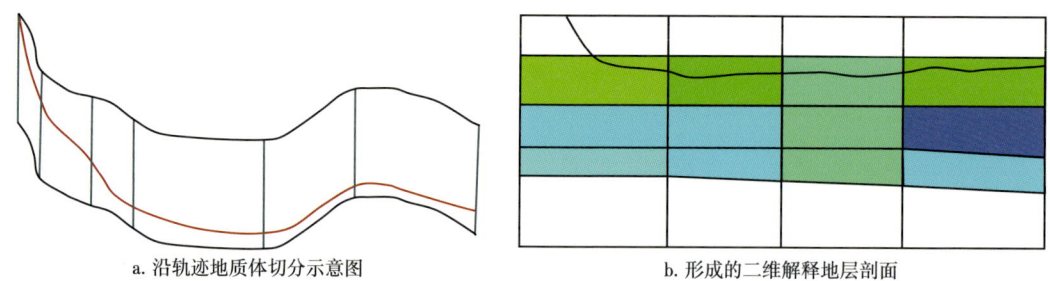

a. 沿轨迹地质体切分示意图　　　　b. 形成的二维解释地层剖面

图 13-2-7　解释地层剖面建立示意图

通过以上步骤，初步构建了用于水平井精细解释的地层剖面。利用该剖面进行地层解释时，充分考虑了地层属性沿地层延展方向的横向变化和地层的空间起伏关系，从而提高水平井地层建模的解释精度。

三、水平井曲线正演模拟

1. 基于邻井曲线的水平井曲线快速模拟

由于相同地层中，直井和水平井测井响应规律一致或者相关，因此，可以将邻井或导眼井的曲线响应与水平井响应进行对比，进行井眼轨迹位置评价。为此，根据当前地层模型，将邻井曲线数值按照建立模型的数值代入到水平井井眼轨迹，通过曲线压缩和拉伸，可以生成一条与模型相关的实时模拟曲线。图 13-2-8 为原理示意图。

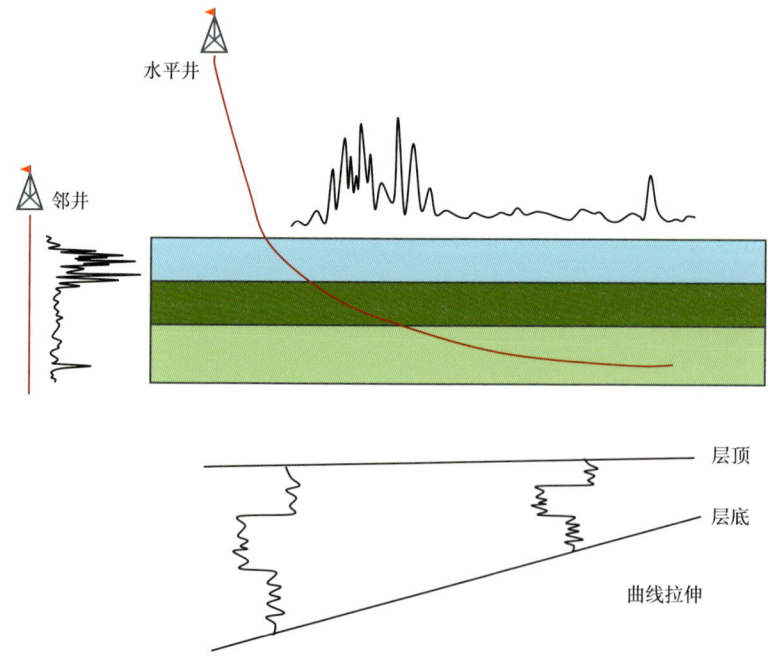

图 13-2-8　基于邻井生成曲线原理示意图

具体的生成方法为：假设当前生成曲线测量深度点为 d，根据当前深度所在地层位置，获取当前位置所在地层的顶、底深度 d_1 和 d_2，同时，计算该深度点到上下地层界面的距离 h_1 和 h_2，这样可以得到从邻井获取数值的深度 D 为：

$$D = \frac{h_1}{h_2 - h_1}(d_2 - d_1) + d_1 \qquad (13-2-1)$$

通过求取的深度 D，从邻井或导眼井曲线获取测井值，根据井眼轨迹和地层界面的几何关系，生成基于邻井或导眼井的实时曲线。

图 13-2-9 给出了一个基于邻井/导眼井的地层模型优化调整实例。

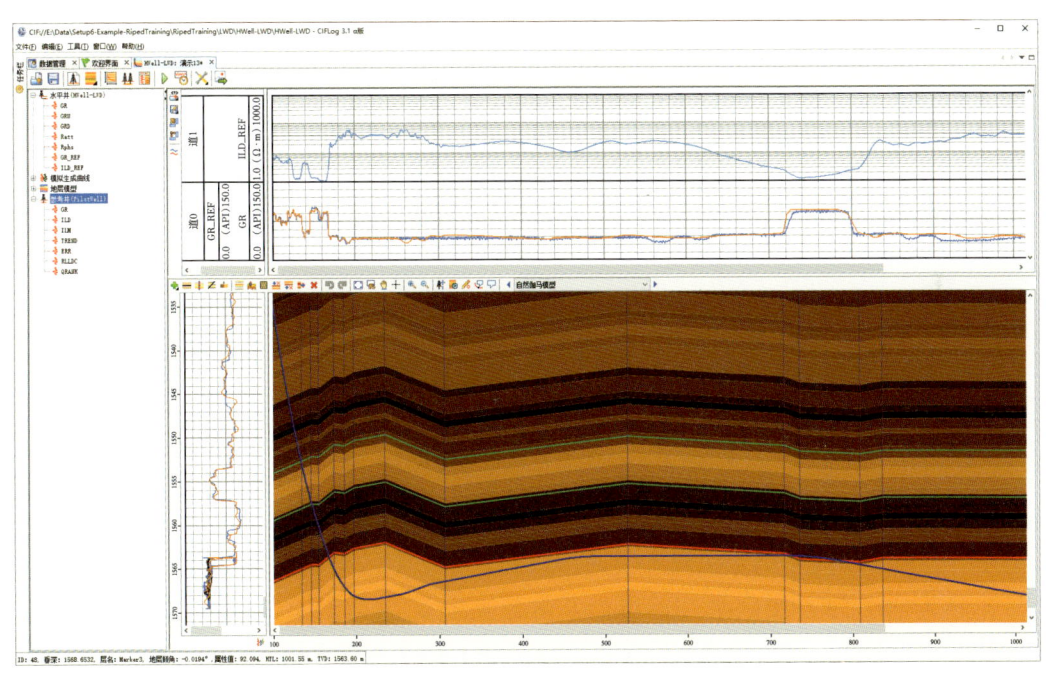

图 13-2-9 实时曲线对比实例

2. 水平井测井仪器响应快速正演模拟

水平井测井仪器的响应分析是水平井测井处理解释的基础，也是确定井眼轨迹与地层位置关系的依据。通常情况下，水平井测井响应模拟一般采用三维有限元方法正演电测井响应特征，如随钻电磁波测井、阵列感应测井等；利用蒙特卡洛方法（MCNP）模拟核测井响应特征，如随钻密度测井和随钻伽马测井等。这些方法虽然精度高，但计算速度较慢，难以满足利用水平井实时正演模拟进行井眼轨迹地层位置关系确立的要求，为此，必须采用快速模拟技术提高正演模拟效率。为了满足实际生产需求，需要根据不同测井方法响应原理，在精度满足应用需求的前提下，通过简化模型、优化算法以提升正演速度，即水平井测井正演快速模拟技术。下面将以随钻电磁波测井和随钻密度测井为例，简述水平井中电测井、核测井的典型方法和技术，其他测井类型与之类似，将不再赘述。

1）随钻电磁波测井曲线快速正演

随钻电磁波测井快速正演主要理论来自经典的麦克斯韦方程组，而对于地层模型这样一个三维体来说，一般采用有限元等方法，但计算速度很慢。为了提高水平井随钻电磁测井响应正演速度，通过对复杂地质模型进行降维处理，将高维正演问题简化为一系列一维模型的计算。正演过程中，通常忽略井眼和侵入等影响，仪器探测范围内的地层界面可认为近似平行。这样模拟过程中可采用如图 13-2-10 所示的一维纵向成层介质模型，模型中包含各向异性电阻率、不同层厚及相对倾角等（王磊等，2018）。

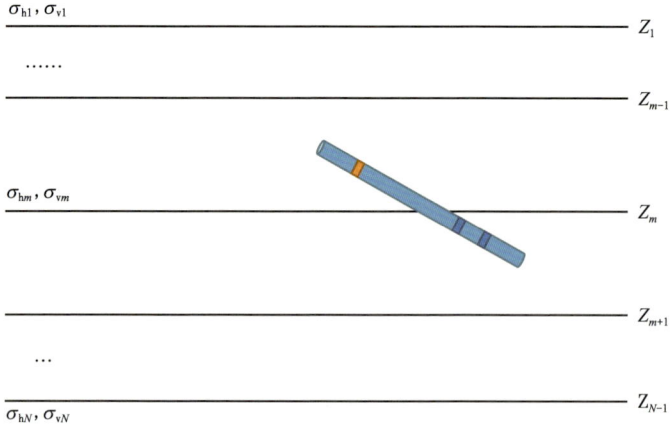

图 13-2-10　降维地层正演模型

一维层状各向异性模型是水平井随钻电磁波测井解释的基础，仪器在层状地层的响应可以经解析计算获得。随钻电磁波测井一维正演可分为两部分：电磁场伪解析解递推和索末菲积分。前者可通过广义反射系数或系数传播矩阵等递推获得，后者是一半无穷域强振荡函数，且在水平井中不收敛。索末菲积分包含两部分，即 0 阶和 1 阶贝塞尔函数积分项。为实现随钻电磁波测井快速、精确计算，本节采用一次反射/透射波高阶逼近与扣除方法。为方便起见，这里以 0 阶贝塞尔函数为例给出新方法的实现方式：（1）谱域散射场中扣除一次反射/透射场的贡献，见式（13-2-2）；（2）被扣除项解析计算，式（13-2-3）中 $\tilde{A}_1$ 是与积分变量无关的常数；对剩余谱域核函数直接积分。具体计算过程如图 13-2-11 所示。

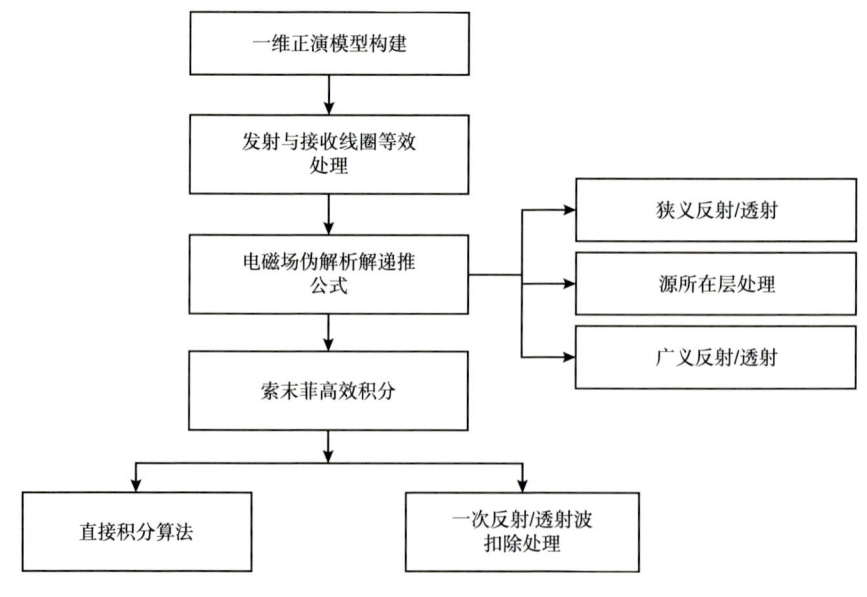

图 13-2-11　随钻电磁波测井快速正演流程图

$$H_0=\int_0^\infty A(k_\rho)\mathrm{J}_0(k_\rho\rho)\mathrm{d}k_\rho=\int_0^\infty\left[A(k_\rho)-A_1(k_\rho)\right]\mathrm{J}_0(k_\rho\rho)\mathrm{d}k_\rho+\tilde{A}_1 \quad (13\text{-}2\text{-}2)$$

$$\int_0^\infty A_1(k_\rho)\mathrm{J}_0(k_\rho\rho)\mathrm{d}k_\rho=\tilde{A}_1 \quad (13\text{-}2\text{-}3)$$

式中：$A(k_\rho)$ 为原始谱域核函数；$A_1(k_\rho)$ 为一次反射/透射场的核函数；$\mathrm{J}_0(\ )$ 为 0 阶贝塞尔函数；k_ρ 为 ρ 方向的波数；ρ 表示径向距离。

采用新积分方法后，扣除后的散射场核函数随积分变量的增加而急剧衰减，索末菲积分收敛速度可提高三个数量级。此时，积分区间取 [0~50]，随钻电磁波测井响应模拟的精度误差即可控制在 0.1% 以内，其计算速度可达 16000 个测井点 /s。

2）随钻密度测井曲线快速正演

随钻密度测井主要是根据康普顿效应测量电子密度指数进而求取地层密度，故探测器计数可以看作电子密度指数的函数，即 $N=N(\rho_\mathrm{e})$。基于微扰理论的密度快速计算方法在每个深度点的密度值可以表示为：

$$\rho=\rho_0+\Delta\rho=\rho_0+k_1\frac{\partial\rho}{\partial N}\bigg|_{\rho=\rho_0}\Delta\rho+k_2\frac{\partial^2\rho}{\partial N^2}\bigg|_{\rho=\rho_0}\Delta\rho^2+\cdots+k_n\frac{\partial^n\rho}{\partial N^n}\bigg|_{\rho=\rho_0}\Delta\rho^n \quad (13\text{-}2\text{-}4)$$

式中：ρ_0 为基准地层密度；$k_1,\cdots,k_n$ 为常数系数；$\Delta\rho$ 为计算层密度与基准地层密度的差值。对公式保留至一阶项即可满足密度计算的精度，$\dfrac{\partial\rho}{\partial N}\bigg|_{\rho=\rho_0}$ 为一阶康普顿灵敏度函数，其分布如图 13-2-12 所示。

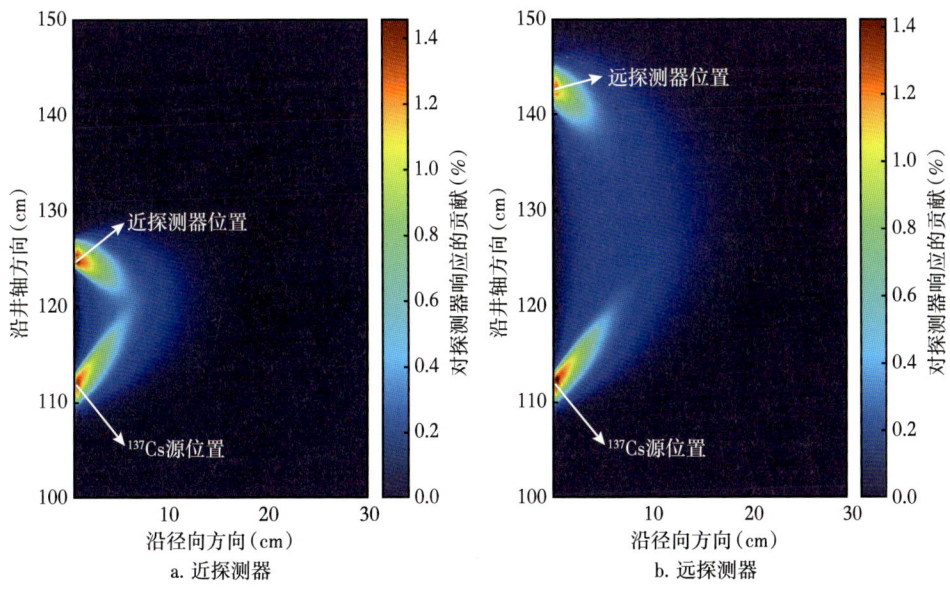

图 13-2-12　近、远探测器一阶康普顿灵敏度函数分布

利用蒙特卡洛方法（MCNP）模拟碳酸盐岩、砂岩、白云岩等不同岩性地层，以及 0%~60% 孔隙度的远、近源距的康普顿散射、光电灵敏度函数，并将响应结果形成响应

函数库。当进行密度快速正演时,可以根据地层密度、地层界面、井斜等参数,利用如图 13-2-13 所示的流程,即可求取当前地层密度响应值,实现随钻密度测井正演模拟的快速计算(袁超等,2018)。

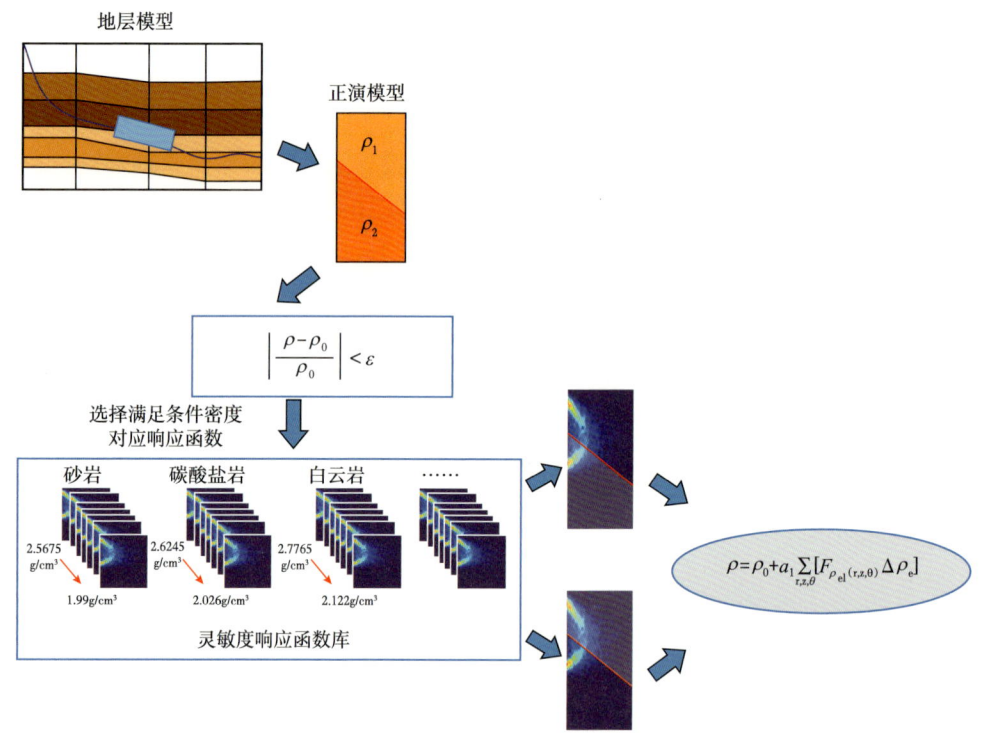

图 13-2-13　密度响应值快速计算流程示意图

利用上述算法,选取密度为 2.32g/cm³ 的康普顿响应函数。快速计算得到的密度与 MCNP 模拟得到的密度值对比结果如图 13-2-14a 所示。密度计算的绝对误差如图 13-2-14b 所示。由图 13-2-14a 可知,快速计算的密度值与 MCNP 模拟的值吻合较好,绝对误差在 0.01g/cm³ 以内,同时快速计算的速度是 MCNP 模拟的 105 倍。

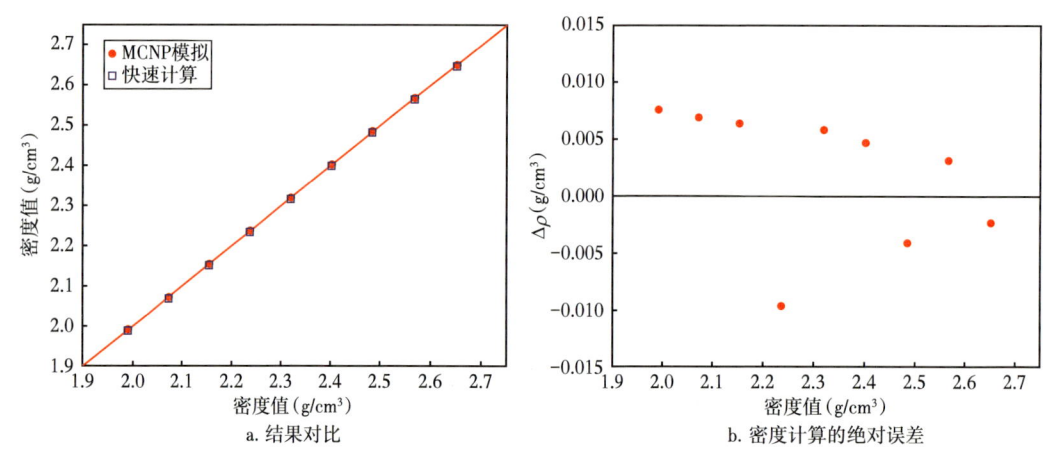

图 13-2-14　快速计算与 MCNP 模拟对比

第三节 水平井测井曲线校正

在水平井测井中,测量环境与直井测量差异较大,测井仪器受到各向异性、仪器偏心、岩性不均匀等因素影响,测井响应特征与直井相比有所不同。为此,在进行水平井解释之前,需要对水平井曲线进行校正,还原地层真实的测井响应值。本节主要介绍针对水平井测井曲线校正的两种方法。

一、基于测井响应的校正方法

1. 随钻电磁波测井地层界面交互反演方法

为确定井周地层界面位置,本小节给出了一种水平井随钻电磁波测井交互式反演方法,具体流程如图 13-3-1 所示。交互式反演方法的核心为邻井建模、反演模型人工调整和地层界面梯度寻优。邻井建模是指基于导眼井/邻井信息,提取地层电阻率与岩性序列,以建立参考导向/解释模型。将参考模型与邻近测井点的先验约束(已知的反演结果)相结合,可以确定初始反演模型。然后,利用梯度算法和一维快速正演程序,对地层界面寻优。若反演结果不满足精度误差,则不断手工调整地层界面位置进行梯度寻优,直至模拟与实测结果相吻合(王磊等,2021)。

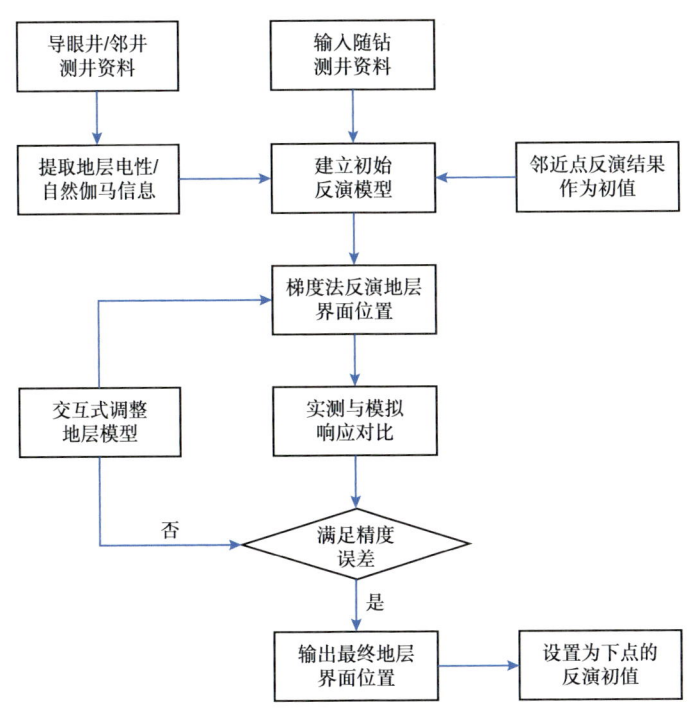

图 13-3-1 水平井随钻电磁波测井反演流程图

2. 边界反演算法与初值选取

水平井随钻电磁波测井反演可转换为求实测资料 D 与模拟响应 S 的最小二乘问题,反演目标函数满足下式:

$$C(m) = \frac{1}{2}\left[\|S(m) - D\|_2^2 + \lambda\|m - m_{\text{ref}}\|_2^2\right] \quad (13\text{-}3\text{-}1)$$

式中：m 为待反演的仪器上/下方地层界面的位置组成的矢量；m_{ref} 为已知参考模型；λ 为正则化系数，其更新方式如下：

$$\lambda^k = \lambda_0 \cdot \|S(m^{k-1}) - D\|_2^2 \quad (13\text{-}3\text{-}2)$$

式中：λ_0 为已知经验常数。

为获取目标函数的最小值，采用正则化 Gauss-Newton 方法求取。在第 k 次迭代时，仪器附近的地层界面位置可用下式确定：

$$m^{k+1} = m^k - \frac{J^{\text{T}}(m^k)[S(m^k) - D] + \lambda^k(m^k - m_{\text{ref}})}{J^{\text{T}}(m^k)J(m^k) + \lambda^k I} \quad (13\text{-}3\text{-}3)$$

式中：J 为雅克比矩阵；上标 T 代表矩阵的转置。

采用正则化梯度方法时，反演结果的精度常取决于反演初值的好坏。为准确预测地层界面位置，本小节采用交互式多初值反演策略。该策略实现方式如下：（1）利用邻近测井点界面信息作为初值；（2）基于初始模型反演结果，结合 CIFLog 软件，可视化手工调整地层并建立新的初始反演模型；（3）重复步骤（2），直至反演结果满足精度误差。

交互式调整反演初值时，应当遵循以下原则：

（1）视电阻率值远高于地层序列电阻率值时，则将井眼距地层上或下界面的距离变小。

（2）仪器在高阻层时，若重构响应小于实测值，则适当缩小仪器距地层界面的距离 h，反之则增大 h。一般而言，对模型进行 3~5 次交互式调整和梯度迭代，即可获取准确的地层界面位置。

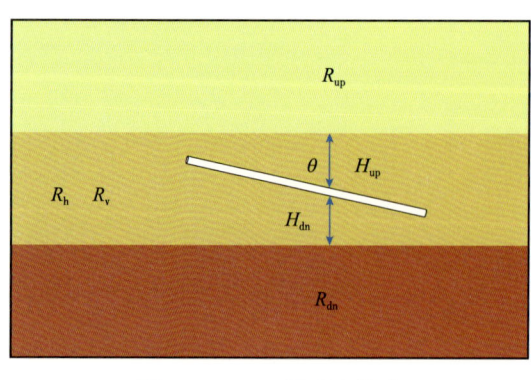

图 13-3-2　三层反演模型

3. 各向异性电阻率反演方法

为反演各向异性地层电阻率，建立如图 13-3-2 所示的三层反演模型。这主要是因为：首先，在 0.4~2MHz 频率范围内，随钻电磁波测井的探测深度一般小于 2 m，邻近围岩对响应的贡献很小甚至可以忽略；其次，人们主要关心当前层的电阻率信息，而邻近的层可以等效处理以简化求解参数的个数和反演难度。采用简化后的模型，需要反演的参数包括上下围岩电阻率（R_{up}，R_{dn}）、仪器到上下界面的距离（H_{up}，H_{dn}）、当前层的各向异性电阻率（R_{h}，R_{v}）及仪器与地层的相对倾角（θ）。

基于三层简化模型和 Gauss-Newton 算法，结合多模型初值策略，可反演水平电阻率和垂直电阻率。首先建立一个五层的一维各向异性地层模型，为验证程序的正确性，仪器自上而下穿过地层，仪器与地层法向的相对倾角为 89°，相应的随钻电磁波测井响应如图 13-3-3a 所示。地层界面两侧电阻率对比度大时，随钻电磁波曲线出现"犄角"，且电阻率对比度越大，"犄角"幅度和范围越大。同时，在各向异性地层中，不同探测深度的电阻率曲线出现分离，视电阻率值一般介于水平和垂直电阻率之间。采用第二节所述的反演方法，对应的反演结果如图 13-3-3b 所示。可以看出，反演的电阻率与地层模型值一致性高，这说明了该反演算法的准确性和可靠性。尽管在大"犄角"处（如垂直深度 4.0m 附近）反演的电阻率值略有偏差，但在其他地层界面处，反演结果很好地消除了由地层界面引起的电阻率"犄角"和不同探测深度曲线分离的现象。

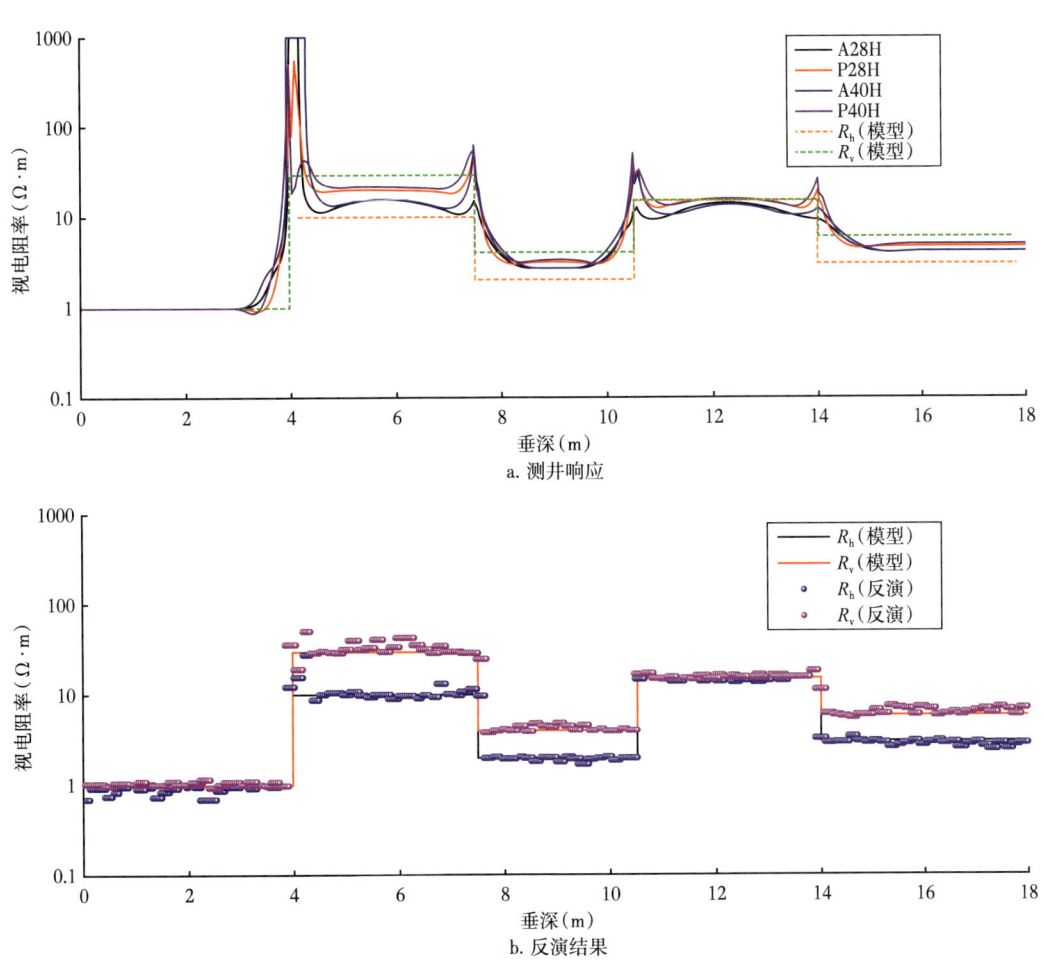

图 13-3-3　五层模型视电阻率曲线及反演结果

为考察反演算法对不同层厚与倾角地层的适用性，考虑一维多层 TI 介质模型，其中地层电阻率变化范围为 1~60Ω·m，地层最小和最大层厚分别为 1.0m 和 3.5m。仪器分别以 70°、75°、80° 和 85° 等角度自上而下穿过地层，相应的测量数据和反演结果见图 13-3-4。图中红线和蓝线为模型真实水平电阻率和垂直电阻率，黑线和灰线为视电阻率曲线，红点和蓝点则为反演得的水平电阻率和垂直电阻率。由图 13-3-4 可以得到三个结论：(1) 一维反演适用于层厚大于 1.5m 的地层，反演得到的水平电阻率和垂直电阻率值均接近地层模型值；(2) 在低阻薄层（1 号层）中，因响应的相对贡献主要来自当前层，反演结果仍相对较好，而高阻薄层（2 号层）中仪器受邻近低阻围岩影响严重，反演结果可能失真;(3)倾角在 70°~90° 时,反演结果基本不受地层倾角变化的影响,这进一步说明了程序的可靠性与稳定性。

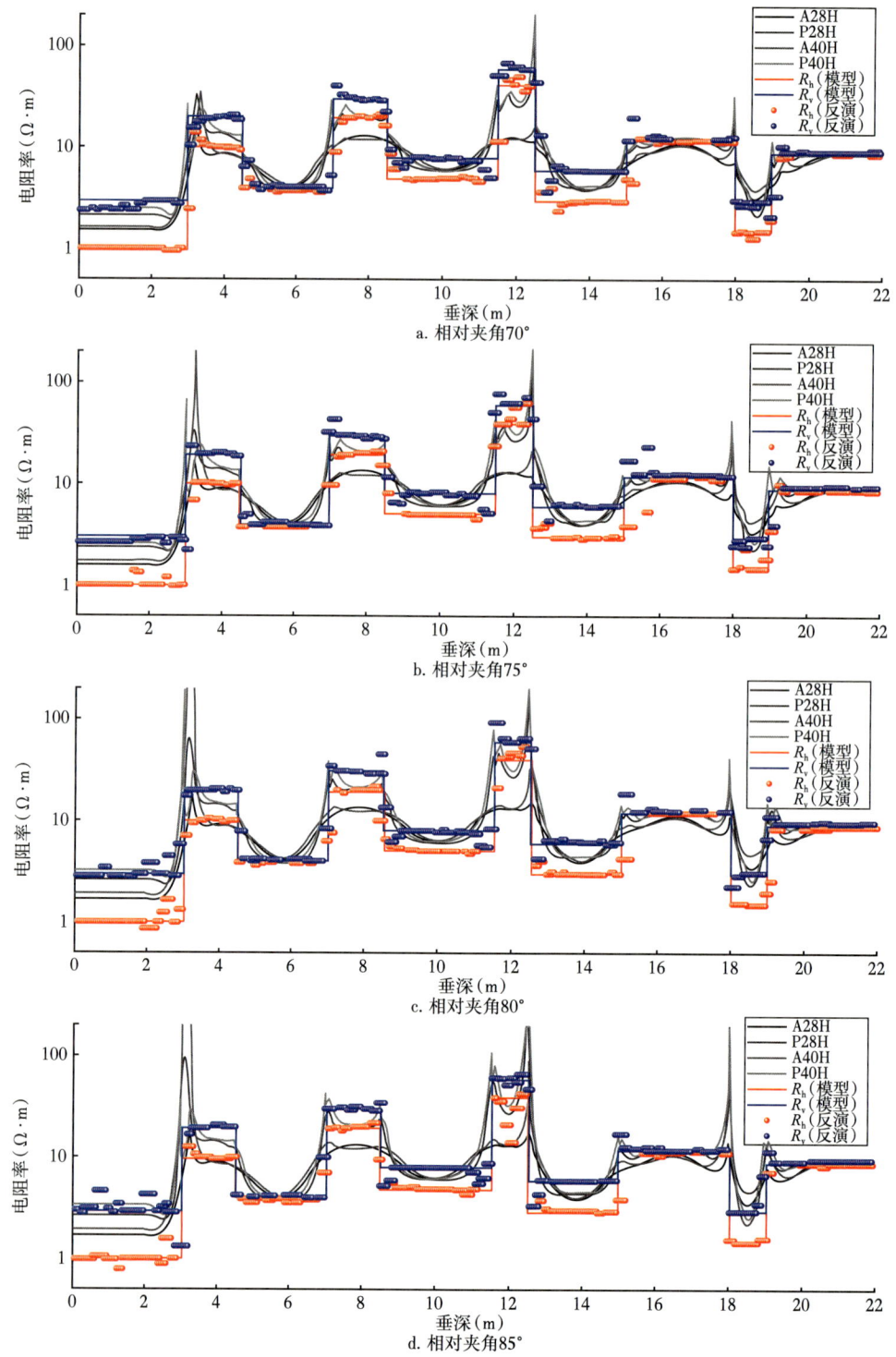

图 13-3-4　不同井斜条件下反演结果

二、基于统计规律的校正方法

在水平井测井中,仪器在水平段和大斜度段与直井通常存在一定的差异,出现这种情况主要是受到地层各向异性的影响,使得无法直接利用直井解释模型对水平井储层参数进行计算。因此,在水平井解释之前,通过统计方法、实验方法、拟合方法等技术手段,获取水平方向与垂直方向测井曲线响应的各向异性差异,从而将水平曲线响应值校正到直井响应值。这样能够基本消除水平井斜度影响。对曲线进行校正的方法主要包括以下四种。

1. 直方图统计方法

在同一相对稳定地层中,测井曲线响应规律应该基本一致,所反映的直方图分布形态也应该具有一定的相似性,数据概率统计密度相似,具有最接近的均值和方差值。利用这样的特性,将水平井测井曲线数值通过运算校正到直井数值情况。具体方法如下:

假设目的层中,水平井测井响应值为 C_1、C_2、C_3、…、C_N;直井或导眼井对应地层的测井响应值为 c_1、c_2、c_3、…、c_N,假设 C 的期望 E_C,方差为 D_C,则 c 的期望为 aE_C+b,方差为 $(cD_C)^2$。为此,已知通过标准井的期望和方差即可求出 a、b。水平井曲线校正结果为:$C_{校正}=aC+b$。

在水平井系统中可以对结果再次对比,通过手工交互微调校正后的结果,使得校正后的水平井曲线分布数值与直井相似,从而得到校正后的曲线。

2. 多井工区统计方法

根据相同地层具有相似的特点这一特征,对工区中同一个地层中直井的数值与相同地层中水平井的数值统计求取平均值。设多井直井数值平均值为 C_v,水平井水平段数值平均值为 C_h,各向异性系数 $r=C_v/C_h$,通过这样的方式,对于水平井段地层可以通过工区统计的各向异性系数,求得校正值,即 $C_{校正}=Cr$。

3. 实验分析方法

另外一种较为有效的方法是利用实验进行分析,即通过实验测量,获得同一地层中垂直和水平方向岩石物理属性值,通过测量工区中目的层的多个岩心获取工区地层的各向异性系数,实现校正。

4. 图版法

图版法是一种基于统计的曲线校正方法,通过测井正演响应模拟、岩石物理实验、测井响应规律统计等手段,利用交会图技术,形成校正图版。

第四节 水平井测井资料解释

一、储层参数计算与分级评价

1. 储层参数计算

水平井测井解释中,储层参数一般包括储层品质参数和地质力学参数,这些参数的计算一般要结合地层模型,利用校正后的测井曲线进行求取。在选择模型方面,对于孔隙度、渗透率和饱和度参数,选择的解释模型一般与直井解释模型一致。具体的计算方法可以参见《测井解释：理论方法》第五章，本章不再详述。

与此同时，在油田实际生产应用中，油田往往根据地区经验，利用岩石物理实验，通过多参数拟合方法，构建储层参数解释模型，不同油田地区、不同储层计算公式一般有所差异。在水平井解释功能模块研发过程中，需要利用测井软件中的二次开发功能，对方法模块进行编码开发和集成，作为水平井储层参数计算的功能模块。

图 13-4-1 为典型水平井解释成果图，图中包括构建的地层模型、实测曲线、储层品质和工程品质结果、岩性剖面等。除了地层模型之外，其他与单井解释成果内容一致。

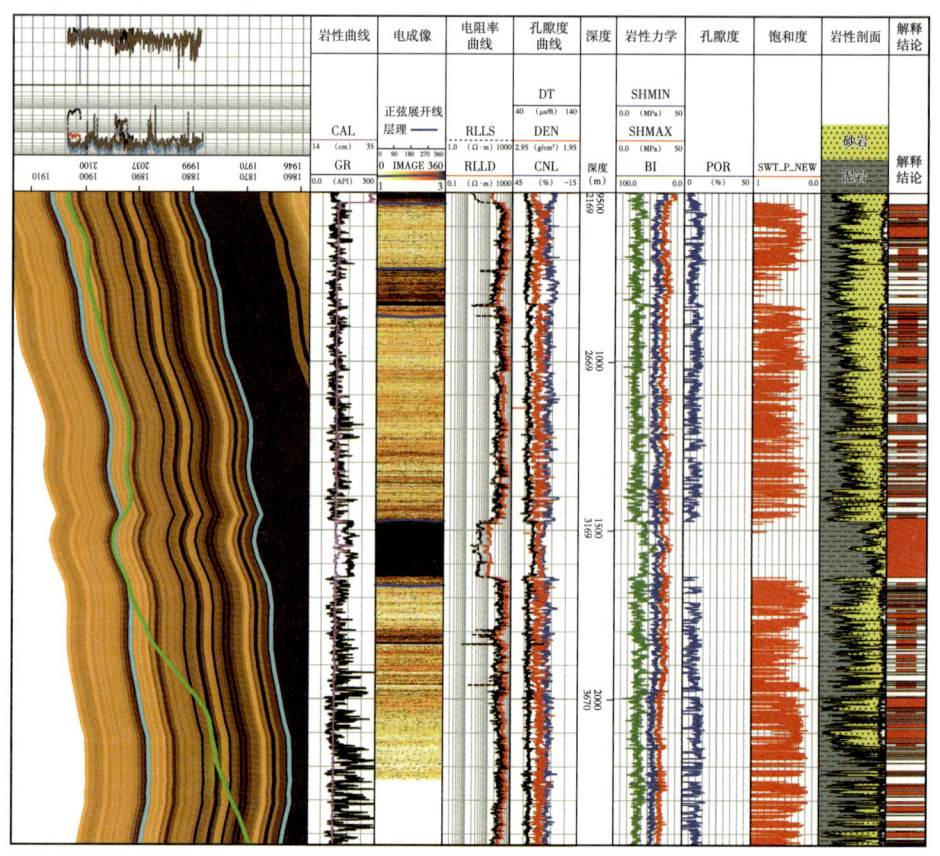

图 13-4-1　水平井解释成果图

2. 储层分级评价

水平井储层分级评价是针对水平井储层段，根据储层类型和储层物性特点，对储层优质程度进行分级和优选的技术，能够为进一步的水平井分段压裂设计和油气开采提供重要依据。储层分级评价的方法有以下三种。

1）交会图图版法

交会图图版法是将能够表征储层特征的参数图形化，使得表达更加直观。此方法一般要基于岩石物理实验、试油结果和测井解释结果数据。具体操作分为以下步骤：首先确定储层分类的依据；其次确定图版的变量，图版的变量可以为两条测井曲线，或者计算所得参数，也可以是由测井参数计算得到的评价指数；最后将图版应用到未取心或未试油层位，实现对储层的评价和产能预测。对于不同类型储层、不同油田地区，采用的交会图图版往往有所不同，特别一些油田地区。根据大量的岩石物理实验和试油结果分析验证，得到具有针对性的地区解释参数，这些参数对于储层的敏感性较高。因此，在软件中，需要用户对进行交会的参数进行自定义，以满足储层分类评价需求。

2）多元统计分析方法

交会图图版法一般会利用2个或者3个参数进行储层的划分，而在一些地区，往往多个参数可同时对储层的好坏有所影响，这就限制了交会图图版方法的应用。为此，可以利用多元统计分析方法，建立多参数与储层分类之间的关系。多元统计分析方法，一般包括聚类分析方法、主成分分析方法、判别分析方法等，三种方法对比见表13-4-1。

表13-4-1 多元统计分析方法对比

多元统计方法	原理	特点	应用到储层分类中的方法
聚类分析方法	通过变量之间的相似性进行分类，将数据合理地划分为n类，使得不同类之间的相似度最小，相同类之间的相似度最大	可以直观地得到所需类别，但分类结果不明确，且无公式生成，无法运用到后续储层分类评价中	K-means Ward层次聚类 K均值 多分辨率聚类（MRGC） K邻近方法
主成分分析方法	利用"降维"思想，将大变量测井数据集在包含大部测井信息的前提下变成较小的测井变量集	提取主要的储层影响因素，可以有效地提高计算速度，但也失去了一些信息，一般与其他方法结合可以提高分类精度	主成分分析与基于模型的聚类分析结合 主成分分析与系统聚类分析结合 Q型主因子与聚类分析结合
判别分析方法	在进行判别分析前，需要预先知道储层所分的类别，在此基础上建立判别式，通过判别式确定未知变量属于哪一类	可以得到判别分析式，但判别分析要预先由岩石物理数据标定储层类别或者与聚类分析联合使用	判别分析（DA） 贝叶斯判别 多元逐步判别分析

3）基于机器学习算法的储层分类方法

当测井数据与储层类别的关系较为复杂，或者数据量大导致常规方法已经无法满足分类需求时，需要借助机器学习的方法或者深度学习的方法进行储层分类。当前，在大数据背景下，机器学习方法在测井储层分类中应用越来越广泛，并且方法较多。

利用机器学习进行储层分类需要注意以下几个方面：

（1）对于采用的方法，需要不断地验证和尝试，并不是所有方法都适用，需要合理选择机器学习方法进行分类；

（2）选取与储层敏感程度高的参数，这是决定机器学习算法分类效果的关键；

（3）测井数据预处理是提高储层分类精度的有效手段，直接将机器学习方法或深度学习方法应用于测井数据可能会降低分类精度。

储层分类评价后，对于不同级别的储层，可以采用不同的颜色进行区分显示。图13-4-2为某口水平井的储层分类成果图。从上往下看，第2道显示一、二、三类储层的评价结果。

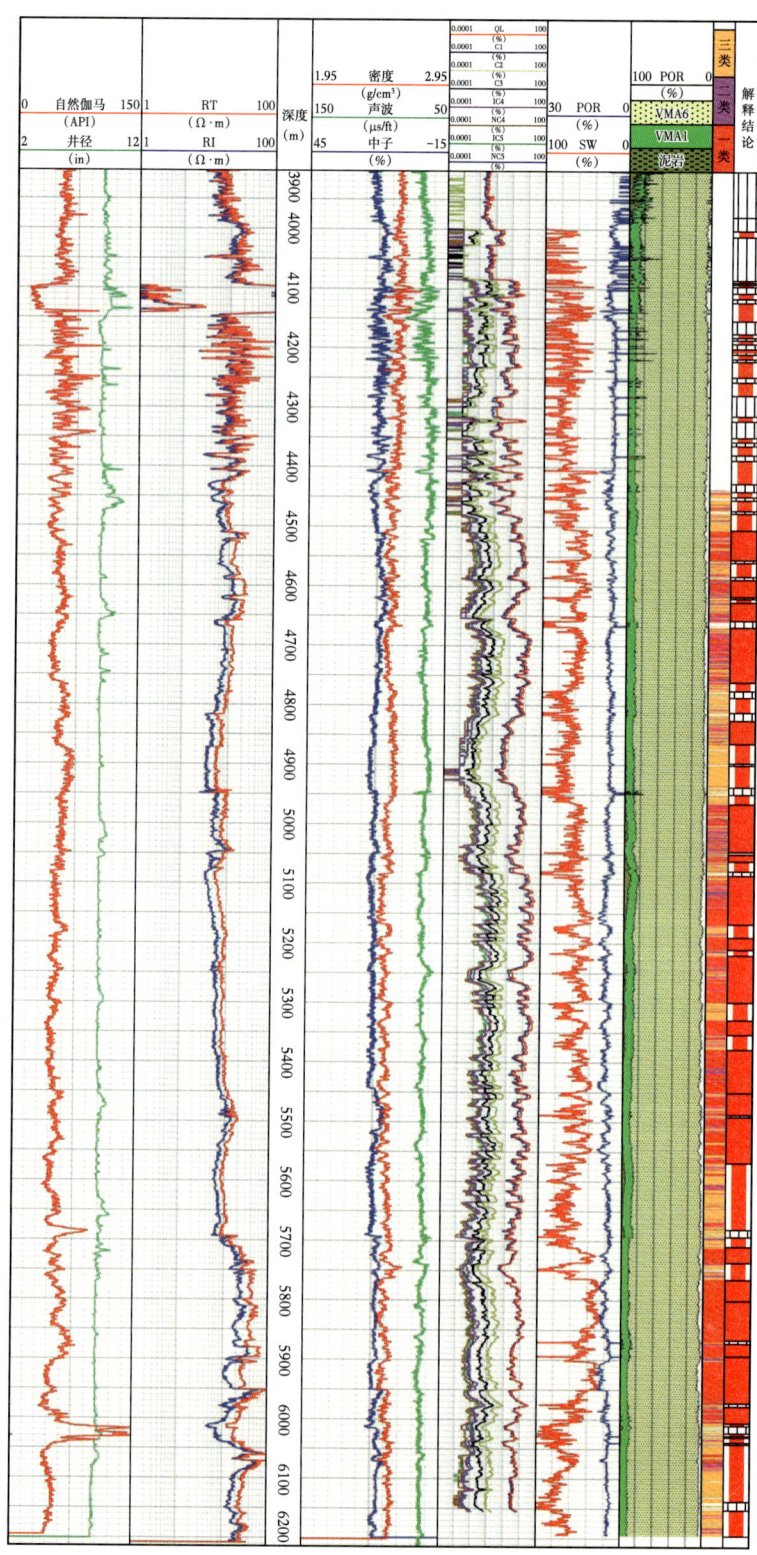

图 13-4-2 水平井储层分类成果图

二、分段分簇方法

水平井分段分簇方法是确保水平井压裂施工具有良好储层改造效果的关键技术之一，其核心是实现水平井中人工裂缝与储层的最佳匹配。在进行分段分簇优化设计过程中，需要开展水力裂缝间距优化、分段数优化、射孔簇位置选择等多方面工作。

对于水平井处理解释系统来说，而且水平井分段分簇设计需要在完成前述章节中地层模型构建、储层参数计算和分级评价之后进行，而且水平井的分段分簇设计要综合考虑到地层模型、储层"甜点"位置和储层分级结果等因素。水平井分段分簇的一般方法和步骤如下：

（1）确认油气藏分段分簇原则，提取和计算分段类型、平均段长、每段射孔簇数并避开接箍距离，量化约束参数。对于不同油田、不同储层，各油田有不同的分段分簇原则。新疆油田某井油藏分段分簇原则如下：

①第一簇距离人工井底 15m 以上；
②接箍上下 2m 内不能射孔；
③一类油层簇间距为 15~20m，二、三类油层簇间距为 20~25m，平均在 20m 左右；
④3 簇为一段，段间距小于 80m，适当位置不足 3 簇时，可以 2 簇为一段；
⑤桥塞位于套管中部，且射孔段不能下桥塞；
⑥射孔尽量位于一、二类油层段；
⑦第一簇 3m，单簇 3 簇每簇 0.8m，单簇 2 簇每簇 1m；
⑧射孔中值取值精度为 0.5m。

这些原则在开发分段分簇模块过程中需要单独进行输入，直接影响着分段分簇成果。

（2）利用水平井段测井曲线评价的储层品质、工程品质和完井品质作为分段分簇的依据。其中，储层品质包括储层孔隙度、饱和度和渗透率等；工程品质一般包括地层脆性、地应力和破裂压力等，一般利用阵列声波测井资料对工程品质进行处理及求取，在本书第十一章第五节已阐述；完井品质参数一般包括固井质量和接箍数据。

（3）确定压裂段底层界面位置。一般情况下，根据平均段计算出最小段长和最大段长，结合上一段的底界计算出本段的顶和底深度，在顶和底深度界之间确定最优的分段点。

（4）修正压裂段底界位置，完成分段处理。修正压裂段底界位置的方法是指利用压裂段初始数据、分段原则和套管接箍深度位置数据，调整分段底部深度，使得桥塞位于套管中部。

（5）确定射孔簇位置，完成射孔簇设置优化计算。根据压裂段长度和射孔簇簇数，计算射孔簇的初始位置，在初始位置附近优先选择含油饱和度最高的位置，判断与接箍之间的距离。如果距离小于 2cm，增加距离，最终确定射孔簇的位置。

（6）利用压裂段、射孔簇和储层类型曲线数据，形成分段分簇成果。成果包括压裂级数、桥塞封位、簇数、射孔簇中心点、簇间距、段簇和油层分类。

表 13-4-2 为分段分簇成果示意表。

表 13-4-2　分段分簇成果示意表

段数	桥塞封位（m）	簇数	射孔簇中心点（m）				簇间距（m）				段距（m）	油层分类			
			1	2	3	4									
1		1	5043				22				33	2			
2	5030	4	5020	5006	4996	4988	22	14	10	8	56	1	2	1	1
3	4974	3	4961	4952	4835		27	9	117		206	3	2	1	

对于以上步骤，在设计该模块过程中，要充分考虑到功能的自动性和交互性。因为在进行分段分簇过程中需要对段和簇进行不断交互调整；同时，对于一口井来说，往往段数和簇数较多，需要在分段分簇原则的基础上自动生成段和簇，提升工作效率。图 13-4-3 为新疆油田某水平井分段分簇成果图。

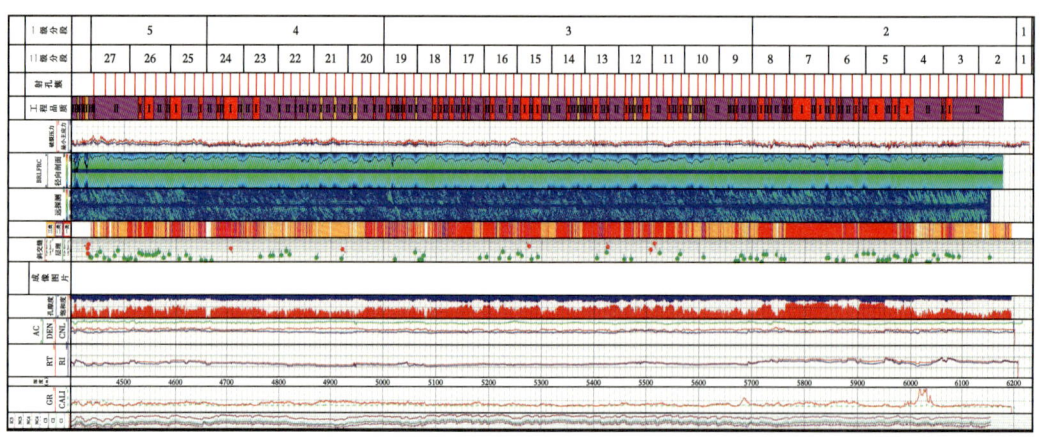

图 13-4-3　水平井分段分簇成果图实例

参考文献

《测井学》编写组，1998. 测井学 [M]. 北京：石油工业出版社.

陈建清，2004. eXpress 测井评价软件的应用特色 [J]. 国土资源科技管理，21（4）：77-80.

崔伟，汪诗林，2007. 分布式系统中数据同步机制的研究与实现 [J]. 计算机工程与设计，28（10）：2259-2261.

郭海敏，樊鹤，张宫，2013. LAS 测井数据解析与批量转换方法研究 [J]. 石油天然气学报，35（4）：89-91，167.

洪有密，2007. 测井原理与综合解释 [M]. 北京：石油工业出版社.

荆心，张晓棠，2007. 可复用软件组件开发框架研究 [J]. 西安工业大学学报，27（5）：464-467.

金勇，张世刚，顾列刚，等，2000. FORWARD 测井解释平台中使用的先进技术 [J]. 测井技术，24（1）：64-70.

李长文，余春昊，等，2011. Lead 测井综合应用平台 [M]. 北京：石油工业出版社.

李宁，王明朝，崔健，等，2005. Cif Net 网络多井数据管理系统 [J]. 测井技术，29（2）：170-172.

李舟波，潘宝芝，范晓敏，等，2003. 地球物理测井数据处理与综合解释 [M]. 北京：地质出版社.

刘乃震，赵齐辉，卢毓周，等，2013. CIFLog-GeoMatrix 测井资料处理解释一体化软件系统操作手册. 北京：石油工业出版社.

陆大卫，金勇，1997. 一种面向对象的测井解释平台：Forward for Windows[J]. 测井技术，21（3）：55-60.

罗玲，白晓颖，2004. 基于 XML 的 RPC 技术分析 [J]. 计算机科学，31（2）：167-170，174.

马玲华，杨劲松，李传伟，等，2001. ECLIPS5700 测井系统 XTF 文件格式分析 [J]. 测井技术，2001（3）：225-230，241.

马勇光，2008. 测井数据格式解编框架设计及应用该框架实现 LAS 数据格式解编 [D]. 长春：吉林大学.

欧·塞拉，1992. 测井资料地质解释 [M]. 尚义越，译. 北京：石油工业出版社

欧阳健，等，1994. 石油测井解释与描述 [M]. 北京：石油工业出版社：235-293.

彭博，谭成仟，张奔，等，2021. WIS 测井数据中流对象解析及格式转换 [J]. 石油地质与工程，35（3）：41-43.

强伟帆，潘懋，刘庆彬，等，2021. 面向深度学习的 Las 格式测井数据转换器设计 [J]. 科学技术与工程，21（1）：248-253.

孙卫琴，李洪成，2005. Tomcat 与 Java Web 开发技术详解 [M]. 北京：电子工业出版社.

唐晓明，郑传汉，2004. 定量测井声学 [M]. 北京：石油工业出版社.

王才志，夏守姬，刘英明，等，2014a. CIFLog 测井软件平台用户应用系统开发 [M]. 北京：石油工业出版社.

王才志，傅海成，李伟忠，等，2014b. CIFLog 石油测井新一代软件平台 [M]. 北京：石油工业出版社.

王才志，李宁，刘英明，2014c. 组件开发技术在大型测井软件平台研制中的应用 [J]. 石油学报，35（2）：402-406.

王磊，范宜仁，袁超，等，2018. 随钻方位电磁波测井反演模型选取及适用性 [J]. 石油勘探与开发，45（5）：914-922.

王磊, 刘英明, 王才志, 等, 2021. 水平井随钻电磁波测井实时正反演方法 [J]. 石油勘探与开发, 48（1）: 139-147.

王向公, 王婧慈, 陈传仁, 2013. 地球物理测井数字处理方法 [M]. 北京: 石油工业出版社.

闫伟林, 苏洋, 刘传平, 2002. Geolog 测井解释软件本地化功能开发与集成 [J]. 石油物探, 41（S1）.

杨建军, 张东, 朱文奎, 等, 2008.ECLIPS 5700 测井数据文件结构分析 [J]. 石油仪器, 2008（3）: 86-88.

杨小刚, 沈曾伟, 2006.Ice 协议的形式化分析 [J]. 计算机科学, 33（8）: 240-242.

雍世和, 张超谟, 2007. 测井数据处理与综合解释 [M]. 北京: 石油工业出版社.

雍世和, 张超谟, 高楚桥, 等, 1996. 测井数据处理与综合解释 [M]. 东营: 石油大学出版社.

余春昊, 李长文, 2005. LEAD 测井综合应用平台开发与应用 [J]. 测井技术, 29（5）: 396-398.

袁超, 李潮流, 周灿灿, 等, 2018. 基于空间响应分布函数的水平井补偿密度测井快速正演模拟 [J]. 中国石油大学学报（自然科学版）, 42（4）: 41-49.

原野, 2016. 多井深度融合测井处理软件 [D]. 北京: 中国石油勘探开发研究院.

原野, 李宁, 王才志, 等, 2020. 多井多维异构数据交会图增维显示分析方法 [J]. 石油学报, 41（9）: 1100-1108.

阮戈, 林巍, 2001. 最新 Unix 程序设计与编程技巧 [M]. 北京: 清华大学出版社.

曾文冲, 1991. 油气藏储集层测井评价技术 [M]. 北京: 石油工业出版社.

张宫, 何宗斌, 樊鹤, 2011. WIS 测井数据格式中二维数据的解析与转储 [J]. 科学技术与工程, 11（16）: 3775-3778, 3782.

张涌清, 张群会, 2013.LIS 格式成像测井数据面向对象解析方法 [J]. 西安科技大学学报, 33（2）: 235-239.

赵军龙, 2012. 测井资料处理与解释 [M]. 北京: 石油工业出版社.

中国石油天然气集团公司油气勘探部, 等, 2002. 测井解释平底层 WellBase 技术开发手册 [M]. 北京: 石油工业出版社.

钟兴水, 1986. 测井资料计算机处理解释方法 [M]. 北京: 石油工业出版社.

周军, 石玉江, 张娟, 等, 2020. 统一测井数据库建设与应用 [J]. 测井技术, 46（6）: 757-761.

Henning M, 2004. A new approach to object-oriented middleware[J].IEEE Internet Computing, 8（1）: 66-75.

Hornby B E, 1993.Tomographic reconstruction of near-borehole slowness using refracted borehole sonic arrivals[J]. Geophysics, 58（12）: 1726-1738.

Kimball C V, 1998. Shear slowness measurement by dispersive processing of the borehole flexural mode[J]. Geophysics, 63: 337-344.

Nolte B, Huang X J, 1997. Dispersion analysis of split flexural waves. Annual report of borehole acoustics and logging and reservoir delineation consortia, Massachusetts Institute of Technology.

Sheng Liang, 1999. The Java Native Interface: Programmer's Guide and Specification[M]. Hoboken: Addison-Wesley.

Tang X M, Patterson D J, 2010. Mapping formation radial shear wave velocity variation by a constrained inversion of borehole flexural-wave dispersion data[J]. Geophysics, 75（6）: E183-E190.

《地球物理测井学》

编辑出版组

总 策 划：雷　平　庞奇伟
组　　长：庞奇伟
副 组 长：李　中　金平阳　潘玉全
责任编辑：葛智军　林庆咸　沈瞳瞳　刘俊妍　钟思源
　　　　　张　贺　王长会　王鹤楠　王　瑞　陈子丹
　　　　　孙　宇　邹杨格　王金凤　何丽萍　冉毅凤
　　　　　常泽军　张旭东　吴英敏　马晓萱　张　瑞
　　　　　崔　悦　白云雪　饶　远　陈　荟